混凝土结构及砌体结构

（下册）

（第3版）

主　编　黄　明

副主编　杨晓光

重庆大学出版社

内 容 提 要

本书是根据我国高等院校"房屋建筑"高职高专教育的发展需要而编写的系列教材之一。全书是按照国家教委房屋建筑专业《混凝土结构及砌体结构教学要求》教材编写原则，根据高职高专的特点而编写的。内容包括梁板结构、单层工业厂房结构、多层房屋框架结构和砌体结构。

本书除供高职高专"房屋建筑"专业作教材外，还可作为土建类非"房屋建筑"专业的专科教材，以及土建工程技术人员的参考书。

图书在版编目(CIP)数据

混凝土结构及砌体结构.下册/黄明主编.—3 版.—重庆:重庆大学出版社,2005.1(2014.6 重印)
(高职高专建筑工程技术系列规划教材)
ISBN 978-7-5624-2877-0

Ⅰ.混… Ⅱ.黄… Ⅲ.①混凝土结构—高等学校:技术学校—教材②砌块结构—高等学校:
技术学校—教材 Ⅳ.①TU37②TU36

中国版本图书馆 CIP 数据核字(2004)第 131076 号

混凝土结构及砌体结构
(下册)
(第 3 版)

主 编 黄 明
副主编 杨晓光

责任编辑:彭 宁 穆安民 版式设计:彭 宁
责任校对:任卓惠 责任印制:赵 晟
*
重庆大学出版社出版发行
出版人:邓晓益
社址:重庆市沙坪坝区大学城西路 21 号
邮编:401331
电话:(023) 88617190 88617185(中小学)
传真:(023) 88617186 88617166
网址:http://www.cqup.com.cn
邮箱:fxk@ cqup.com.cn (营销中心)
全国新华书店经销
重庆市鹏程印务有限公司印刷
*
开本:787×1092 1/16 印张:15.75 字数:393 千
2014 年 6 月第 3 版 2014 年 6 月第 7 次印刷
印数:17 001— 19 000
ISBN 978-7-5624-2877-0 定价:28.00 元

前言

本书是根据我国高等院校"房屋建筑"高职高专教育的发展需要而编写的系列教材之一。全书是按照国家教委房屋建筑专业《混凝土结构及砌体结构教学要求》及三年制"房屋建筑工程专业"教材编写原则,根据高职高专的特点而编写的。其内容依据我国《建筑结构设计统一标准》(GBJ 50009—2001)和《混凝土结构设计规范》(GB 50010—2002)编写。全书分上、下两册,上册由沈凡主编,含九章,内容包括混凝土基本构件的设计计算;下册由黄明主编,含四章,内容包括梁板结构、单层工业厂房结构、多层房屋框架结构和砌体结构。

本书主要编写要求是:

根据高职高专教育的培养目标和毕业生的基本要求,"基础理论的教学要以应用为目的,以必需、够用为度,以掌握概念、强化应用为教学重点。专业课的教学内容要加强针对性和实用性"。遵照此精神,本书在编写过程中主要依据应用性原则来选择教学内容,确定课程结构,尽量做到由浅入深、循序渐进、内容精炼、突出应用、理论联系实际。每章配有设计实例,结尾配有小结、思考题和习题,便于自学,注意了基本技能和基本知识的训练,并加强了构造知识内容,力求体现高等工程专科教育的特点。

参加本书编写的有杨晓光(第 10 章),白建昆(第 11 章),徐安平(第 12 章、第 13 章)。黄明任主编,杨晓光任副主编。

本书除供高职高专"房屋建筑"专业作教材外,还可作为土建类非"房屋建筑"专业的专科教材,以及土建工程技术人员的参考书。

本书的出版希望有助于促进高职高专房屋建筑工程专业的教学改革,实现高职高专教育的培养目标。由于时间仓促、水平有限,书中的缺点和不当之处,恳请读者批评指正。

编 者
2004 年 8 月

目录

第**10**章
梁板结构

学习要求：本章主要讲述钢筋混凝土楼（屋）盖、楼梯和悬挑构件的结构布置、受力特点、内力计算方法、截面设计要点及构造要求。通过学习，了解各种梁板结构的类型及其受力特点；理解多跨连续梁（板）的折算荷载、活荷载不利布置、内力包络图、塑性内力重分布及弯矩调幅等基本概念；熟练掌握单向板肋梁楼盖的内力计算方法、截面设计要点及配筋构造要求；掌握双向板按弹性理论的计算方法及配筋构造要求；熟悉装配式楼盖的构件选型及连接构造；掌握板式楼梯、梁式楼梯的组成和传力特点以及设计方法和配筋构造要求；了解悬挑构件的计算特点和主要构造要求。

钢筋混凝土梁板结构是土建工程中应用最为广泛的一种结构形式，例如房屋建筑中的楼（屋）盖、筏板基础、扶壁式挡土墙、水池的顶盖和底板，以及楼梯、阳台、雨篷等，如图 10.1 所示。

楼（屋）盖是最典型的梁板结构，按施工方法可分为现浇整体式、装配式和装配整体式三种形式。其中现浇整体式楼盖具有整体刚度好，抗震性能强，防水性能好，对不规则房屋平面适应性强等优点。缺点是费工、费模板、施工周期长。现浇整体式楼盖常见的结构形式有：单向板肋形楼盖、双向板肋形楼盖、井式楼盖(图 10.2)和无梁楼盖(图 10.3)四种。

装配式楼盖采用了预制板或预制梁等预制构件，便于工业化生产和机械化施工，加快了施工进度。但结构的整体性、抗震性、防水性较差，不便于开洞，受房屋平面形状的限制。装配整体式楼盖是将部分预制构件现场安装后，再通过节点和面层现浇，叠合而成为一个整体，如图 10.4 所示。这种楼盖兼有现浇楼盖和预制楼盖两者的优点，但焊接工作量较大，而且需要进行二次浇筑。

(a)

(b)

(c)

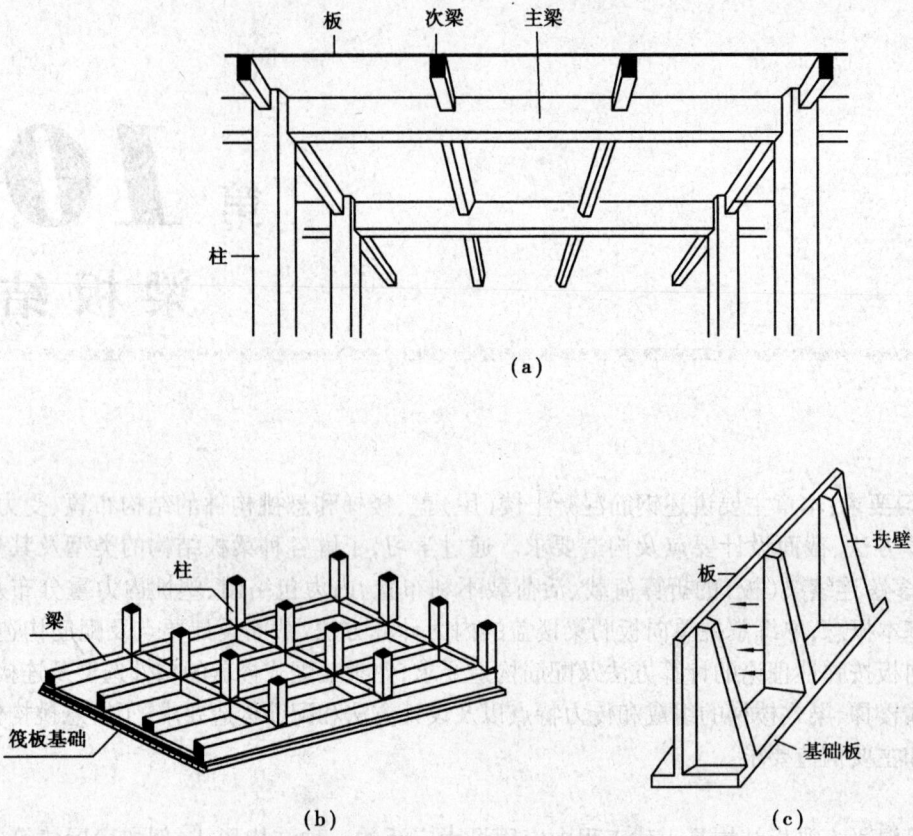

图 10.1　梁板结构的应用举例
(a)肋形楼盖;(b)筏板基础;(c)挡土墙

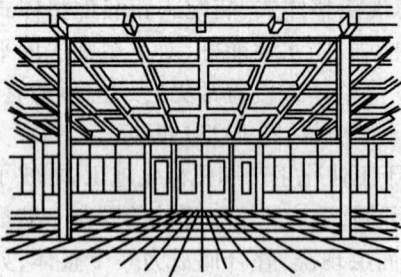

图 10.2　井式楼盖

图 10.3　无梁楼盖

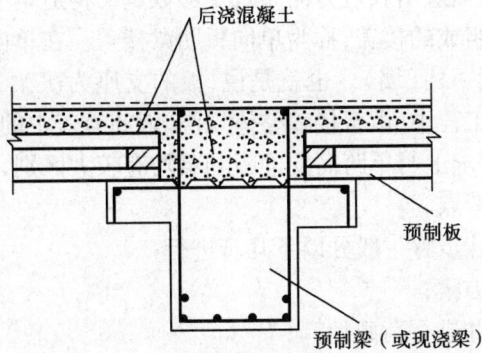

图 10.4 叠合梁

10.1 现浇单向板肋梁楼盖

10.1.1 单向板楼盖的结构平面布置

(1)单向板与双向板

肋梁楼盖由板、次梁和主梁组成。板被梁划分成许多区格,每一区格的板一般是四边支承在梁或砖墙上。因为梁的刚度比板大很多,所以可将梁作为板的不动支承。四边支承板一般在两个方向受力,板的竖向荷载通过双向弯曲向四边传递。传递到支承上荷载的大小,主要取决于板区格两个方向边长的比值。当板的长短边之比超过一定数值时,沿长边方向所分配的荷载可以忽略不计,认为板仅在短边方向产生弯矩和挠度,这样的四边支承板称为单向板。当板沿长边方向所分配的荷载不可忽略,板沿两个方向均产生一定数值的弯矩,这种板称为双向板。如图 10.5 所示。

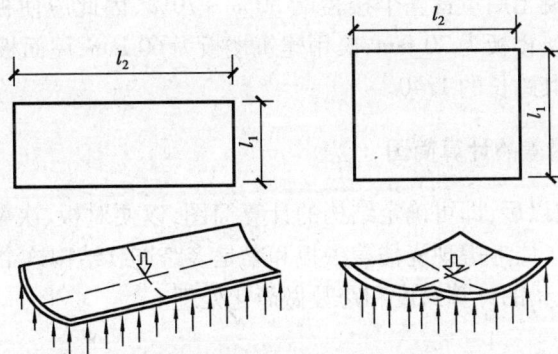

图 10.5 单向板与双向板
(a)单向板;(b)双向板

《规范》规定:对于四边支承的板,当长边 l_2 与短边 l_1 之比 $l_2/l_1 \geqslant 3$ 时,可按沿短边方向受力的单向板计算;当 $l_2/l_1 \leqslant 2$ 时,应按双向板计算;当 $2 < l_2/l_1 < 3$ 时,宜按双向板计算,也可按

沿短边方向的单向板计算,但应沿长边方向布置足够数量的构造钢筋。

由单向板及其支承梁组成的楼盖,称为单向板肋梁楼盖。在单向板肋梁楼盖中,荷载的传递路线是:板→次梁→主梁→柱(墙)。也就是说,板的支座为次梁,次梁的支座为主梁,主梁的支座为柱或墙。在实际工程中,由于楼盖整体现浇,因此楼盖中的板和梁往往形成多跨连续结构,在内力计算和构造要求上与单跨简支的板和梁均有较大区别,这是现浇楼盖在设计和施工中必须注意的一个重要特点。

单向板肋梁楼盖的设计步骤一般分以下几步进行:

1)选择结构平面布置方案;

2)确定结构计算简图并进行荷载计算;

3)对板、次梁、主梁分别进行内力计算;

4)对板、次梁、主梁分别进行截面配筋计算;

5)根据计算结果和构造要求,绘制楼盖结构施工图。

(2)结构平面布置

单向板肋梁楼盖的结构布置,应首先满足房屋建筑的使用功能要求,在结构平面布置上应力求简单、规整、统一,以减少构件类型,方便设计施工。柱网尽量布置成长方形或正方形,主梁有沿横向和纵向两种布置方案(图10.6(a)、(b)、(d))。前者抵抗水平荷载的侧向刚度较大,房屋整体刚度好。此外,由于主梁与外墙面垂直,可开设较大的窗洞口,对室内采光有利。后者适用于横向柱距大于纵向柱距较多时,或房屋有集中通风要求的情况。因主梁沿纵向布置,可以减小主梁的截面高度,增大室内净高。但房屋横向刚度较差,而且外墙窗洞的布置应尽量避免次梁支承在窗过梁上。对于有中间走廊的房屋,常可利用中间的内纵墙承重,这时可仅布置次梁而不设主梁(图10.6(c))。

在满足使用要求的基础上,要尽量节约材料,降低造价。从图10.6中可以看出,板的跨度即为次梁的间距,次梁的跨度即为主梁的间距,主梁的跨度即为柱距。因此,从经济效果上考虑,构件的跨度应选择一个经济合理的范围。通常板、梁适宜的跨度可参考下列数值确定:单向板为1.7~3.0 m;次梁为4~6 m;主梁为5~8 m。

同时,由于板的混凝土用量占整个楼盖的50%~70%,因此应使板厚尽可能接近构造要求的最小板厚:工业建筑楼板为70 mm,民用建筑楼板为60 mm,屋面板为60 mm。此外,按刚度要求,板厚应不小于其跨长的1/40。

10.1.2 单向板楼盖的计算简图

楼盖结构布置完成以后,即可确定结构的计算简图,以便对板、次梁、主梁分别进行计算。在确定计算简图时,除了应考虑现浇楼盖中板和梁是多跨连续结构这个特点以外,还应对荷载计算、支座影响以及板、梁的计算跨度和跨数做简化处理。

(1)支座

板支承在次梁或砖墙上。为简化计算,可将次梁或砖墙作为板的不动铰支座。次梁支承在主梁(柱)或砖墙上,将主梁(柱)或砖墙作为次梁的不动铰支座。对于主梁的支承情况,当主梁支承在砖墙、砖柱上时,将砖墙视为主梁的不动铰支座;与钢筋混凝土柱整浇的主梁,其支承条件应根据梁柱抗弯刚度之比而定。分析表明,如果主梁与柱的线刚度之比大于3时,可将主梁视为铰支于柱上的连续梁计算。否则,应按框架进行内力分析。

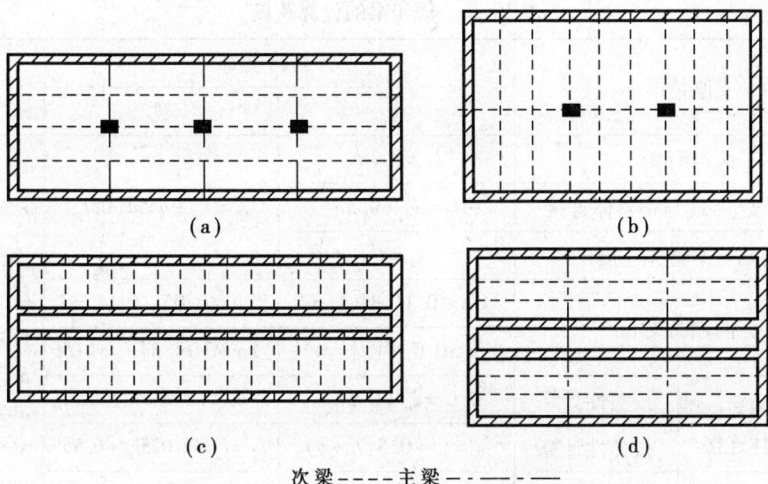

图 10.6　单向板肋梁楼盖结构布置示例

（a）、（d）主梁沿横向布置；（b）主梁沿纵向布置；（c）有中间走廊

（2）计算跨度与跨数

连续板、梁各跨的计算跨度 l_0 是指在计算内力时所采用的跨长。它的取值与支座的构造形式、构件的截面尺寸以及内力计算方法有关。对于单跨及多跨连续板、梁在不同支承条件下的计算跨度，通常可按表 10.1 采用。

当连续梁的某跨受到荷载作用时，它的相邻各跨也会受到影响而产生内力和变形，但这种影响是距该跨愈远愈小。当超过两跨以上时，影响已很小。因此，对于多跨连续板、梁（跨度相等或相差不超过 10%），若跨数超过五跨时，可按五跨来计算。此时，除连续梁（板）两边的第一、第二跨外，其余的中间各跨跨中及中间支座的内力值均按五跨连续梁（板）的中间跨度和中间支座采用。如图 10.7 所示。如果跨数未超过五跨，则计算时应按实际跨数考虑。

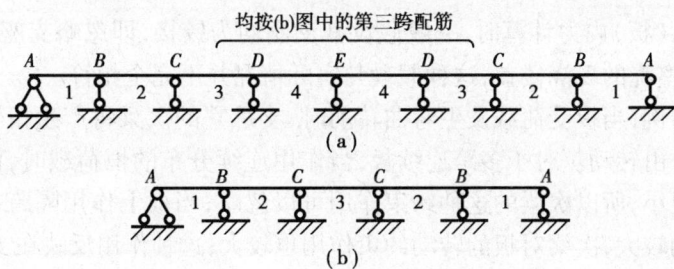

图 10.7　连续梁（板）的计算跨数

（3）荷载计算

作用在楼盖上的荷载，有恒荷载和活荷载两种，恒荷载包括构件自重、各种构造层重量、永久设备自重等；活荷载主要为使用时的人群、家具及一般设备的重量，上述荷载通常按均布荷载考虑。楼盖恒荷载的标准值可由所选的构件尺寸、构造层做法及材料容重等通过计算来确定，活荷载标准值按《建筑结构荷载规范》（GB 50009—2001）的有关规定来选取。

表 10.1　板和梁的计算跨度

跨数	支座情形		计算跨度 l_0		符号意义
			板	梁	
单跨	两端简支		$l_0 = l_n + h$		l_n 为支座间净距
	一端简支、一端与梁整体连接		$l_0 = l_n + 0.5h$	$l_0 = l_n + a \leqslant 1.05 l_n$	
	两端与梁整体连接		$l_0 = l_n$		
多跨	两端简支		当 $a \leqslant 0.1 l_c$ 时, $l_0 = l_c$	当 $a \leqslant 0.05 l_c$ 时, $l_0 = l_c$	l_c 为支座中心间的距离
			当 $a > 0.1 l_c$ 时, $l_0 = 1.1 l_n$	当 $a > 0.05 l_c$ 时, $l_0 = 1.05 l_n$	h 为板的厚度
	一端入墙内另一端与梁整体连接	按塑性计算	$l_0 = l_n + 0.5h$	$l_0 = l_n + 0.05a \leqslant 1.025 l_n$	a 为边支座宽度
		按弹性计算	$l_0 = l_n + 0.5(h+b)$	$l_0 = l_c \leqslant 1.025 l_n + 0.5 b'$	b' 为中间支座宽度
	两端均与梁整体连接	按塑性计算	$l_0 = l_n$	$l_0 = l_n$	
		按弹性计算	$l_0 = l_c$	$l_0 = l_c$	

对于楼盖中的板,通常取宽度为 1 m 的板带作为计算单元,板所承受的荷载即为板带上的均布恒荷载及均布活荷载。

在确定板传递给次梁的荷载和次梁传递给主梁的荷载时,一般均忽略结构的连续性,而按简支进行计算。所以对于次梁,取相邻板跨中线所分割出来的面积作为它的受荷面积,次梁所承受的荷载为次梁自重及其受荷面积上板传来的荷载;对于主梁,则承受主梁自重及由次梁传来的集中荷载,但由于主梁自重与次梁传来的荷载相比往往较小,故为了简化计算,一般可将主梁的均布自重荷载化为若干集中荷载,与次梁传来的集中荷载合并计算。荷载计算单元及板、梁计算简图如图 10.8 所示。

(4)折算荷载

在进行连续梁(板)内力计算时,一般假设其支座均为铰接,即忽略支座对梁(板)的约束作用,而对于梁板整浇的现浇楼盖,这种假设与实际情况并不完全相符。

以板和次梁为例,当板受荷载发生弯曲转动时,支承它的次梁将产生扭转,而次梁的扭转作用会约束板的自由转动。对于多跨连续板,当作用连续分布的恒荷载时,由于荷载对称,板在支座处的转角很小,所以次梁的这种约束作用可以忽略;当板上作用隔跨布置的活荷载时,板在支座处的转动较大,次梁对板的转动约束作用也较大,这种作用反映在支座处实际转角 θ' 比计算简图中理想铰支座时的转角 θ 要小,如图 10.9(a)、(b)所示,其效果相当于减少了板跨中的最大弯矩。类似的情况也发生在次梁和主梁之间。为了减少由此而引起的误差,一般在荷载计算时采取增加恒荷载、减小活荷载的方法加以调整。也就是说,在连续梁(板)内力计算时,仍按支座为铰接假定,但用折算荷载代替实际荷载(图 10.9(c)),即:

对于板　　　$g' = g + \dfrac{q}{2}$　　　$q' = \dfrac{q}{2}$

对于次梁　　$g' = g + \dfrac{q}{4}$　　　$q' = \dfrac{3q}{4}$

式中　g'、q'——调整后的折算恒荷载及活荷载;

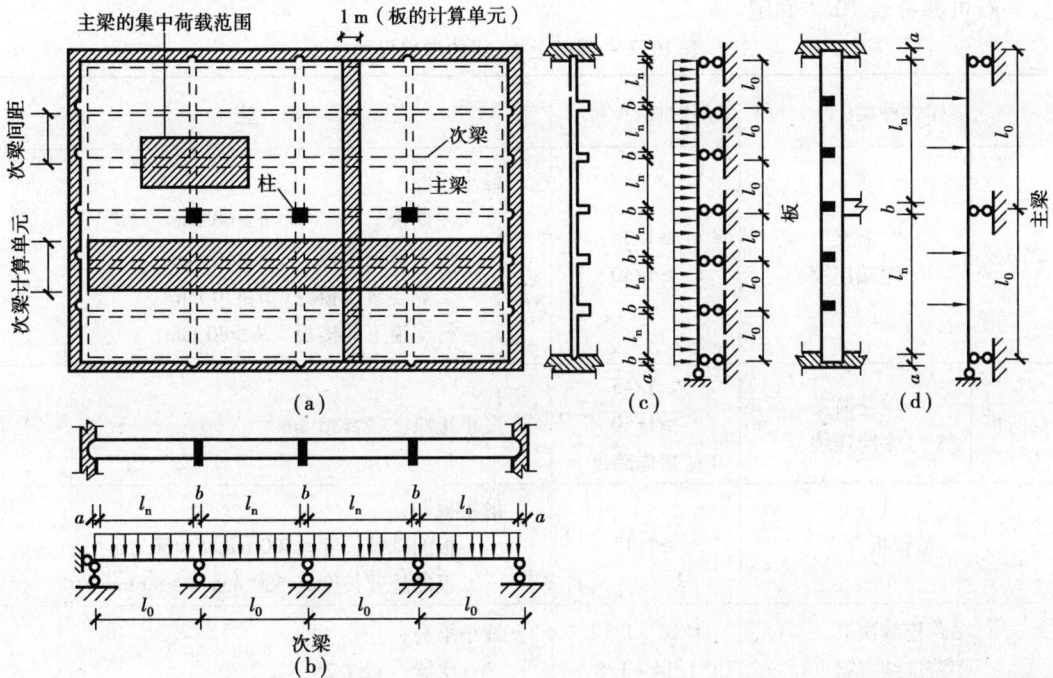

图 10.8　单向板楼盖板和梁的计算简图
(a)荷载计算单元;(b)次梁的计算简图;(c)板的计算简图;(d)主梁的计算简图

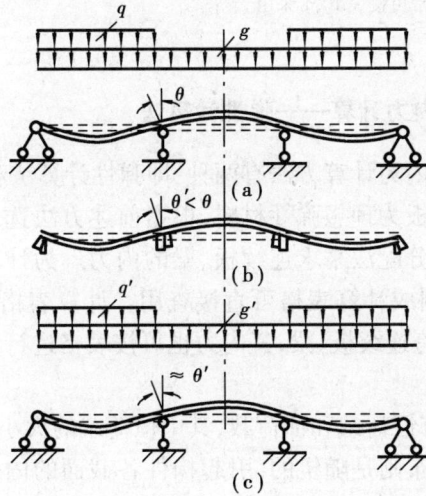

图 10.9　连续梁(板)的折算荷载
(a)理想铰支座的变形;(b)支座弹性约束的变形;(c)采用折算荷载的效果

g、q——实际的恒荷载及活荷载。

在连续主梁以及支座均为砖墙的连续板、梁中,上述影响较小,因此不需要进行荷载折算。

(5)构件的截面尺寸

由上可知,在确定板、梁计算简图的过程中,需要事先选定构件截面尺寸才能确定其计算跨度和进行荷载统计。板、次梁、主梁的截面尺寸可按刚度要求,根据高跨比 h/l_0 进行初步假定,一般可参考表 10.2 确定。

表 10.2　混凝土板、梁的常规尺寸

构件种类		高跨比(h/l_0)	备 注
单向板	简支 两端连续	≥1/35 ≥1/40	最小板厚: 　屋面板　　　　　　　$h≥60$ mm 　民用建筑楼板　　　　$h≥60$ mm 　工业建筑楼板　　　　$h≥70$ mm 　行车道下的楼板　　　$h≥80$ mm
双向板	单跨简支 多跨连续	≥1/45 ≥1/50 (按短向跨度)	最小板厚:　$h≥80$ mm
悬臂板		≥1/12	最小板厚: 　板的悬臂长度≤500 mm,$h≥60$ mm 　板的悬臂长度 > 500 mm,$h≥80$ mm
多跨连续次梁 多跨连续主梁 单跨简支梁 悬臂梁		1/18 ~ 1/12 1/14 ~ 1/8 1/14 ~ 1/8 1/8 ~ 1/6	最小梁高: 　次梁　$h≥l/25$ 　主梁　$h≥l/15$ 　宽高比(b/h): 1/3 ~ 1/2,以 50 mm 为模数

注:表中 l_0 为板、梁的计算跨度,通常可按表 10.1 采用。

10.1.3　单向板楼盖的内力计算——弹性计算法

钢筋混凝土连续板、梁的内力计算方法有两种:即弹性计算法和塑性计算法。按弹性理论方法计算内力,也就是假定梁板为理想弹性材料,根据前述方法选取计算简图,按结构力学的原理进行计算,一般常用力矩分配法来求连续板、梁的内力。为计算方便,对于常用荷载作用下的等跨连续板、梁,均已编制成计算表格可直接查用。计算表格详见本章附表 10.1。对于跨度相差在 10% 以内的不等跨连续板、梁,其内力也可按表格进行计算。

(1)活荷载的最不利组合

作用于梁或板上的荷载有恒荷载和活荷载,其中恒荷载的大小和位置是保持不变的,并布满各跨;而活荷载在各跨的分布则是随机的,引起构件各截面的内力也是变化的。因此,为了保证构件在各种可能的荷载作用下都安全可靠,就必须确定活荷载布置在哪些不利位置,与恒荷载组合后将使控制截面(支座、跨中)可能产生最大内力,即活荷载的最不利组合问题。

图 10.10 为五跨连续梁当活荷载布置在不同跨时梁的弯矩图及剪力图,分析其内力变化规律和不同组合后的内力结果,不难得出确定连续梁(板)截面最不利活荷载布置的如下原则:

1)求某跨跨中最大正弯矩时,应在该跨布置活荷载,然后向其左右每隔一跨布置活荷载(图 10.11(a)、(b));

2)求某跨跨中最小弯矩(最大负弯矩)时,应在该跨不布置活载,而在两相邻跨布置活荷

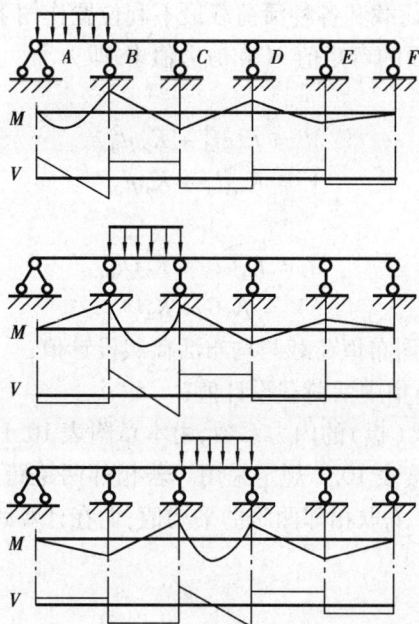

图 10.10   连续梁活荷载布置在不同跨时的内力图

载,然后向其左右每隔一跨布置活荷载(图 10.11(a)、(b));

3)求某支座截面最大负弯矩时,应在该支座左右相邻两跨上布置活荷载,然后向其左右每隔一跨布置活荷载(图 10.11(c));

4)求某支座截面(左、右)的最大剪力时,其活荷载布置与求该支座截面最大负弯矩时相同。

恒荷载应按实际情况布置,一般在连续梁(板)各跨均有恒荷载作用。求某截面最不利内力时,除按活荷载最不利位置求出该截面内力外,还应加上恒荷载在该截面产生的内力。

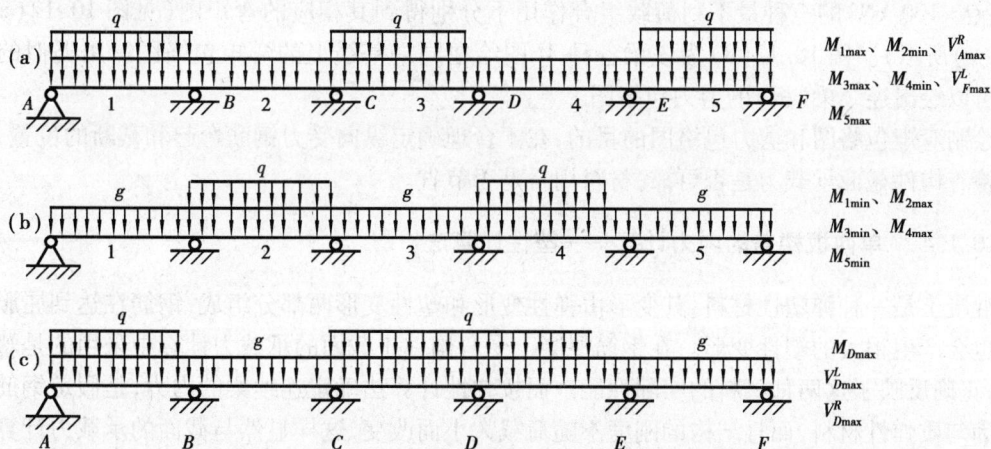

图 10.11   活荷载不利布置图

(2)用查表法计算内力

活载的最不利布置确定后,对于等跨(包括跨度差≤10%)的连续梁(板),可以直接应用表格(见附表 10.1)查得在恒荷载和各种活荷载最不利位置作用下的内力系数,并按下列公式求出连续梁(板)的各控制截面的弯矩值 M 和剪力值 V,即

当均布荷载作用时

$$M = K_1 g l_0^2 + K_2 q l_0^2 \tag{10.1}$$

$$V = K_3 g l_0 + K_4 q l_0 \tag{10.2}$$

当集中荷载作用时

$$M = K_1 G l_0 + K_2 Q l_0 \tag{10.3}$$

$$V = K_3 G + K_4 Q \tag{10.4}$$

式中　g、q——单位长度上的均布恒荷载与均布活荷载设计值;

　　　　G、Q——集中恒荷载与集中活荷载设计值;

　　　　$K_1 \sim K_4$——等跨连续梁(板)的内力系数,由本章附表 10.1 中相应栏内查得;

　　　　l_0——梁的计算跨度,按表 10.1 规定采用。若相邻两跨跨度不相等(不超过 10%),在计算支座弯矩时,l_0 取相邻两跨的平均值;而在计算跨中弯矩及剪力时,仍用该跨的计算跨度。

(3)内力包络图

对于连续梁(板),活荷载作用位置不同,各截面的内力也不相同。按照前述活荷载最不利位置布置后,在恒荷载作用下求出各截面内力的基础上,分别叠加以各种不利活荷载位置作用时的内力,可以得到各截面可能出现的最不利内力。在设计中,不必对构件的每个截面进行设计,只需对若干控制截面(支座、跨中)计算内力。因此,对某一种活荷载的最不利布置将产生连续梁某些控制截面的最不利内力,同时可以做出其对应的内力图形。若将所有活荷载最不利布置时的各个同类内力图形(弯矩图、剪力图),按同一比例画在同一基线上,所得的图形称为内力叠合图,内力叠合图的外包线所围成的图形,即为内力包络图。内力包络图包括弯矩包络图和剪力包络图。

图 10.12 为在每跨三分点处作用有集中荷载的两等跨连续梁,在恒荷载($G = 50$ kN)与活荷载($Q = 100$ kN)的三种最不利荷载组合作用下分别得到其相应的弯矩图(见图 10.12(a)、(b)、(c)所示)。图 10.12(d)为该梁各种 M 图绘在同一基线上的弯矩包络图。用类似的方法也可以绘出连续梁(板)的剪力包络图。

绘制弯矩包络图和剪力包络图的目的,在于合理确定纵向受力钢筋弯起和截断的位置,也可以检查构件截面承载力是否可靠,材料用量是否节省。

10.1.4 单向板楼盖的内力计算——塑性计算法

混凝土是一种弹塑性材料,其变形由弹性变形和塑性变形两部分组成,钢筋在达到屈服强度后也会产生很大的塑性变形。在钢筋混凝土受弯构件正截面的承载力计算中采用的是塑性理论,正确反映了这两种材料的实际性能。而按弹性计算法确定连续梁的内力,是假定钢筋混凝土为匀质弹性材料,而且结构的刚度不随荷载大小而改变,这样显然与截面的承载力计算理论不相协调,不能准确反映结构的实际内力。

塑性计算法是从结构实际受力情况出发,考虑塑性变形引起的结构内力重分布来计算连续梁内力的方法,这样不仅可消除内力计算与截面承载力计算之间的矛盾,而且还可获得节省材料、方便施工的技术经济效果。

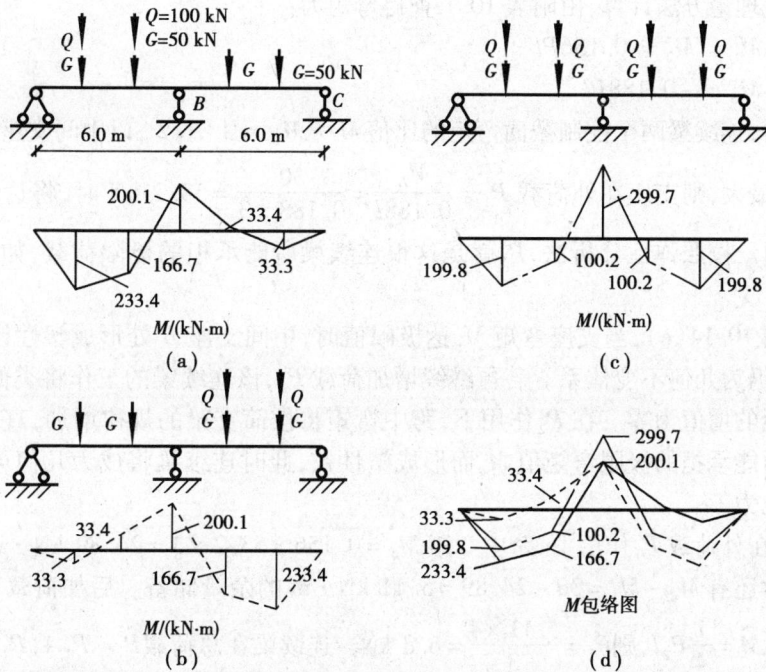

图 10.12 两跨连续梁的弯矩包络图

(1) 塑性铰的概念

对配筋适量的受弯构件,当受拉纵筋在某个弯矩较大的截面达到屈服后,随着荷载的少许增加,钢筋将产生很大的塑性变形,裂缝迅速开展,屈服截面形成一个塑性变形集中的区域,使截面两侧产生较大的相对转角,这个集中区域在构件中的作用,犹如一个能够转动的"铰",称之为塑性铰(图 10.13)。可以认为,塑性铰是受弯构件的"屈服"现象。塑性铰与普通的理想铰不同,前者能承受一定的弯矩,并能沿弯矩作用方向发生一定限度的转动;而后者不能承受弯矩,但能自由转动。

对于静定结构,在任一截面出现塑性铰后,结构就成为几何可变体系而丧失承载力。但对于超静定结构,由于存在多余约束,构件某一截面出现塑性铰并不会导致结构立即破坏,仍能继续承受增加的荷载,直到出现足够数量的塑性铰使结构成为几何可变体系,结构才丧失其承载能力。

(2) 超静定结构的塑性内力重分布

在钢筋混凝土超静定结构中,每出现一个塑性铰将减少结构的超静定次数(相当于减少一次约束),一直到出现足够

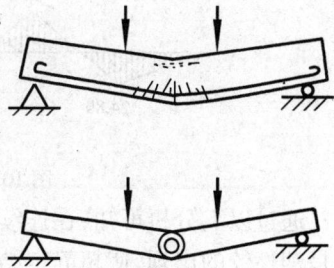

图 10.13 塑性铰的形成

数目的塑性铰致使超静定结构的整体或局部形成破坏机构,结构才丧失其承载能力。在形成破坏机构的过程中,结构的内力分布和塑性铰出现前的弹性分布规律完全不同,塑性铰的出现引起构件各截面间的内力分布发生了变化,即产生了塑性内力重分布。下面以跨中作用集中荷载的两跨连续梁为例加以说明。

如图 10.14 所示一两跨连续梁,跨度均为 $l = 3$ m,每跨跨中承受一集中荷载 P 设梁跨中和支座截面能承担的极限弯矩相同,为 $M_u = 30$ kN·m。

按照弹性理论方法计算,由附表 10.1 查得弯矩为:

跨中　　$M_1 = M_2 = 0.156Pl$

支座　　$M_B = -0.188Pl$

由此可得,连续梁两个控制截面弯矩的比值 $M_1 : M_B = 1 : 1.2$,以中间支座截面 B 处的弯矩数值 M_B 为最大,则支座在外荷载 $P_1 = \dfrac{M_B}{0.188l} = \dfrac{30}{0.188 \times 3} = 53.2$ kN 时,将达到该截面的极限受弯承载力。按照弹性分析法,P_1 就是这根连续梁所能承担的极限荷载,如图 10.14(a)、(b)所示。

现研究图 10.14(c),当支座弯矩 M_B 达极限值时,中间支座 B 处形成塑性铰,但是此时结构并未破坏,仍为几何不变体系。若再继续增加荷载 P_2,该连续梁的工作将类似两根简支梁,此时支座弯矩的增值为零。在 P_2 作用下,跨中弯矩将按简支梁的规律增加,直到跨中总弯矩也达到该截面能承担的极限弯矩值 M_u 而形成塑性铰,此时连续梁将成为几何可变体系,结构丧失其承载能力。

本例中,在外荷载 P_1 作用下,跨中弯矩 $M_1 = 0.156 \times 53.2 \times 3 = 24.89$ kN·m,此时该截面的受弯承载力还有 $M_u - M_1 = 30 - 24.89 = 5.11$ kN·m 的余量储备。后加荷载 P_2 引起的增量弯矩效应为 $\Delta M = \dfrac{1}{4} P_2 l$,则 $P_2 = \dfrac{5.11 \times 4}{3} = 6.8$ kN。连续梁在总荷载 $P = P_1 + P_2 = 53.2 + 6.8 = 60$ kN 作用下,才丧失其承载力而破坏(图 10.14(d))。

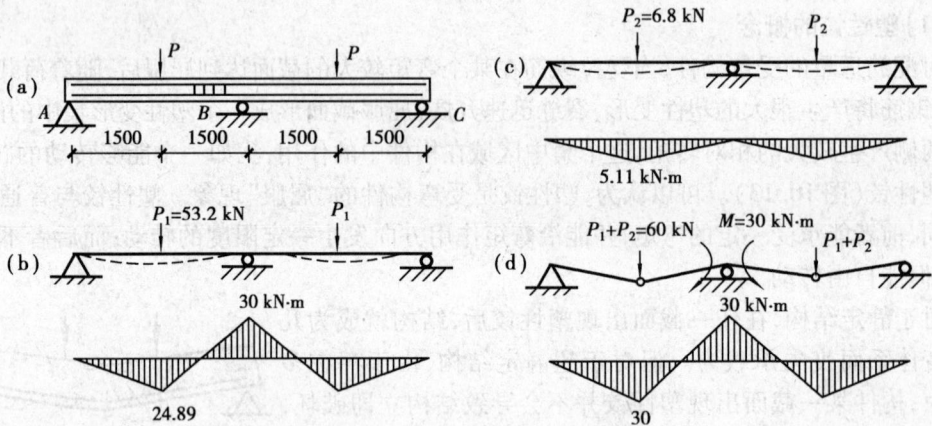

图 10.14　两跨连续梁塑性内力重分布的过程

通过以上分析可知,在连续梁的受力过程中,随着荷载的增加,构件的刚度不断变化。特别是塑性铰的出现,使超静定结构的内力与荷载的关系不再遵循线弹性分布的规律,而是经历了一个内力重新分布的过程,即塑性内力重分布。如本例中,在加荷初期,连续梁的内力分布基本符合弹性理论的规律,其跨中与支座截面的弯矩比值为 $M_1 : M_B = 1 : 1.2$;随着荷载的增大,这一比例关系在变化着,到临近破坏时其比例改变为 $M_{1U} : M_{BU} = 1 : 1$。

由于超静定结构的破坏标志不再是一个截面"屈服"而是形成破坏机构,故连续梁从出现第一个塑性铰到结构形成可变体系这一过程中,还可以继续增加荷载。因此,在结构设计时,按塑性理论计算内力,可以利用潜在的承载能力储备而取得经济效益。如本例中极限荷载值

与按弹性计算法相比提高了 $\dfrac{P_2}{P_1} \times 100\% = 12.78\%$

(3) 弯矩调幅法

对单向板肋梁楼盖中的连续板及连续次梁,当考虑塑性内力重分布理论分析结构内力时,普遍采用弯矩调幅法。即在按弹性计算法所得的弯矩包络图的基础上,考虑截面出现塑性铰而引起连续梁的内力重分布,对某些出现塑性铰截面的弯矩(一般为支座弯矩)予以调整降低,对调幅后的弯矩值,再用一般力学方法分析对结构其他控制截面内力的影响,经过综合分析计算而得到连续梁(板)的内力。

根据理论和试验研究结果及工程经验,考虑塑性内力重分布对弯矩进行调幅时,应遵循以下原则:

1)必须保证塑性铰具有足够的转动能力,使整个结构或局部形成机动可变体系才丧失承载力。按照弯矩调幅法设计的结构构件,受力钢筋宜采用塑性较好的 HRB335 级、HRB400 级热轧钢筋;混凝土强度等级宜在 C20 ~ C45 范围内;调幅截面的相对受压区高度 $\xi = \dfrac{x}{h_0} \leqslant 0.35$。

2)为了避免塑性铰出现过早、转动幅度过大,致使梁的裂缝宽度及变形过大,应控制支座截面的弯矩调整幅度,以不超过 20% 为宜。

3)连续梁调整后的跨中截面弯矩值应取弹性分析所得的最不利弯矩值和按下式计算值中的较大值。

$$M' = 1.02M_0 - \frac{M^l + M^r}{2} \tag{10.5}$$

式中 M_0——按简支梁计算的跨中弯矩设计值;

M^l、M^r——连续梁左、右支座截面弯矩调幅后的设计值。

4)调幅后的所有支座及跨中控制截面的弯矩值均应不小于 M_0 的 1/3。

5)各控制截面的剪力设计值按荷载最不利布置和调幅后的支座弯矩由静力平衡条件计算确定。

采用塑性内力重分布理论进行结构设计,能正确反映材料的实际性能,既节省材料,又保证结构安全可靠。同时,由于减少了支座钢筋用量,使支座配筋拥挤的状况有所改善,更方便于施工,所以这是一种既先进又实用的设计方法。

(4) 等跨连续板、梁的内力计算

根据弯矩调幅法的基本原则,经过内力调整,并考虑到计算的方便,对工程中常见的承受均布荷载的等跨连续板、梁的控制截面内力,按塑性理论计算的简化公式如下:

弯矩 $\qquad\qquad\qquad\qquad M = \alpha(g+q)l_0^2 \tag{10.6}$

剪力 $\qquad\qquad\qquad\qquad V = \beta(g+q)l_n \tag{10.7}$

式中 α——考虑塑性内力重分布的弯矩系数,按图 10.15 取值;

β——考虑塑性内力重分布的剪力系数,按图 10.15 取值;

g、q——分别为均布恒荷载与活荷载设计值;

l_0——计算跨度,按塑性理论方法计算时的计算跨度见表 10.1;

l_n——净跨度。

13

按图 10.15 确定的弯矩系数适用于：

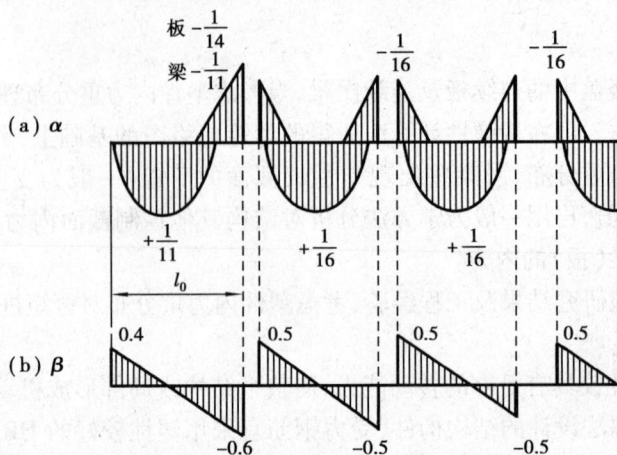

图 10.15　连续板和梁的弯矩系数 α 值及剪力系数 β 值

①荷载比 g/q =1/3 ~ 5 的等跨连续板、梁；

②跨度相差不超过 10% 的不等跨连续板、梁，但计算支座弯矩时，应取相邻两跨的较大跨度计算。

应当指出，按塑性理论方法计算结构内力，虽然其方法简单，可以节约钢材，克服支座处钢筋拥挤的现象。但是，塑性内力重分布理论是以形成塑性铰为前提，在使用阶段构件的裂缝和挠度一般较大。因此，并不是在任何情况下都采用塑性计算法，通常在下列情况下应按弹性理论计算方法进行设计：

①直接承受动力和重复荷载的结构；

②在使用阶段不允许出现裂缝或对裂缝开展有较严格限制的结构；

③处于重要部位，要求有较大承载力储备的结构。如肋形楼盖中的主梁；

④处于有腐蚀环境中的结构。

10.1.5　板的截面计算与构造要求

(1)板的计算要点

1)支承在次梁或砖墙上的连续板，一般可按考虑塑性内力重分布的方法计算。

2)板的斜截面承载力一般均能满足要求，设计时可不进行受剪承载力计算。

3)板的计算单元可取为 1 m 宽度，按单筋矩形截面进行截面配筋计算。板内纵向受力钢筋的数量是根据连续板各跨中、支座截面处的最大正、负弯矩分别计算而得。

4)连续板在四周与梁整体连接时，支座截面负弯矩使板上部开裂，跨中正弯矩使板下部开裂，在竖向荷载作用下，板的实际轴线形成拱形，因而板四周边梁对它产生水平推力(图 10.16)。该推力对板是有利的，可减少板中各计算截面的弯矩。一般规定，对四周与梁整体连接的板，其中间跨板带的跨中截面及中间支座截面的计算弯矩可折减 20%，其他截面则不予降低。

(2)板的配筋构造

1)受力钢筋的配置

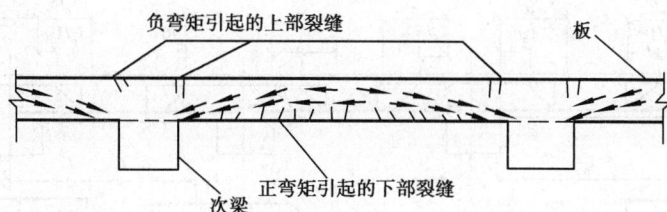

图 10.16 连续板的拱推力示意图

板内受力钢筋的数量按计算确定后,配置时应考虑构造简单、施工方便。由于连续板各跨、各支座截面所需钢筋的数量不可能都相等,因此配筋时,往往采取各截面的钢筋间距相同而钢筋直径不相同的方法。

板中受力钢筋一般采用 HPB235 级、HRB335 级钢筋,常用直径为 $\phi6$ mm、$\phi8$ mm、$\phi10$ mm 及 $\phi12$ mm 等。对于支座负钢筋,为便于施工架立,直径不宜太细。

受力钢筋的间距一般不小于 70 mm;当板厚 $h \leqslant 150$ mm 时,不宜大于 200 mm;$h > 150$ mm 时,不宜大于 $1.5h$,且不宜大于 250 mm。

连续板中受力钢筋的布置方式可采用分离式或弯起式两种,如图 10.17 所示。弯起式配筋是先按跨中正弯矩确定其钢筋直径和间距,然后在支座附近将部分跨中钢筋向上弯起(弯起角度一般采用 30),用以承担支座负弯矩。如数量不足,可另加直钢筋(图 10.17(a))。剩余的钢筋伸入支座的间距不应大于 400 mm,截面面积不应小于跨中钢筋的 1/3。一般采用隔一弯一或隔一弯二。弯起式配筋应注意相邻跨中与支座钢筋间距的协调。弯起式配筋锚固和整体性好,钢筋用量省,但施工较复杂。

分离式配筋是将全部跨中钢筋伸入支座,支座上部负弯矩钢筋单独设置(图 10.17(b))。分离式配筋锚固稍差,钢筋用量略高,但施工简单方便,是目前工程中主要采用的配筋方式。

为了保证锚固可靠,板内伸入支座的下部受力钢筋采用半圆弯钩,但对于上部负钢筋,为保证施工时钢筋的设计位置,宜做成直抵模板的直钩。确定连续板受力钢筋的弯起和截断位置,一般不必绘弯矩包络图,而直接按图 10.17 所示的构造要求确定钢筋位置。

2)构造钢筋的配置

单向板除按计算配置受力钢筋外,通常还应布置以下四种构造钢筋(图 10.18):

①板的分布钢筋

单向板的分布钢筋按构造要求沿板的长跨方向布置。其作用是:浇筑混凝土时固定受力钢筋的位置;抵抗收缩和温度变化产生的内力;承担并分布板上局部荷载产生的内力;承受单向板沿长跨方向实际存在的某些弯矩。

分布钢筋应垂直布置于受力钢筋的内侧,在受力钢筋的弯折处也应配置。分布钢筋的截面面积不宜小于单位长度上受力钢筋截面面积的 15%,其间距不宜大于 250 mm,直径不宜小于 6 mm。

②嵌固在墙内的板面构造钢筋

嵌固在承重墙内的板,其计算简图是按简支考虑的,实际上由于墙体的约束作用而使板端产生负弯矩。因此,对嵌固在承重砖墙内的现浇板,在板面上部应配置与板边垂直的构造钢筋,其直径不宜小于 8 mm,钢筋间距不宜大于 200 mm,其截面面积不宜小于该方向跨中受力

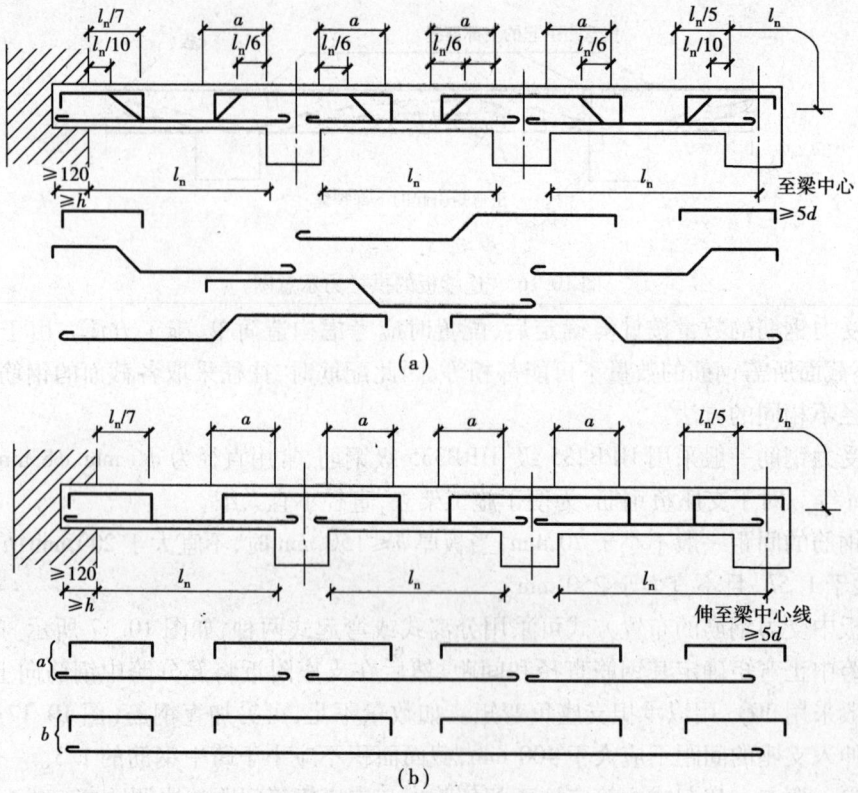

图 10.17 连续板中受力钢筋的布置方式

(a)弯起式;(b)分离式

α 值:当 $q/g \leq 3$ 时, $\alpha = l_n/4$;当 $q/g > 3$ 时, $\alpha = l_n/3$。其中 g 为均布恒荷载值,q 为均布活荷载值;l_n 为板的净跨。

钢筋截面面积的 1/3,伸出墙边的长度不宜小于短边跨度 l_0 的 1/7。对两边嵌固于墙内的板角部分,应在板的上部双向配置上述构造钢筋,其伸出墙边的长度不宜小于 $l_0/4$,见图 10.18。

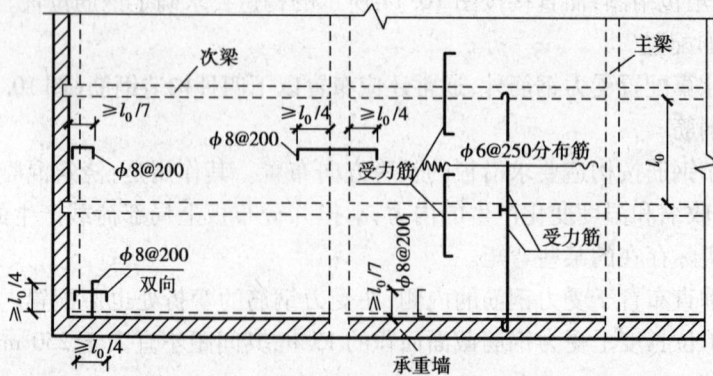

图 10.18 连续板的构造钢筋

③垂直于主梁的板面构造钢筋

在单向板中受力钢筋与主梁的肋平行,但由于板和主梁整体连接,在靠近主梁附近,部分荷载将由板直接传递给主梁而产生一定的负弯矩。为此,应在板面上部沿主梁的长度方向配置与主梁垂直的构造钢筋,其数量应不少于板中受力钢筋的 1/3,且直径不宜小于 8 mm,间距不宜大于 200 mm,伸出主梁边缘的长度不宜小于板计算跨度 l_0 的 1/4,如图 10.19 所示。

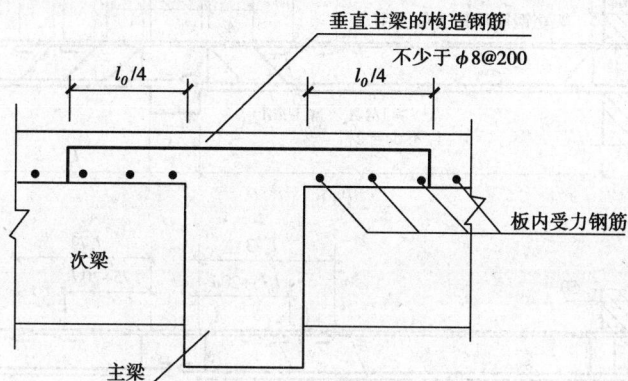

图 10.19　板中与主梁垂直的构造钢筋

10.1.6　次梁的计算与构造要求

(1)次梁的计算

1)次梁的内力计算一般按塑性理论计算法。

2)按正截面抗弯承载力确定次梁内纵向受力钢筋时,由于板和次梁是整体连接的,板作为梁的翼缘参加工作。通常跨中截面按 T 形截面计算,其翼缘宽度 b_f' 按规范取用。支座截面因翼缘位于受拉区,所以按矩形截面计算。

3)按截面抗剪承载力计算次梁内抗剪腹筋。当荷载、跨度较小时,一般可仅配置箍筋抗剪。当荷载、跨度较大时,宜在支座附近设置弯起钢筋,以减少箍筋用量。

4)次梁的截面尺寸满足高跨比 $h/l_0 = 1/18 \sim 1/12$ 和宽高比 $b/h = 1/3 \sim 1/2$ 的要求时,一般不必作使用阶段的挠度和裂缝宽度验算。

(2)次梁配筋的构造要求

当次梁的相邻跨度相差不超过 20%,且梁上均布荷载活荷载与恒荷载设计值之比 $q/g \leq 3$ 时,梁的弯矩图形变化幅度不大,其中纵向受力钢筋的弯起和截断,可按图 10.20(a)确定。否则,应按弯矩包络图确定。对于跨度较小或荷载不大的次梁,也可不设弯起钢筋,其支座上部纵筋的切断位置见 10.20(b)。

10.1.7　主梁的计算与构造要求

(1)主梁的计算要点

1)主梁的内力计算通常按弹性理论方法进行,原因是主梁是楼盖中的重要构件,需要有较大的承载力储备,一般不考虑塑性内力重分布。

2)主梁除自重外,主要承受由次梁传来的集中荷载,为了简化计算,可将主梁的自重折算成集中荷载进行计算。

3)主梁正截面承载力计算与次梁相同,即跨中正弯矩按 T 形截面计算,支座负弯矩则按

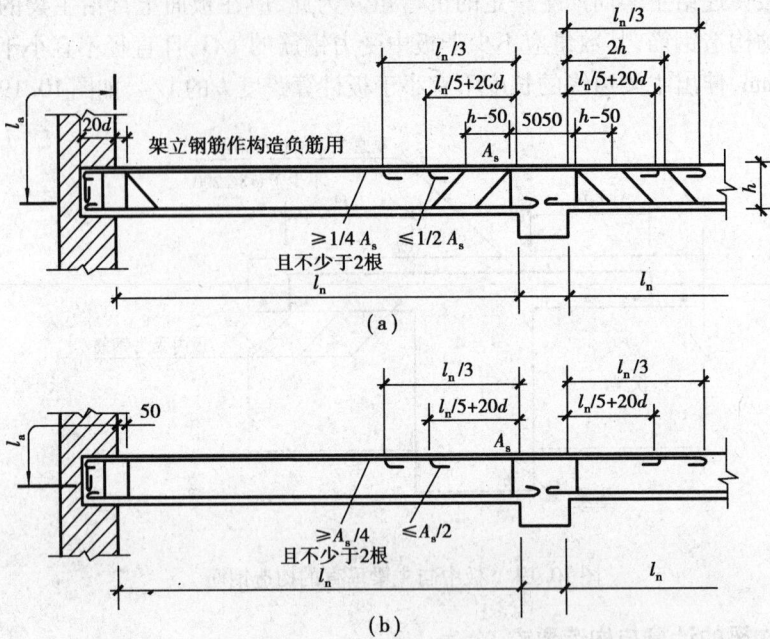

图 10.20 次梁配筋的构造要求
(a)有弯起钢筋;(b)无弯起钢筋

矩形截面计算。

4)由于在支座处板、次梁与主梁的支座负钢筋相互垂直交错,而且主梁负筋位于次梁和板的负筋之下(图 10.21),因此计算主梁支座负弯矩钢筋时,其截面有效高度 h_0 应取:

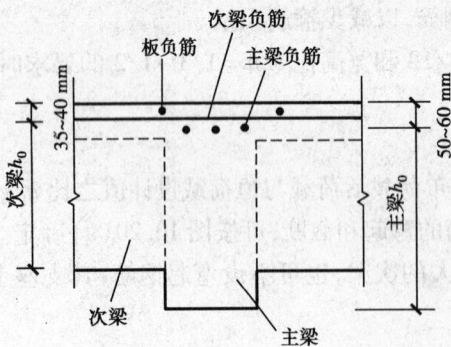

图 10.21 主梁支座处截面的有效高度   图 10.22 主梁支座边缘的计算弯矩

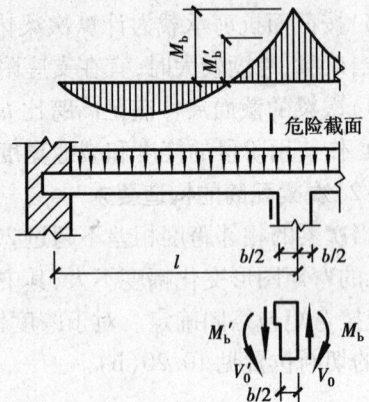

当主梁受力钢筋为一排布置时 $h_0 = h - (55 \sim 60)$ mm

当主梁受力钢筋为二排布置时 $h_0 = h - (80 \sim 90)$ mm

5)由于主梁一般按弹性法计算内力,计算跨度是取支座中心线之间的距离,计算所得的支座弯矩是在支座中心处的弯矩值,但此处因主梁与柱支座整体连接,主梁的截面高度显著增大,故并不是危险截面。最危险的支座截面应在支座边缘处,见图 10.22。因此,支座截面的配筋计算,应取支座边缘的计算弯矩 M'_b,其值可近似按下式计算:

$$M'_b = M_b - V_0 \times \frac{b}{2} \tag{10.8}$$

式中　M_b——支座中心处的弯矩值;

　　　V_0——该跨按简支梁计算的支座剪力值;

　　　b——支座宽度。

6)当按构造要求选择主梁的截面尺寸和钢筋直径时,一般可不做挠度和裂缝宽度验算。

(2)主梁的构造要求

1)主梁纵向受力钢筋的弯起和截断应根据弯矩包络图进行布置,应使主梁的抵抗弯矩图能覆盖弯矩包络图,并应满足有关构造要求。

2)主梁主要承受集中荷载,剪力图呈矩形。如果在斜截面抗剪计算中利用弯起钢筋抵抗部分剪力,则应考虑跨中有足够的钢筋可供弯起,使抗剪承载力图完全覆盖剪力包络图。若跨中可供弯起的钢筋不够,则应在支座设置专门抗剪的鸭筋。

3)在次梁与主梁相交处,次梁的集中荷载可能使主梁的腹部产生斜裂缝,并引起局部破坏(图 10.23(a))。因此,《规范》规定应在次梁两侧 $S = 2h_1 + 3b$ 的长度范围内设置附加横向钢筋,形式有箍筋、吊筋或两者都有(图 10.23(b)、(c))。第一道附加箍筋离次梁边 50 mm,吊筋下部尺寸为次梁的宽度加 100 mm 即可。

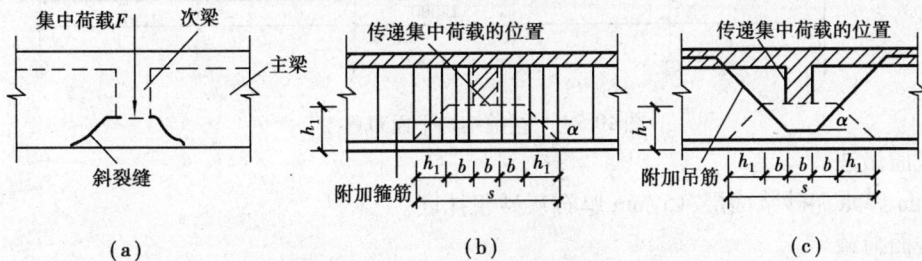

图 10.23　附加横向钢筋的布置

(a)集中荷载作用下裂缝情况;(b)附加箍筋;(c)附加吊筋

附加横向钢筋所需的总截面面积应满足下列条件:

$$F \leq 2f_y A_{sb} \sin\alpha + m \cdot n f_{yv} A_{SV1} \tag{10.9}$$

式中　F——次梁传给主梁的集中荷载设计值;

　　　f_y——附加吊筋的抗拉强度设计值;

　　　f_{yv}——附加箍筋的抗拉强度设计值;

　　　A_{sb}——每一根附加吊筋的截面面积;

　　　m——在宽度 s 范围内附加箍筋的根数;

　　　n——同一截面内附加箍筋的肢数;

　　　A_{sv1}——附加箍筋单肢的截面面积;

　　　α——附加吊筋与梁轴线间的夹角,宜取 $45°$ 或 $60°$。

10.1.8　单向板肋梁楼盖设计实例

例 10.1　现浇单向板肋梁楼盖设计。

(1)设计资料

1)结构形式

某工厂仓库,采用多层砖混结构,内框架承重体系。外墙厚 370 mm,钢筋混凝土柱截面尺寸为 300 mm×300 mm。楼盖采用现浇钢筋混凝土单向板肋梁楼盖,其结构平面布置如图 10.24 所示。图示范围内不考虑楼梯间。

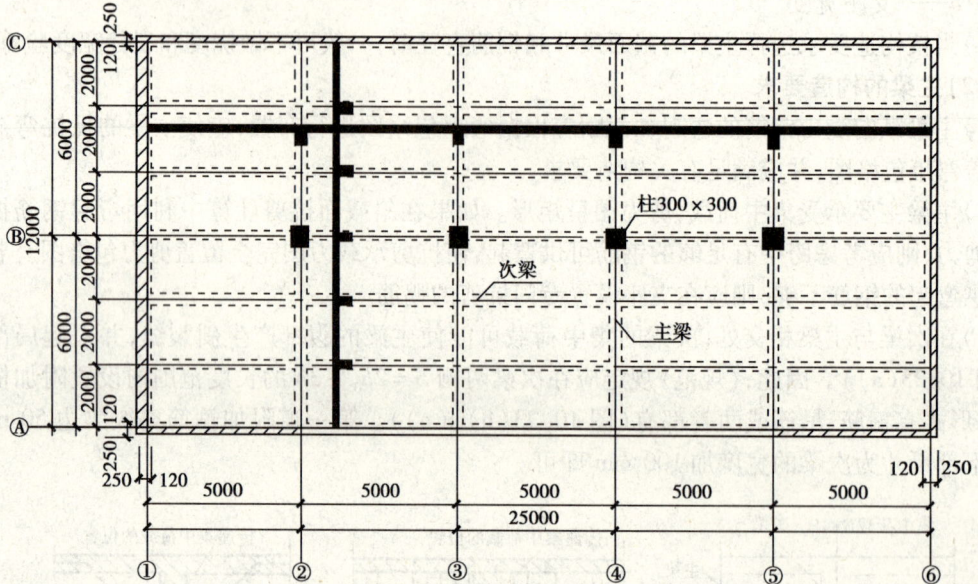

图 10.24　楼盖结构平面布置图

2)楼面做法

20 mm 厚水泥砂浆面层,15 mm 厚石灰砂浆抹底。

3)楼面荷载

恒荷载:包括梁、楼板及粉刷层自重。钢筋混凝土容重 25 kN/m³,水泥砂浆容重 20 kN/m³,石灰砂浆容重 17 kN/m³,荷载分项系数 $\gamma_G = 1.2$。

活荷载:楼面均布活荷载标准值 8 kN/m²,荷载分项系数 $\gamma_G = 1.3$(楼面活荷载标准值≥4 kN/m²)。

4)材料选用

混凝土采用 C20,梁中受力主筋采用 HRB335 级钢筋,其余均采用 HPB235 级钢筋。

(2)设计要求

1)板、次梁按塑性内力重分布方法计算。

2)主梁按弹性理论计算。

3)绘制板、次梁、主梁的结构施工图。

解　(1)楼盖结构布置及截面尺寸

1)梁格布置

如图 10.24 所示,确定主梁的跨度为 6 m,次梁的跨度为 5 m,主梁每跨内布置 2 根次梁,板的跨度为 2 m。

2)截面尺寸

板考虑刚度要求,板厚 $h \geqslant \left(\dfrac{1}{40} \sim \dfrac{1}{35} \right) \times 2000 = 50 \sim 57$ mm。考虑工业建筑楼板最小板厚

为80 mm,取板厚$h = 80$ mm。

次梁截面高度应满足:$h = (\frac{1}{18} \sim \frac{1}{12})l_0 = (\frac{1}{18} \sim \frac{1}{12}) \times 5000 = 278 \sim 417$ mm。考虑到楼面活荷载较大,取次梁截面尺寸$b \times h = 200$ mm $\times 400$ mm。

主梁截面高度应满足:$h = (\frac{1}{14} \sim \frac{1}{8})l = (\frac{1}{14} \sim \frac{1}{8}) \times 6000 = 429 \sim 750$ mm,取主梁截面尺寸$b \times h = 250$ mm $\times 600$ mm。

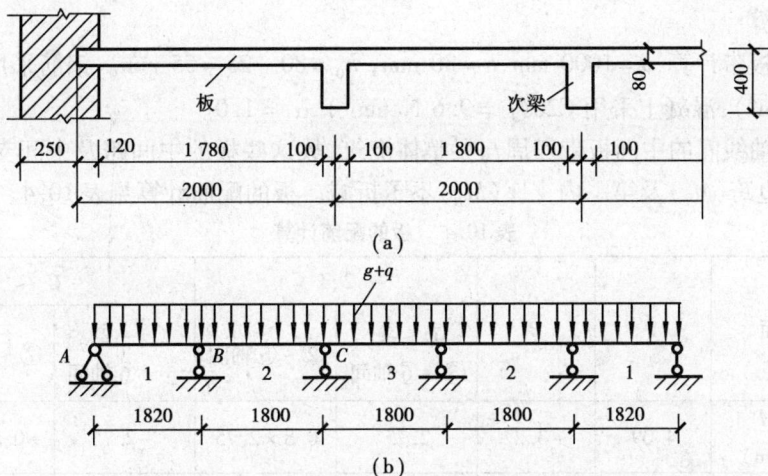

图10.25 板的计算简图

(2)板的设计

板按考虑塑性内力重分布方法计算,取1 m 宽板带作为计算单元,板的实际尺寸及计算简图如图10.25 所示。

1)荷载计算

板的恒荷载标准值:

20 mm 厚水泥砂浆面层	$0.02 \times 20 = 0.4$ kN/m²
80 mm 厚钢筋混凝土板	$0.08 \times 25 = 2$ kN/m²
15 mm 厚石灰砂浆抹底	$0.015 \times 17 = 0.26$ kN/m²
恒荷载标准值小计	$g_k = 2.66$ kN/m²
板的活荷载标准值:	$q_k = 6$ kN/m²
总荷载设计值	$1.2 \times 2.66 + 1.3 \times 8 = 13.59$ kN/m²
即每米板宽	$g + q = 13.59$ kN/m

2)内力计算

计算跨度:

边跨 $l_{01} = l_n + h/2 = 2000 - 200/2 - 120 + 80/2 = 1820$ mm

中间跨 $l_{02} = l_{03} = l_n = 2000 - 200 = 1800$ mm

跨度差 $[(1820 - 1800)/1800] \times 100\% = 1.1\% < 10\%$,可按等跨连续板计算。

板的弯矩计算结果见表10.3。

表10.3　板的弯矩计算

截　面	1(边跨中)	B(支座)	2、3(中间跨中)	C(中间支座)
弯矩系数 α	1/11	$-1/14$	1/16	$-1/16$
$M = \alpha(g+q)l_0^2$ /(kN·m)	$1/11 \times 13.59 \times 1.82^2 = 4.09$	$-1/14 \times 13.59 \times 1.82^2 = -3.22$	$1/16 \times 13.59 \times 1.8^2 = 2.75$	$-1/16 \times 13.59 \times 1.8^2 = -2.75$

3)配筋计算

取 1 m 宽板带计算,$b = 1000$ mm,$h = 80$ mm,$h_0 = 80 - 25 = 55$ mm。钢筋采用 HPB235 级($f_y = 210$ N/mm²),混凝土采用 C20($f_c = 9.6$ N/mm²),$\alpha_1 = 1.0$。

因②~⑤轴线间的中间板带四周与梁整体浇筑,故这些板的中间跨及中间支座的弯矩可减少20%,但边跨(M_1)及第一内支座(M_B)不予折减。板的配筋计算见表10.4。

表10.4　板的配筋计算

截　面	1	B	2、3 ①~②、⑤~⑥轴间	2、3 ②~⑤轴间	C ①~②、⑤~⑥轴间	C ②~⑤轴间
弯矩 M /(kN·m)	4.09	-3.22	2.75	0.8×2.75	-2.75	-0.8×2.75
$\alpha_s = \dfrac{M}{\alpha_1 f_c b h_0^2}$	0.141	0.111	0.095	0.076	0.095	0.076
$\xi = -\sqrt{1-2\alpha_s}$	0.153 <0.35	0.118	0.10	0.079	0.10	0.079
$A_s = \dfrac{\xi b h_0 \alpha_1 f_c}{f_y}$ /mm²	385	297	251	199	251	199
实配钢筋/mm²	$\phi8@130$ $A_s = 387$	$\phi6/\phi8@130$ $A_s = 302$	$\phi6/\phi8@130$ $A_s = 302$	$\phi6@130$ $A_s = 218$	$\phi6/\phi8@130$ $A_s = 302$	$\phi6@130$ $A_s = 218$

4)板的配筋图(见图10.26)

在板的配筋图中,除按计算配置受力钢筋外,尚应设置下列构造钢筋:

1)分布钢筋:按规定选用 $\phi6@250$;

2)板边构造钢筋:选用 $\phi8@200$,设置于板四周支承墙的上部;

3)板角构造钢筋:选用 $\phi8@200$,双向布置在板四角的上部。

(3)次梁设计

次梁按考虑塑性内力重分布方法计算。次梁的实际尺寸及支承情况见图10.27(a)。

1)荷载计算

板传来的恒荷载　　　　　　　　$2.66 \times 2.0 = 5.32$ kN/m

次梁自重　　　　　　　　　　　$0.2 \times (0.4 - 0.08) \times 25 = 1.6$ kN/m

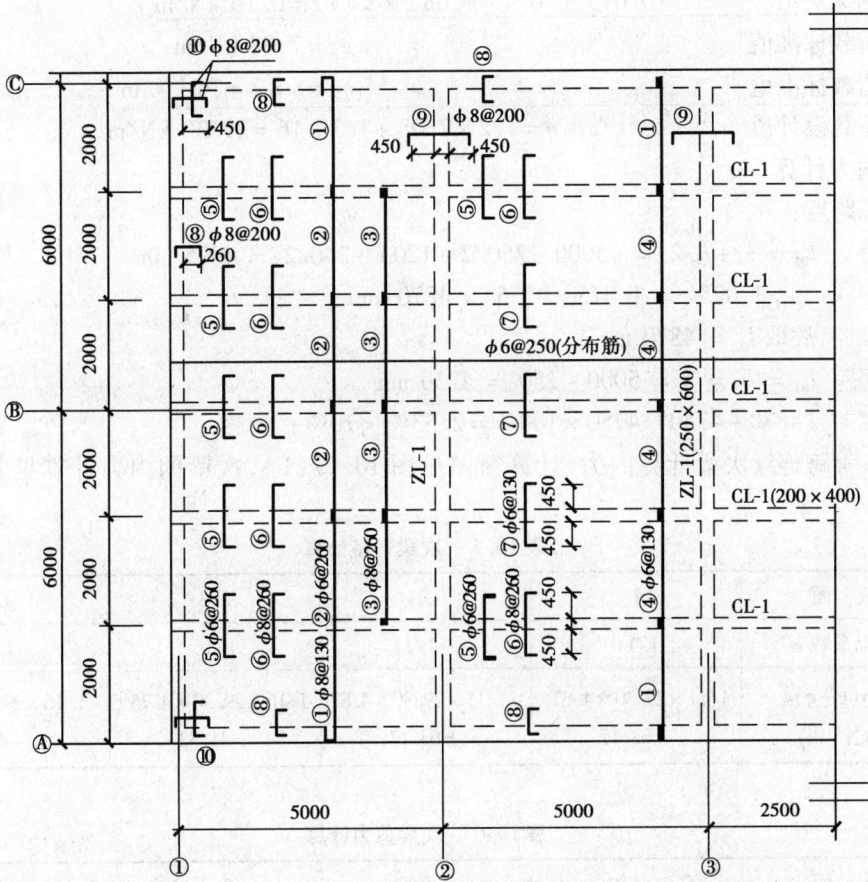

图 10.26 板配筋平面图

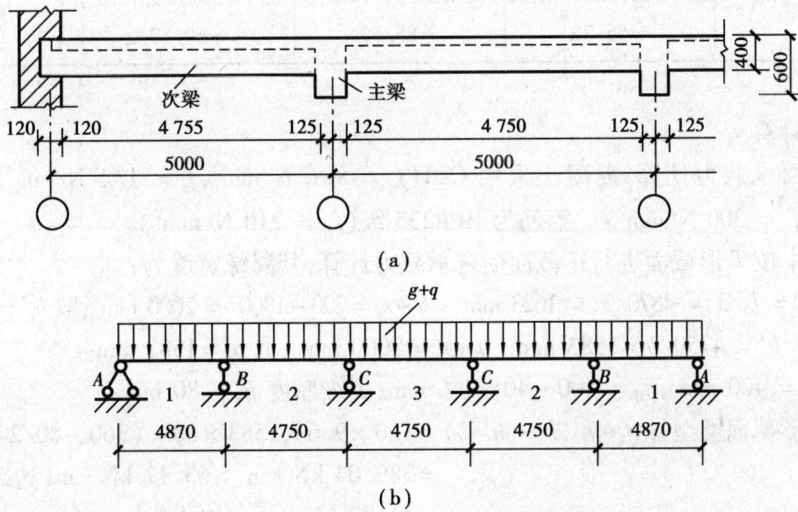

图 10.27 次梁的计算简图

梁侧抹灰	$0.015 \times (0.4 - 0.08) \times 2 \times 17 = 0.16$ kN/m
恒荷载标准值	$g_k = 7.08$ kN/m
活荷载标准值	$q_k = 8 \times 2 = 16$ kN/m
总荷载设计值	$g + q = 1.2 \times 7.08 + 1.3 \times 16 = 29.30$ kN/m

2)内力计算

计算跨度:

边跨　　$l_{01} = l_n + a/2 = (5000 - 250/2 - 120) + 240/2 = 4875$ mm

　　　　　$> 1.025l_n = 1.025 \times 4775 = 4870$ mm

　　　　故取 $l_{01} = 4870$ mm

中间跨　$l_{01} = l_{03} = l_n = 5000 - 250 = 4750$ mm

跨度差　$(4870 - 4750)/4750 \times 100\% = 2.53\% < 10\%$;

故按等跨连续次梁计算内力,计算简图见图 10.27(b),次梁的内力计算见表 10.5 和 10.6。

表 10.5　次梁弯矩计算

截　面	1	B	2、3	C
弯矩系数 α	1/11	-1/11	1/16	-1/16
$M = \alpha(g+q)l_0^2$ /(kN·m)	$1/11 \times 29.30 \times 4.87^2$ $= 63.17$	$-1/11 \times 29.30 \times 4.87^2$ $= 63.17$	$1/16 \times 29.30 \times 4.75^2$ $= 41.32$	$-1/16 \times 29.30 \times 4.75^2$ $= -41.32$

表 10.6　次梁剪力计算

截　面	A	B	2、3	C
剪力系数 β	0.4	0.6	0.5	0.5
$V = \beta(g+q)l_n$ /kN	$0.4 \times 29.30 \times 4.755$ $= 55.73$	$0.6 \times 29.30 \times 4.755$ $= 83.59$	$0.5 \times 29.30 \times 4.75$ $= 69.59$	69.59

3)配筋计算

次梁截面承载力计算,混凝土采用 C20($f_c = 9.6$ N/mm², $f_t = 1.1$ N/mm²),纵筋采用 HRB335 级($f_y = 300$ N/mm²)。箍筋为 HPB235 级($f_{yv} = 210$ N/mm²)。

次梁跨中按 T 形截面进行正截面受弯承载力计算,其翼缘宽度为:

边跨　$b_f' = l_0/3 = 4870/3 = 1623$ mm $< b + s_n = 200 + 1800 = 2000$ mm;取 $b_f' = 1623$ mm

中间跨　$b_f' = 4750/3 = 1583$ mm $< b + s_n = 2000$ mm;取 $b_f' = 1583$ mm

梁高 $h = 400$ mm,$h_0 = 400 - 40 = 360$ mm;翼缘厚度 $h_f' = 80$ mm

判别 T 形截面类型:$\alpha_1 f_c b_f' h_f' (h_0 - h_f'/2) = 1.0 \times 9.6 \times 1583 \times 80 \times (360 - 80/2)$

　　　　　　　　　　$= 389.04$ kN·m > 63.17 kN·m(边跨中)

　　　　　　　　　　> 41.32 kN·m(中间跨中)

故次梁各跨中截面属于第一类 T 形截面。

次梁支座截面按矩形截面计算,各支座截面按一排纵筋布置,$h_0 = 400 - 40 = 360$ mm,不设弯起钢筋。次梁正截面受弯配筋计算及斜截面抗剪配筋计算分别见表10.7和表10.8。

表10.7 次梁受弯配筋计算

截 面	1(T形)	B(矩形)	2、3(T形)	C(矩形)
弯矩 $M/(kN \cdot mm)$	63.17	-63.17	41.32	-41.32
b 或 b_f' (mm)	1623	200	1583	200
$\alpha_s = \dfrac{M}{\alpha_1 f_c b h_0^2}$	0.031	0.254	0.021	0.166
$\xi = 1 - \sqrt{1 - 2\alpha_s}$	0.031	0.299 < 0.35	0.021	0.183
$A_S = \dfrac{\xi b h_0 \alpha_1 f_c}{f_y}/mm^2$	580	689	383	422
实配钢筋 /mm^2	$3\,\phi\,16$ $A_S = 603$	$2\,\phi\,12 + 2\,\phi\,18$ $A_S = 735$	$2\,\phi\,12 + 1\,\phi\,16$ $A_S = 427$	$2\,\phi\,12 + 1\,\phi\,16$ $A_S = 427$

表10.8 次梁抗剪配筋计算

截 面	A支座	B(左)	B(右)	C支座
V/kN	55.73	83.59	69.59	69.59
$0.25\beta_c f_c b h_0/kN$	172.8 > V	172.8 > V	172.8 > V	172.8 > V
$V_c = 0.7 f_t b h_0/kN$	55.4 < V	55.4 < V	55.4 < V	55.4 < V
选用箍筋	$2\phi6$	$2\phi6$	$2\phi6$	$2\phi6$
$A_{sv} = n A_{sv1}/mm^2$	56.6	56.6	56.6	56.6
$s = \dfrac{1.25 f_{yv} A_{sv} h_0}{V - 0.7 f_t b h_0}/mm$	按构造配置	190	377	377
实配箍筋间距 s/mm	180	180	180	180
$V_{cs} = 0.7 f_t b h_0 + \dfrac{1.25 f_{yv} A_{sv} h_0}{s}$ /kN	85.12 > V	85.12 > V	85.12 > V	85.12 > V
配箍率 $\rho_{sv} = \dfrac{A_{sv}}{bs}$ $\rho_{sv,min} = \dfrac{0.24 f_t}{f_v} = 0.13\%$	0.16% > 0.13%	0.16% > 0.13%	0.16% > 0.13%	0.16% > 0.13%

4)次梁配筋图:见图10.28所示。

(4)主梁设计

主梁按弹性理论计算内力,主梁的实际尺寸及支承情况如图10.29(a)所示。

1)荷载计算

为简化计算,主梁自重按集中荷载考虑。

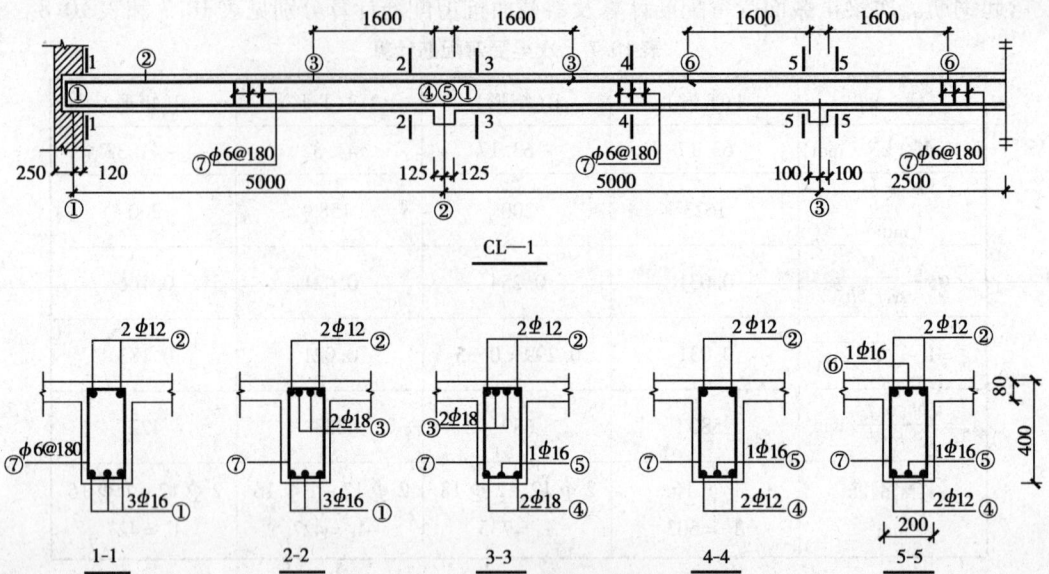

图 10.28　次梁配筋图

次梁传来的集中荷载	$7.08 \times 5 = 35.4$ kN
主梁自重(折算为集中恒荷载)	$0.25 \times (0.6 - 0.08) \times 25 \times 2 = 6.5$ kN
梁侧抹灰(折算为集中荷载)	$0.015 \times (0.6 - 0.08) \times 17 \times 2.0 \times 2 = 0.53$ kN
恒荷载标准值:	$G_k = 42.43$ kN
活荷载标准值:	$Q_k = 8 \times 2 \times 5 = 80$ kN
恒荷载设计值:	$G = 1.2 \times 42.43 = 50.92$ kN
活荷载设计值:	$Q = 1.3 \times 80 = 104$ kN
总荷载设计值	$G + Q = 154.92$ kN

2)内力计算

计算跨度:$l_0 = l_n + a/2 + b/2 = (6000 - 120 - 300/2) + 370/2 + 300/2 = 6070$ mm;

$l_0 = 1.025 l_n + b/2 = 1.025 \times 5730 + 300/2 = 6020$ mm

取上述二者中的较小者,即 $l_0 = 6020$ mm

主梁的计算简图如图 10.29(b)所示。

按照弹性计算法,主梁的跨中和支座截面最大弯矩及剪力按下式计算:

$$M = k_1 G l_0 + k_2 Q l_0$$
$$V = k_3 G + k_4 Q$$

式中系数 k 为等跨连续梁的内力计算系数,由附表 10.1 查取。内力计算结果及最不利内力组合见下表 10.9。

(a)

(b)

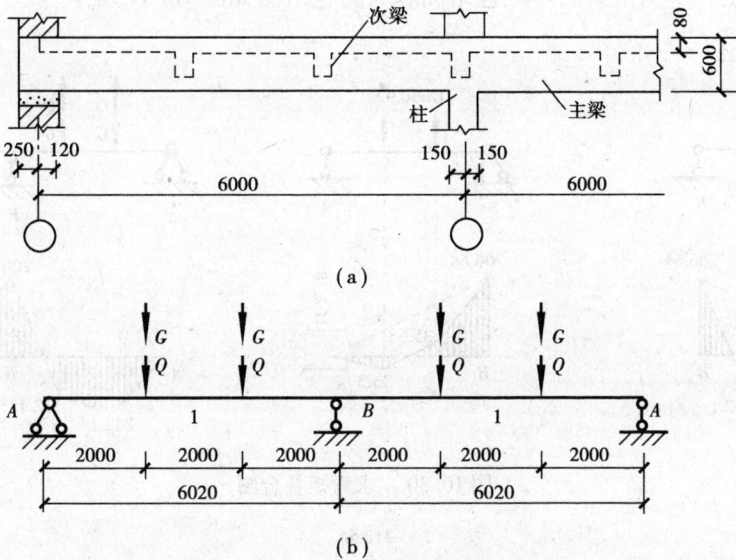

图 10.29 主梁计算简图

表 10.9 主梁弯矩、剪力及内力组合计算

项 次	荷载简图	弯矩值/(kN·m)		剪力值/(kN)	
		$\dfrac{K}{M_1}$	$\dfrac{K}{M_B}$	$\dfrac{K}{V_A}$	$\dfrac{K}{V_B}$
①		$\dfrac{0.222}{68.05}$	$\dfrac{-0.333}{102.08}$	$\dfrac{0.667}{33.96}$	$\dfrac{-1.334}{-67.93}$
②		$\dfrac{0.222}{138.99}$	$\dfrac{-0.333}{208.48}$	$\dfrac{0.667}{69.37}$	$\dfrac{-1.334}{-138.74}$
③		$\dfrac{0.278}{174.05}$	$\dfrac{-0.167}{104.56}$	$\dfrac{0.833}{86.63}$	$\dfrac{-1.167}{-121.37}$
最不利内力组合	① + ②	207.04	- 310.56	103.33	- 206.67
	① + ③	242.10	- 206.64	120.59	- 189.3

3）内力包络图

将各控制截面的组合弯矩和组合剪力绘于同一坐标轴上,即得内力叠合图,该叠合图形的外包线即是内力包络图。

以荷载组合① + ③为例并参照 10.30 所示,说明弯矩叠合图的画法。在荷载① + ③作用下,可求出 B 支座弯矩 M_B = 206.64 kN·m。将求得的各支座弯矩(M_A、M_B),按比例绘于弯矩图上,并将各跨两端的支座弯矩连成直线,再以此线为基线,在其上叠加各跨在同样荷载作用下的简支梁弯矩图,即可求出连续梁在荷载组合① + ③作用下的弯矩图。如图 10.30 所示。

分别做出连续梁各跨在不同荷载组合作用下的弯矩图形后,连接最外围的包络线,即为所

求的弯矩包络图。本例主梁的弯矩包络图和剪力包络图如图 10.31 所示

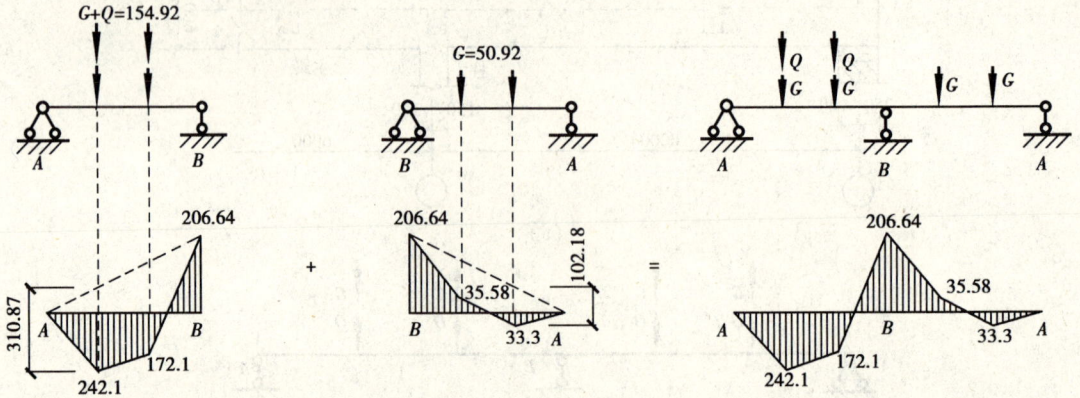

图 10.30　求弯矩叠合图

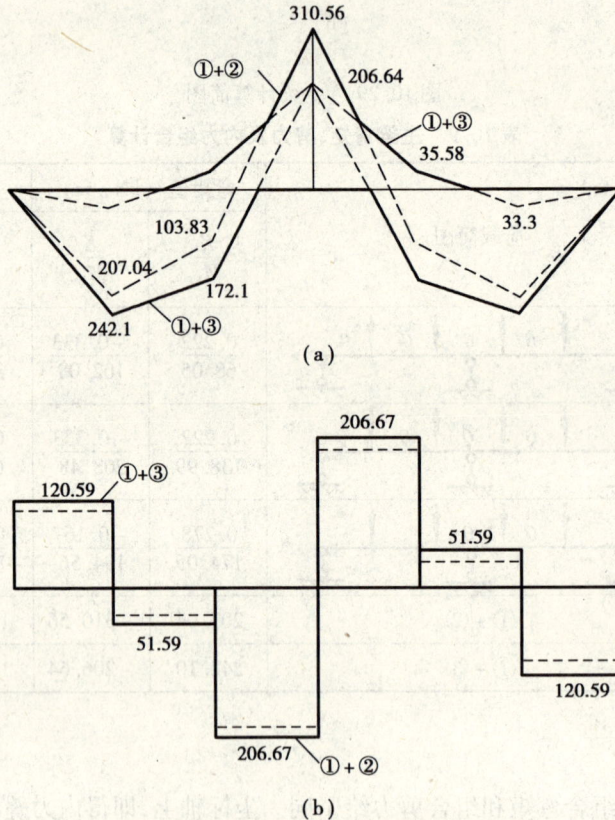

(a)

(b)

图 10.31　主梁的弯矩包络图和剪力包络图
(a)弯矩包络图；(b)剪力包络图

4)配筋计算

主梁跨中正截面受弯承载力按 T 形截面梁计算,其翼缘计算宽度为:

$b'_f = l_0/3 = 6020/3 = 2007 \text{ mm} < b + s_n = 5000 \text{ mm};$

28

取 b'_f = 2007 mm,并取 $h_0 = 600 - 40 = 560$ mm

判别 T 形截面类型:

$$\alpha_1 f_\mathrm{c} b'_\mathrm{f} h'_\mathrm{f}(h_0 - h'_\mathrm{f}/2) = 1.0 \times 9.6 \times 2007 \times 80 \times (560 - 80/2)$$
$$= 801.52 \text{ kN} > M_1 = 242.1 \text{ kN}$$

故属于第一类 T 形截面。

主梁支座截面按矩形截面计算,因支座弯矩较大,考虑布置两排纵向钢筋并放在次梁主筋的下面,故取 $h_0 = 600 - 80 = 520$ mm。

支座 B 边缘的计算弯矩 $M_B = M_B - \dfrac{v_0 b}{2} = 310.56 - 154.92 \times \dfrac{0.3}{2} = 287.32$ kN·m,主梁正截面及斜截面配筋计算见表 10.10 及表 10.11。

表 10.10　主梁正截面受弯配筋计算

截　面	跨　中	支　座
$M/(\text{kN·m})$	242.1	-287.32
b 或 b_f/mm	2007	250
h_0/mm	560	520
$\alpha_\mathrm{s} = \dfrac{M}{\alpha_1 f_\mathrm{c} b'_\mathrm{f} h_0^2}$ 或 $\alpha_\mathrm{s} = \dfrac{M}{\alpha_1 f_\mathrm{c} b h_0^2}$	0.040	$0.443 > \alpha_{s\max} = 0.400$ 需设置受压钢筋
$\xi = 1 - \sqrt{1 - 2\alpha_S}$	0.041	
$A_S = \dfrac{\xi \alpha_1 f_\mathrm{c} b'_\mathrm{f} h_0}{f_\mathrm{y}}/\text{mm}$	1475	
$A_{S1} = \dfrac{A'_S f'_\mathrm{y}}{f_\mathrm{y}} = A'_S/\text{mm}$		$As' = 760$(跨中下部 2 ϕ 22)
$\alpha_{S2} = \dfrac{M - A_{S1} f_\mathrm{y}(h_0 - \alpha'_\mathrm{s})}{\alpha_1 f_\mathrm{c} b h_0^2}$		0.274
$\xi_2 = 1 - \sqrt{1 - 2\alpha_{S2}}$		$0.328 < \xi_b = 0.550$
$A_S = \dfrac{\xi_2 \alpha_1 f_\mathrm{c} b h_0}{f_\mathrm{y}} + A_{S1}$		2124
实配钢筋/ mm^2	2 ϕ 22(直) 2 ϕ 22(弯) $A_\mathrm{s} = 1520$	2 ϕ 12(直),2 ϕ 22(直) 3 ϕ 22(弯) $A_\mathrm{s} = 2126$ 2 ϕ 22(压筋),$A'_\mathrm{s} = 760$

表 10.11　主梁斜截面抗剪配筋计算

截　面	边支座 A	支座 B
V/kN	120.59	206.51
$0.25\beta_c f_c bh_0/\text{kN}$	336 > V	312 > V
$V_c = 0.7f_t bh_0$	107.8 > V	100.1 > V
选用箍筋	$2\phi 8$	$2\phi 8$
$A_{sv} = nA_{sv1}/\text{mm}^2$	100.6	100.6
$S = \dfrac{1.25f_{yv}A_{sv}h_0}{V - V_c}/\text{mm}$	1 156	129
实配箍筋间距 S/mm	200	200(不足)
$V_{cs} = V_c + \dfrac{1.25f_{yv}A_{sv}h_0}{s}/\text{kN}$	181.74 > V	168.76 < V
$A_{sb} = \dfrac{V - V_{cs}}{0.8f_y \sin 45°}/\text{mm}^2$		222
实配弯起钢筋 $/\text{mm}^2$		双排 1 ϕ 22($A_s = 380$) 次梁处配吊筋抗剪

5)附加钢筋计算

由次梁传递给主梁的全部集中荷载设计值为:$F = 1.2 \times 35.4 + 1.3 \times 80 = 146.48$ kN

主梁支承次梁处需要设置附加吊筋,附加吊筋截面面积为:

$$A_s = \frac{F}{2f_y \sin 45°} = \frac{146.68}{2 \times 300 \times 0.707} = 345 \ \text{mm}^2$$

在距梁端的第一个集中荷载处,附加吊筋选用 2 ϕ 16($A_s = 402 \ \text{mm}^2 > 345 \ \text{mm}^2$),可满足要求。

在距梁端的第二个集中荷载处,附加吊筋考虑同时承担斜截面抗剪(代替一排弯起钢筋),$A_s = 345 + 222 = 567 \ \text{mm}^2$,选用 2 ϕ 20($A_s = 628 \ \text{mm}^2 > 567 \ \text{mm}^2$),也满足构造要求。

6)主梁纵筋的弯起和截断

主梁中纵向受力钢筋的弯起和截断位置,应根据弯矩包络图及抵抗弯矩图来确定。按相同比例在同一坐标图上绘出主梁的弯矩包络图和抵抗弯矩图,见图 10.32 所示。绘抵抗弯矩图时应注意弯起钢筋的位置应满足:弯起点离承载力充分利用点的距离不小于 $h_0/2$;弯起钢筋之间的距离不超过箍筋的最大允许间距 s_{max}。

根据每根钢筋按钢筋截面面积比例所承担的抵抗弯矩值以及各分段直线与弯矩包络图的交点,确定支座负钢筋的理论截断点。钢筋实际截断点至理论截断点的距离 ω 不应小于 h_0 和 $20d$,并且实际截断点至该钢筋充分利用点的距离 $l_d \geq 1.2l_a + h_0$(当 $V > 0.7f_t bh_0$)。若按上述规定确定的截断点仍位于负弯矩对应的受拉区内,则应取 ω 不小于 $1.3h_0$ 和 $20d$,并取 $l_d \geq 1.2l_a + 1.7h_0$。设计时应在 ω 和 l_d 之间选用较大的延伸长度。主梁配筋详图如图 10.32 所示。

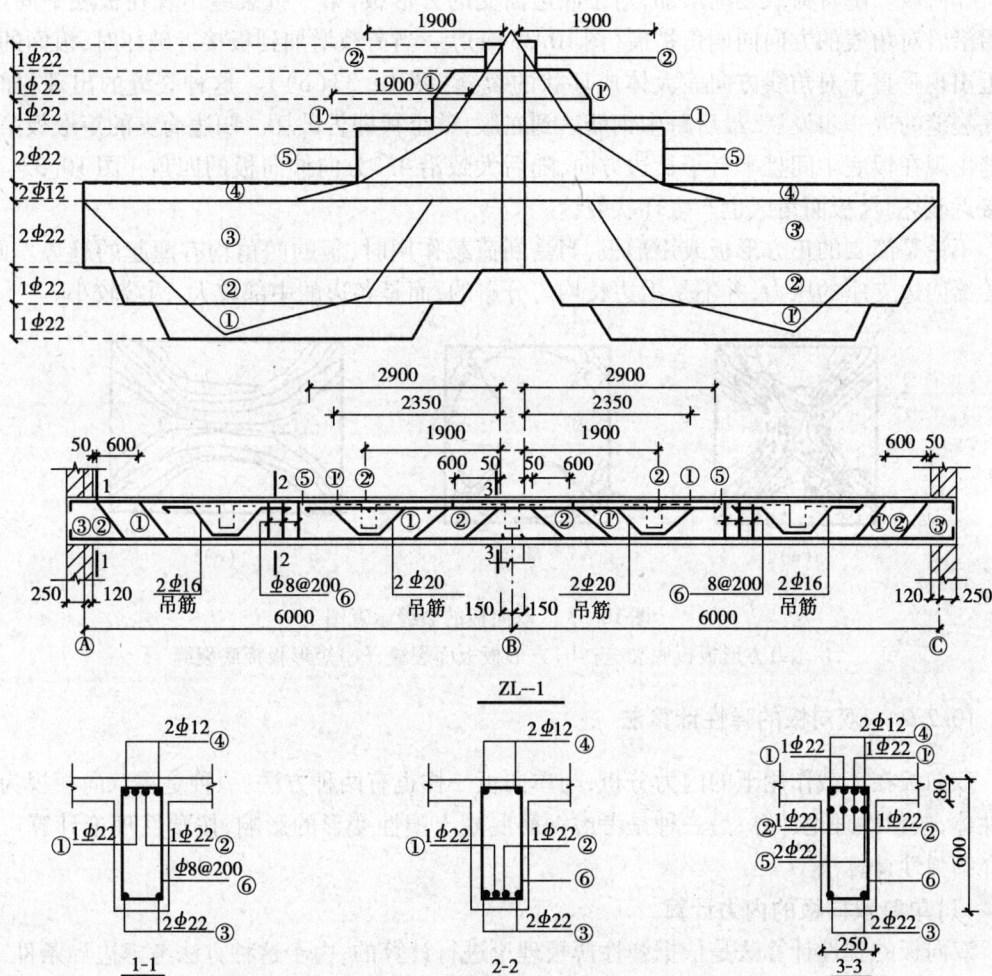

图 10.32 主梁弯矩包络图和配筋详图

10.2 现浇双向板肋梁楼盖

在现浇肋梁楼盖中,如果梁格布置使板区格的长边与短边之比 $l_2/l_1 \leqslant 2$ 时,应按双向板设计,由双向板和支承梁组成的楼盖称双向板肋梁楼盖。双向板常用于工业建筑楼盖、公共建筑门厅部分以及横隔墙较多的民用建筑。

10.2.1 双向板的受力特点及试验结果

双向板与四边支承单向板的差别在于板在两个方向产生弯曲及内力,而且板在长跨方向的弯矩数值与短跨方向的弯矩相比不能忽略不计。当两个方向的边长越接近时,两个方向板的内力也越接近。双向板的受力钢筋应沿两个方向配置。

四边简支的双向板在均布荷载作用下的试验结果表明,在裂缝出现之前,板基本上处于弹性工作阶段。随着荷载逐渐增加,对于四边简支的方形板,第一批裂缝出现在板底中间部分,随后沿着对角线的方向向四角扩展(图10.33(a))。当荷载增加到板接近破坏时,板面的四角附近出现垂直于对角线方向而大体成环状的裂缝(图10.33(b))。这种裂缝的出现,加剧了板底裂缝的进一步发展,最后跨中钢筋达到屈服,整个板即告破坏。四边简支的矩形板第一批裂缝出现在板底中间且平行于长边方向,随后大致沿45°方向伸向板的四角(图10.33(c))。当接近破坏时,板面角区也产生环状裂缝。

不论是简支的正方形板或矩形板,当受到荷载作用时,板的四角均有翘起的趋势。此外,板传给四边支座的压力,并不是沿边长均匀分布的,而是各边的中部较大,两端较小。

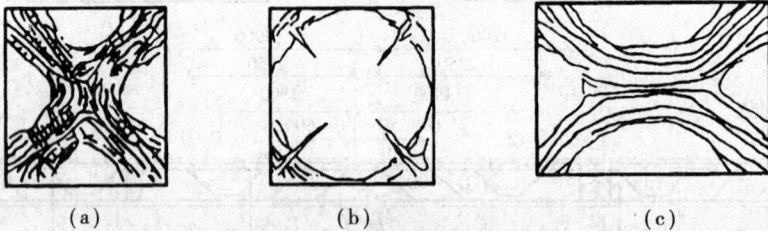

(a)   (b)   (c)

图 10.33   双向板的裂缝示意图
(a)方形板板底裂缝;(b)方形板板面裂缝;(c)矩形板板底裂缝

10.2.2   双向板的弹性计算法

双向板在荷载作用下的内力分析,与单向板一样也有两种方法:一种是将双向板视为匀质弹性体,按弹性理论计算;另一种是考虑钢筋混凝土塑性变形的影响,按塑性理论计算。本节仅介绍弹性计算法。

(1)单跨双向板的内力计算

双向板的弹性计算法是依据弹性薄板理论进行计算的,由于这种方法考虑边界条件,其内力计算比较复杂。设计中一般采用实用计算法,即直接应用按弹性理论方法所编制的计算用表来求解内力。见本章附表10.2。

单跨双向板按其四边支承情况的不同,可形成不同的计算简图。在附表中列出了常见的七种边界条件:①四边简支;②一边固定、三边简支;③两对边固定、两对边简支;④两邻边固定、两邻边简支;⑤三边固定、一边简支;⑥四边固定;⑦三边固定、一边自由。在计算时可根据不同的支承条件以及双向板两个方向跨度的比值,查取附表10.2中的弯矩系数,表中系数是取混凝土泊松比为 $v = 1/6$ 时得出的。单跨双向板的跨中或支座弯矩可按下式计算:

$$M = 表中系数 \times (g + q) l_0^2 \tag{10.10}$$

式中 M——跨中或支座单位板宽内的弯矩设计值;

g、q——作用于板上的均布恒荷载及活荷载设计值;

l_0——板短跨方向的计算跨度,取 l_x 和 l_y 中的较小值,见附表10.2中插图。

(2)多跨连续双向板的实用计算法

计算对多跨连续双向板的最不利内力,与多跨连续单向板一样,需要考虑活荷载的不利位置。其内力精确计算相当复杂,需要进行简化计算。当两个方向各为等跨或在同一方向区格的跨度相差不超过20%时,可采用下列的实用计算法。

1）求跨中最大弯矩

求连续区格板某跨跨中最大弯矩时,其活荷载的最不利位置如图 10.34(a)所示,即在该区格及其前后左右每隔一区格布置活荷载(棋盘式布置)时,可使该区格跨中弯矩为最大。为了能利用单跨双向板的内力计算用表求此弯矩,在保证每一区格荷载总值不变的前提下,将棋盘式布置的恒荷载 g 与活荷载 q(图 10.34(b))分解为满布各跨的 $g + q/2$(图 10.34(c))和隔跨交替布置的 $\pm q/2$(图 10.34(d))两部分,分别作用于相应区格,其作用效果是相同的。

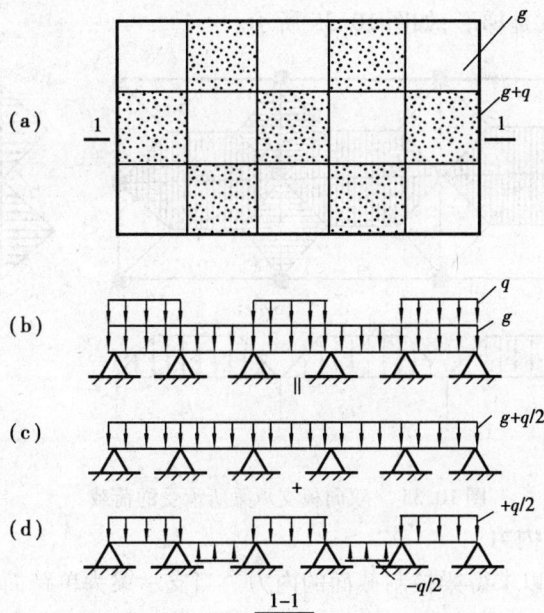

图 10.34 多跨连续双向板的活荷载最不利布置

当双向板各区格均作用有对称荷载 $g + q/2$ 时,板的各内支座上转动变形很小,可近似认为转角为零。故内支座可视作嵌固边,因而所有中间区格板可按四边固定的单跨双向板计算其跨中弯矩。如果边支座为简支,则边区格为三边固定、一边简支的支承情况;而角区格为两邻边固定、两邻边简支的情况。

当双向板各区格在反对称荷载 $\pm q/2$ 作用下,板在中间支座处左右截面转角方向一致,大小接近相等,可认为支座处的约束弯矩为零。这样可将板的各中间支座看成铰支承,因而所有内区格均可按四边简支的单跨双向板来计算其跨中弯矩。

最后,将所有区格在以上两种荷载作用下的跨中弯矩叠加起来,即求得连续双向板的最大跨中弯矩。

2）求支座最大弯矩

求支座最大弯矩时,活荷载最不利布置与单向板相似,应在该支座两侧区格内布置活荷载,然后再隔跨布置。但考虑隔跨布置的活荷载影响很小,为了简化计算,可近似地假定活荷载布满所有区格(即 $g+q$ 满布各跨)时所求得的支座弯矩,即为支座最大弯矩。这样,对所有中间区格即可按四边固定的单跨双向板计算其支座弯矩。对于边区格,其内支座仍按固定考虑,而外边界则按实际支承情况来考虑。

10.2.3　双向板支承梁的计算特点

(1)双向板支承梁的荷载

当双向板承受均布荷载作用时,传给支承梁的荷载一般可按下述近似方法处理,即从每区格的四角分别作45°线与平行于长边的中线相交,将整个板划分成四块面积,每一块面积上的恒荷载和活荷载即分配给相邻的支承梁。因此,传给短跨支承梁上的荷载形式是三角形,传给长跨支承梁上的荷载形式是梯形,如图10.35所示。

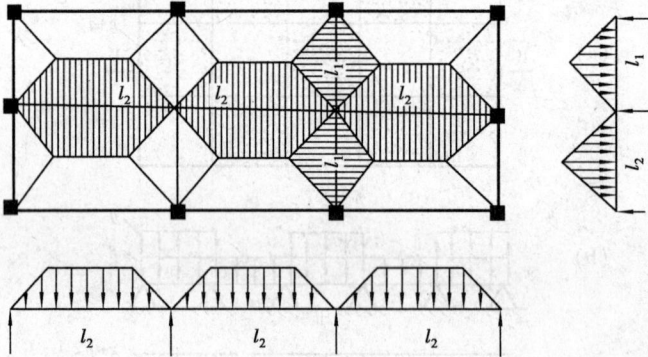

图 10.35　双向板支承梁所承受的荷载

(2)双向板支承梁的内力

梁上荷载确定后,可以求得梁控制截面的内力。当支承梁为单跨简支时,可按实际荷载直接计算支承梁的内力。当支承梁为连续的,且跨度差不超过10%时,可将梁上的三角形或梯形荷载根据支座弯矩相等的条件折算成等效均布荷载,并利用附表10.1查得支座弯矩系数,求出支座弯矩,然后再按实际荷载(三角形或梯形)计算跨中弯矩。

10.2.4　双向板的配筋计算和构造要求

(1)双向板的配筋计算

双向板内两个方向的钢筋均为受力钢筋,跨中沿短跨方向的板底钢筋应配置在长跨方向板底钢筋的外侧。配筋计算时,在短跨方向跨中截面的有效高度 h_{01} 按一般板取用,则长跨方向截面的有效高度 $h_{02} = h_{01} - d$,d 为板中受力钢筋的直径。

对于四边与梁整体连接的板,分析内力时应考虑周边支承梁产生的水平推力对板承载能力的有利影响。其计算弯矩可按下述规定予以折减:

1)中间区格:中间跨的跨中截面及中间支座截面,计算弯矩可减少20%。

2)边区格:边跨的跨中截面及离板边缘的第二支座截面,当 $l_b/l < 1.5$ 时,计算弯矩可减少20%;当 $1.5 \leq l_b/l \leq 2$ 时,计算弯矩可减少10%。其中 l 为垂直于板边缘方向的计算跨度,l_b 为沿板边缘方向的计算跨度。

3)角区格:计算弯矩不应折减。

(2)双向板的构造要求

双向板的厚度应满足刚度要求,对于单跨简支板:$h \geq l_1/45$;对于连续板:$h \geq l_1/50$(l_1 为板的短向计算跨度);且 $h \geqslant 80$ mm,通常取 $80 \sim 160$ mm。

双向板的受力钢筋一般沿双向均匀布置,配筋方式也有弯起式和分离式两种。为方便施工,在实际工程中多采用分离式配筋,见图 10.36。

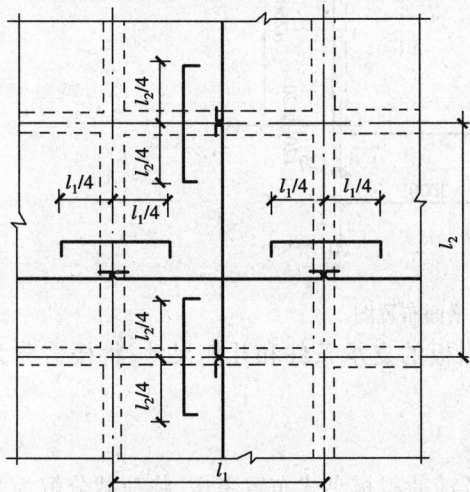

图 10.36 多跨双向板的分离式配筋　　　　图 10.37 板带的划分

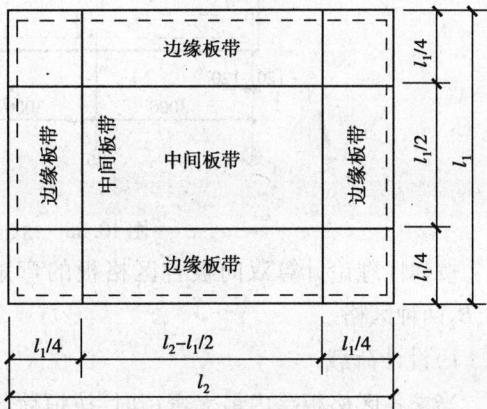

按弹性理论计算内力时,所求得的弯矩是中间板带的最大弯矩,至于靠近支座的边缘板带,其弯矩已减少很多,故配筋也可减少。因此,通常将每个区格按纵横两个方向各划分为三个板带(图 10.37)。即两个宽度均为 $l_1/4$ (l_1 为短跨计算跨度)的边缘板带和一个中间板带。中间板带按最大计算弯矩配筋,边缘板带的配筋各为相应中间板带的一半,且每米宽度内不得少于 3 根。支座负钢筋按计算配置,边缘板带内不减少。

10.2.5 双向板肋梁楼盖设计实例

例 10.2 某商店的楼盖平面布置如图 10.38 所示。四周为 240 mm 厚砖墙,采用现浇钢筋混凝土双向板。板厚 80 mm,梁的截面尺寸 $b \times h = 200$ mm $\times 350$ mm,面层为 20 mm 厚水泥砂浆抹面,天棚采用 15 mm 厚混合砂浆抹灰,楼面活荷载标准值为 3 kN/m²。混凝土强度等级为 C25 ($f_c = 11.9$ N/mm²),钢筋采用 HPB235 级 ($f_y = 210$ N/mm²),要求按弹性理论方法进行板的设计,并绘出配筋图。

解 (1)荷载计算

楼面面层　　　　$1.2 \times 0.02 \times 20 = 0.48$ kN/m²

板自重　　　　　$1.2 \times 0.08 \times 25 = 2.4$ kN/m²

板底抹灰　　　　$1.2 \times 0.015 \times 17 = 0.31$ kN/m²

恒荷载设计值　　　　　　$g = 3.19$ kN/m²

活荷载设计值　　　　$q = 1.4 \times 3 = 4.2$ kN/m²

合计　　　　$g + q = 3.19 + 4.2 = 7.39$ kN/m²

(2)内力计算

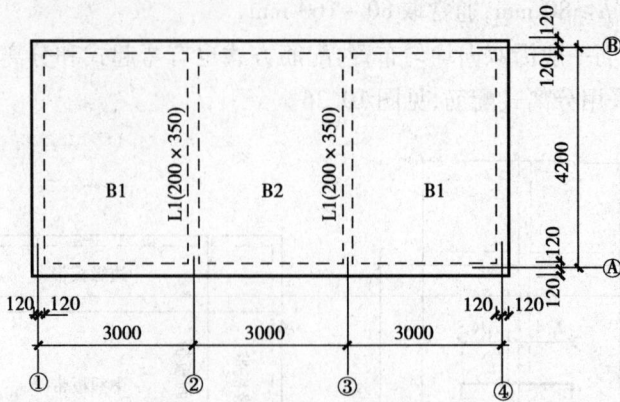

图 10.38 双向板结构平面布置图

按弹性理论计算双向板各区格板的弯矩。根据板的支承条件和几何尺寸,将楼盖分为 B_1、B_2 两种区格。

1)设计荷载

当求各区格板跨内最大弯矩时,按恒荷载满布及活荷载棋盘式布置考虑,将荷载分解为两部分,即

$$g' = g + \frac{q}{2} = 3.19 + \frac{4.2}{2} = 5.29 \text{ kN/m}^2$$

$$q' = \frac{q}{2} = \frac{4.2}{2} = 2.1 \text{ kN/m}^2$$

在 g' 作用下,区格板 B_1 和 B_2 的内支座均视为固定,边支座为简支;在 q' 作用下,板四边支座视为简支,各板跨内最大正弯矩近似取上述两者跨中弯矩值之和。

当求各中间支座最大负弯矩时,按恒荷载及活荷载均满布各区格计算,取荷载:

$$p = g + q = 7.39 \text{ kN/m}^2$$

在 p 作用下,板 B_1 和 B_2 各内支座均可视为固定,边支座为简支。

2)弯矩计算

B_1 区格板:

计算跨度　　$l_x = l_n + \frac{b}{2} + \frac{h}{2} = (3 - 0.1 - 0.12) + 0.1 + \frac{0.08}{2} = 2.92 \text{ m}$

$l_y = l_n + h = (4.2 - 0.24) + 0.08 = 4.04 \text{ m}$

查附表 10.2 得各种支承条件下对应的表中弯矩系数 α 值,见表 10.12(表中系数为泊松比 $\upsilon = \frac{1}{6}$),板中跨内最大正弯矩 $M_x(M_y) = \alpha_1 g' l_x^2 + \alpha_2 q' l_x^2$,支座最大负弯矩 $M_x^0(M_y^0) = \alpha_3(g+q)l_x^2$。

表 10.12 B_1 区格板的弯矩系数 α 值

l_x / l_y	支承条件及计算简图	跨 中		支 座	
		l_x 方向	l_y 方向	l_x 方向	l_y 方向
0.72		$\alpha_1 = 0.0543$	$\alpha_1 = 0.0248$	$\alpha_3 = -0.1071$	$\alpha_3 = 0$
		$\alpha_2 = 0.0708$	$\alpha_2 = 0.0414$	—	—

$$M_x = 0.0543 \times 5.29 \times 2.92^2 + 0.0708 \times 2.1 \times 2.92^2 = 3.72 \ \text{kN} \cdot \text{m}$$

$$M_y = 0.0248 \times 5.29 \times 2.92^2 + 0.0414 \times 2.1 \times 2.92^2 = 1.86 \ \text{kN} \cdot \text{m}$$

$$M_x^0 = -0.1071 \times 7.39 \times 2.92^2 = -6.75 \ \text{kN} \cdot \text{m}$$

B_2 区格板：

计算跨度 $l_x = 3$ m； $l_y = 4.04$ m

查附表 10.2 得各种支承条件下对应的表中弯矩系数 α 值,见表 10.13 所示。

表 10.13 B_2 区格板的弯矩系数 α 值

l_x / l_y	支承条件及计算简图	跨 中		支 座	
		l_x 方向	l_y 方向	l_x 方向	l_y 方向
0.74		$\alpha_1 = 0.0441$	$\alpha_1 = 0.0385$	$\alpha_3 = -0.0973$	$\alpha_3 = 0$
		$\alpha_2 = 0.0685$	$\alpha_2 = 0.0418$	—	—

$$M_x = 0.0441 \times 5.29 \times 3^2 + 0.0685 \times 2.1 \times 3^2 = 3.39 \ \text{kN} \cdot \text{m}$$

$$M_y = 0.0385 \times 5.29 \times 3^2 + 0.0418 \times 2.1 \times 3^2 = 2.62 \ \text{kN} \cdot \text{m}$$

$$M_x^0 = -0.0973 \times 7.39 \times 3^2 = -6.47 \ \text{kN} \cdot \text{m}$$

（3）截面设计

确定双向板截面有效高度:短跨方向跨中截面 $h_{0x} = 80 - 20 = 60$ mm；长跨方向跨中截面 $h_{oy} = 80 - 20 - 10 = 50$ mm；支座截面 $h_0 = 60$ mm。

由于楼盖四周为砖墙支承,故 B_1、B_2 区格板的跨中及支座截面的计算弯矩均不折减。为了便于计算,近似取 $\gamma_s = 0.95$,按 $A_s = \dfrac{M}{0.95h_0f_y}$ 计算受拉钢筋,截面配筋计算结果见表 10.14。整个板的配筋图如图 10.39 所示。

表 10.14 双向板的配筋计算

截面位置			h_0 /mm	M /(kN·m)	$A_s = \dfrac{M}{0.95h_0f_y}$ /mm²	配 筋	实配面积 /mm²
跨中	B_1	短 跨	60	3.72	311	$\phi8@150$	335
		长 跨	50	1.86	186	$\phi6@150$	189
	B_2	短 跨	60	3.39	283	$\phi8@180$	279
		长 跨	50	2.62	263	$\phi8@180$	279
支 座			60	6.75	564	$\phi10@140$	561

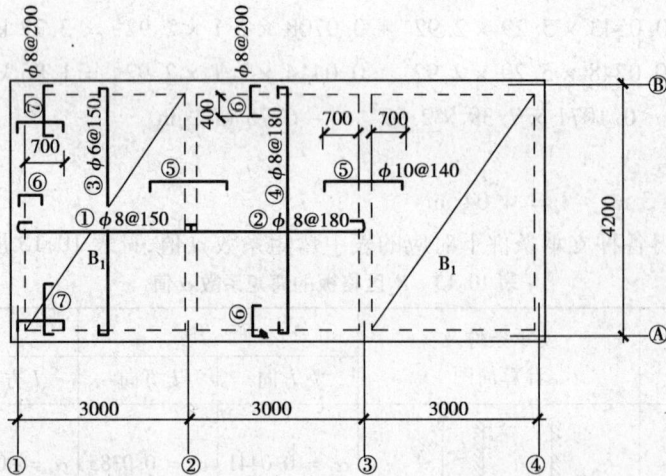

图 10.39 双向板的配筋平面图

10.3 装配式楼盖

装配式楼盖具有施工进度快,便于工业化生产,节省材料和劳动力,降低造价等优点。因此,在工业与民用建筑中,装配式楼盖应用较广泛,但是装配式楼盖整体性差,地震区用得不多。装配式楼盖主要是铺板式,即预制楼板铺设在支承梁或支承墙上。预制板的宽度根据安装时的起重条件、及制造、运输设备的具体情况而定,预制板的跨度与房屋的进深和开间尺寸相配合。当采用装配式楼盖时,应力求各种预制构件具有最大限度的统一和标准化。

10.3.1 装配式楼盖的构件形式

装配式楼盖采用的构件形式很多,常用的有实心板、空心板、槽形板和预制梁等。

(1)实心板

实心板(图 11.40(a))是最简单的一种楼面铺板,它的主要特点是表面平整、构造简单、施工方便,但自重较大、材料用料多。因此,实心板的跨度一般较小,往往在 1.2~2.4 m 之间,如采用预应力混凝土板时,其最大跨度也不宜超过 2.7 m;板厚一般为 50 ~ 100 mm,板宽为 500 ~ 1000 mm。实心板常用于房屋中的走道板、管沟盖板及跨度较小的楼盖板。

（2）空心板

空心板又叫多孔板（图 10.40(b)），它具有刚度大、自重轻、受力性能好等优点,又因其板底平整、施工简便、隔音效果较好,因此在预制楼盖中应用最普遍。空心板孔洞的形状有圆形、方形、矩形及椭圆形等,为了便于抽心,一般多采用圆形孔。圆孔板的规格尺寸各地不一,一般板宽为 600 mm、900 mm 和 1200 mm,板厚有 120 mm、180 mm 和 240 mm 三种,常用跨度为 2.4 ~ 4.8 m(非预应力板)和 2.4 ~ 7.5 m(预应力板)。

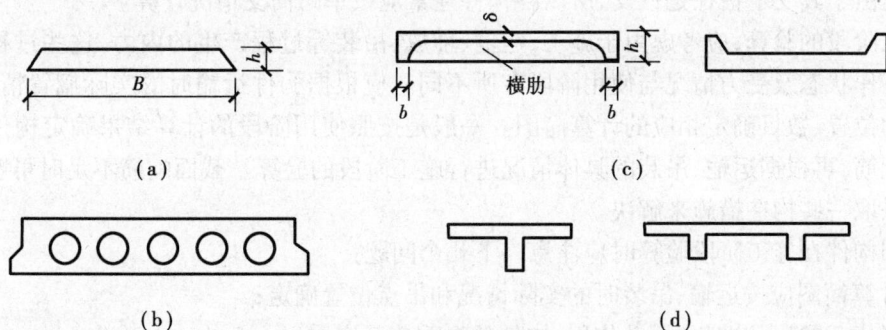

图 10.40　常见的预制板形式
(a)实心板;(b)空心板;(c)槽形板;(d)T 形板

（3）槽形板

当板的跨度和荷载较大时,为了减轻板的自重,提高板的抗弯刚度,可采用槽形板（图 10.40(c)）。槽形板由面板、纵肋和横肋组成,并分正槽板(肋向下)和倒槽板(肋向上)两种。槽形板由于开洞自由,承载能力较大,故在工业建筑中采用较多。此外,也可用于对天花板要求不高的民用建筑楼盖和屋盖。根据荷载和跨度的大小,槽形板有各种不同的型号。用于工业楼面时,板高一般为 180 mm,肋宽 50 ~ 80 mm,通常板宽为 0.6 ~ 1.2 m,板跨为1.5 ~ 6.0 m。

预制板的构件形式,除上述几种常见的以外,还有单肋 T 形板、双 T 形板（图 11.40d）、及折叠式 V 形板等。有的适用于楼面,有的适用于屋面,使用时可根据具体情况选用。为便于设计和施工,全国各省对常用的预制板构件均编制有各种标准图集或通用图集,可供查阅和使用。

（4）预制梁

装配式楼盖中的预制梁,常见的截面形式有矩形、L 形、花篮形和十字形等,如图 10.41 所示。梁的高跨比一般取 1/14 ~ 1/8。当截面较高时,为满足建筑净空要求,多将截面做成十字形或花篮形,在梁的挑出翼缘上铺设预制板。一般房屋的门窗过梁和工业房屋的联系梁常采用 L 形截面。矩形截面多用于房屋外廊的悬臂挑梁。预制梁的截面尺寸及配筋,可根据计算及构造要求确定。

10.3.2　装配式楼盖构件的计算特点

装配式楼盖构件的计算分使用阶段的计算和施工阶段的验算两个方面。使用阶段预制板或预制梁与普通现浇构件一样,应按一般原理分别进行承载力的计算和变形及裂缝宽度的验

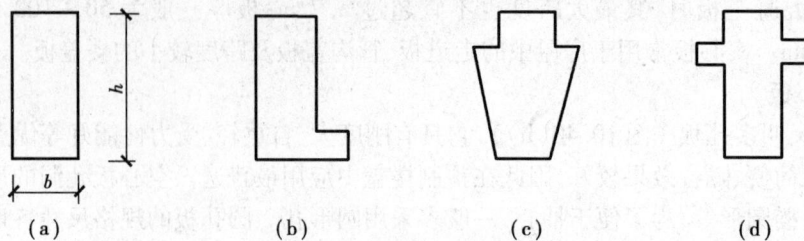

图 10.41 常见的预制梁形式

算。只是由于其支承往往是铰支,所以各构件通常应按单跨简支情况计算。

施工阶段的验算,应考虑由于施工、运输、堆放、吊装等过程产生的内力,这些过程中预制构件的工作状态及受力情况与使用阶段有所不同。应根据构件运输时的实际搁置情况,起吊时吊点的位置、数目确定相应的计算简图。一般是按照使用阶段的计算结果确定构件的截面尺寸和配筋,再根据运输、吊装的具体情况进行施工阶段的验算。截面配筋不足时可改进吊装方法或采取一些构造措施来解决。

预制构件在施工阶段验算时应注意以下几个问题:

1)计算简图应按运输、吊装时的实际情况和吊点位置确定;

2)考虑运输、吊装时的振动作用,构件的自重荷载应乘以 1.5 的动力系数;

3)设计屋面板、挑檐板、檩条和雨篷等构件时,应按在最不利位置上作用 1 kN 的施工或检修集中荷载进行验算,但此集中荷载不与使用活荷载同时考虑;

4)施工阶段承载力验算时,结构重要性系数可比使用阶段计算时降低一级,但不低于三级;

5)预制构件设置吊环时,其位置距板端一般取 $(0.1 \sim 0.2)l(l$ 为构件长度),吊环应采用 HPB 235 级钢筋制作,严禁使用冷加工钢筋,以防脆断。吊环埋入钢筋混凝土深度不应小于 $30d(d$ 为吊环钢筋直径),并应焊接或绑扎在钢筋骨架上。

10.3.3 装配式楼盖的连接构造

装配式楼盖不仅要求各个预制构件具有足够的强度和刚度,同时应使各个构件之间具有紧密可靠的连接,以保证整个结构的整体性和稳定性。

(1)板与板的连接

板与板之间的连接,主要通过填实板缝来解决,一般采用强度等级不低于 C15 的细石混凝土或水泥砂浆灌缝。图 10.42 为常见的三种连接形式,为了能使板缝灌注密实,缝的上口宽度不宜小于 30 mm,缝的下端宽度以 ≥10 mm 为宜;填缝材料与板缝宽度有关,当缝宽大于 20 mm 时(指下口尺寸),一般用细石混凝土灌注;当缝宽小于或等于 20 mm 时,宜用水泥砂浆灌注;当板缝过宽(≥50 mm)时,则应按板缝上作用有楼面荷载的现浇板带计算。

(2)板与墙、梁的连接

一般情况下,预制板与支承墙和支承梁的连接做法是在支座处坐浆,即在支承面上铺设一层 10 ~ 20 mm 厚的水泥砂浆。板在砖墙上支承宽度应 ≥100 mm;在混凝土梁上的支承宽度 ≥80 mm,如图 10.43。空心板两端孔洞内需用混凝土或碎砖堵实,以免灌缝时漏浆,并防止嵌入墙内的端部被压碎。

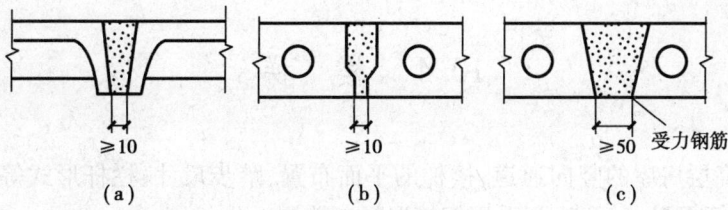

图 10.42 板缝构造

预制板与非支承墙的连接,一般采用细石混凝土灌缝(图 10.44(a))。当板长≥5 m 时,应配置拉接钢筋以加强联系(图 10.44(b)),或将钢筋混凝土圈梁设置于楼盖平面处,则整体性更好(图 10.44(c))。

(3)梁与墙的连接

梁在砖墙上的支承长度,应满足梁内受力钢筋在支座处的锚固要求,并满足支座处砌体局部抗压承载力的要求。支承长度不应小于 180 mm,而且在支承处应坐浆 10～20 mm,必要时(如地震区),可在梁端设置拉结钢筋。当预制梁下砌体局部抗压承载力不足时,应按计算设置梁垫。

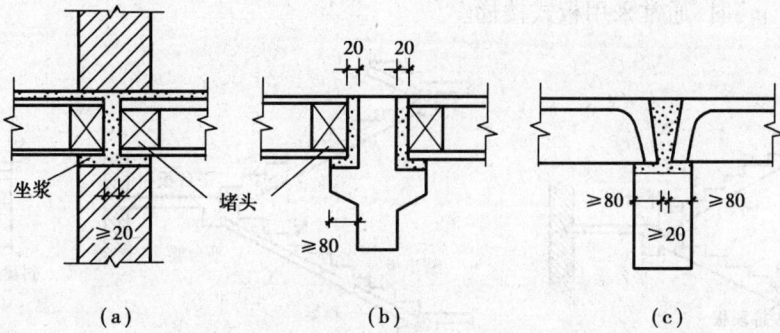

图 10.43 板与支承墙、支承梁的连接

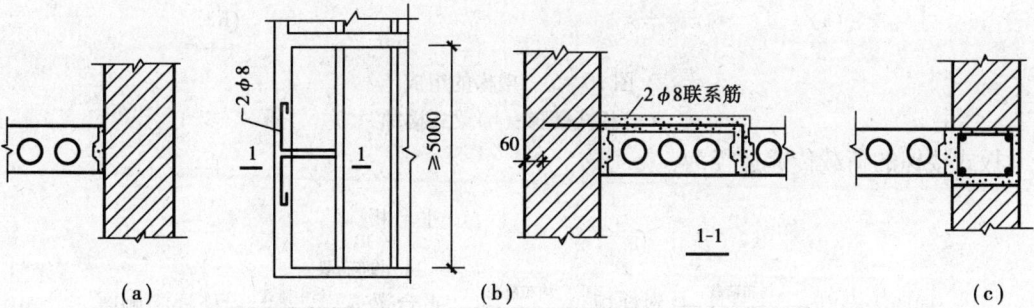

图 10.44 板与非支承墙的连接

10.4　楼　梯

楼梯是多、高层房屋的竖向通道,楼梯的平面布置、踏步尺寸、栏杆形式等由建筑设计确定。为了满足承重及防火要求,常采用钢筋混凝土楼梯。

楼梯的类型,按施工方法的不同,可分为整体式楼梯和装配式楼梯;按梯段结构形式的不同,又可分为板式楼梯(图 10.45(a))、梁式楼梯(图 10.45(b))、剪刀式楼梯和螺旋式楼梯等。本节主要介绍现浇板式楼梯和现浇梁式楼梯的计算与构造。

10.4.1　现浇板式楼梯

(1)板式楼梯的组成与传力

板式楼梯由梯段板、平台板和平台梁组成(图 10.45(a))。梯段板是带有踏步的斜放齿形板,两端支承在平台梁和楼层梁上。板式楼梯的特点是下表面平整,施工支模方便。但梯段跨度较大时,斜板较厚,材料用量较多。一般当楼梯的使用荷载不大、跨度较小(梯段的水平投影长度小于 3 m)时,通常采用板式楼梯。

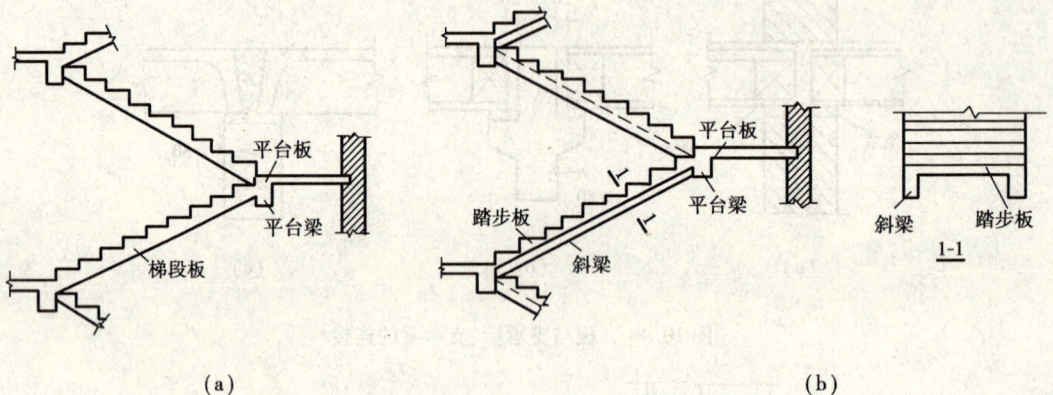

图 10.45　楼梯的组成
(a)板式楼梯;(b)梁式楼梯

板式楼梯的荷载传递途径为:

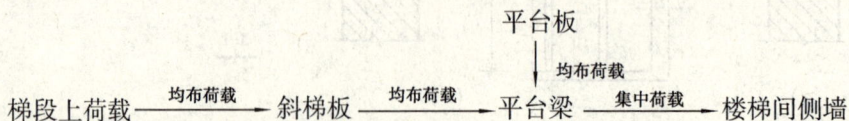

$$梯段上荷载 \xrightarrow{均布荷载} 斜梯板 \xrightarrow{均布荷载} 平台梁 \xrightarrow{集中荷载} 楼梯间侧墙$$

(其中平台梁上方:平台板 $\xrightarrow{均布荷载}$ 平台梁)

(2)板式楼梯的计算与构造

1)梯段板

梯段板厚度的选取,应保证刚度要求,一般可取梯段板水平投影方向长度的 1/30 左右。梯段板的荷载计算时,应考虑斜板自重、踏步自重、粉刷面层重等恒荷载以及楼梯使用活荷载。由于活荷载是沿水平方向分布且垂直向下作用,而斜板自重却是沿梯段板的倾斜方向分布,为使计算方便,一般将梯段板的斜向分布恒荷载换算成沿水平方向分布的均布荷载,然后再与活荷载叠加计算。

计算梯段板时,可取出1 m宽板带或以整个梯段板作为计算单元。内力计算时,可将两端支承于平台梁上的斜梯板(图10.46(a))简化为简支斜板,斜梯板的计算简图如图10.46(b)所示。

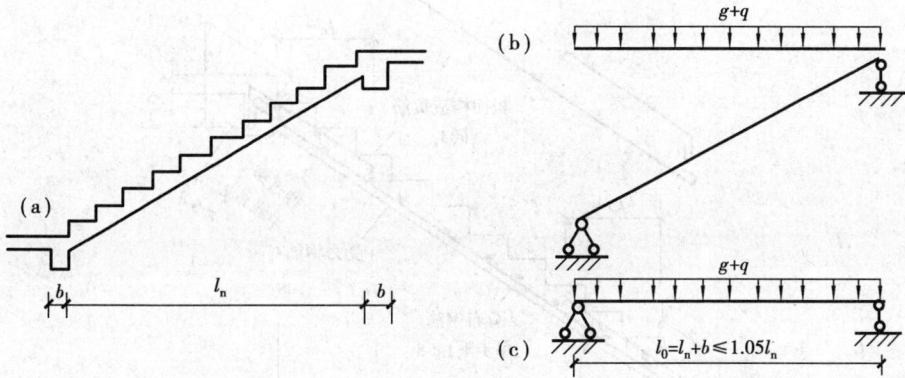

图10.46 梯段板的计算简图

由结构力学可知,在荷载相同、水平跨度相同的情况下,简支斜梁(板)与相应的简支水平梁(板)的跨中最大弯矩相等,即

$$M_{斜max} = M_{水平max} = \frac{1}{8}(g + q)l_0^2 \tag{10.11}$$

因此,梯段斜板可化作水平简支板计算(图10.46c):计算跨度按斜板的水平投影长度取值,恒荷载g(指梯段板自重及粉刷重)应折算为沿斜板水平投影长度上分布的均布荷载。

由于梯段板两端与平台梁整体连接,考虑平台梁对板的弹性约束作用,梯段板的跨中最大弯矩通常按下式计算:

$$M_{max} = \frac{1}{10}(g + q)l_0^2 \tag{10.12}$$

简支斜梁(板)与相应的简支水平梁的最大剪力有如下关系:

$$V_{斜max} = V_{水平max}\cos\alpha = \frac{1}{2}(g + q)l_n\cos\alpha \tag{10.13}$$

式中 g、q——作用于梯段板上单位水平长度上分布的恒荷载、活荷载的设计值。

l_0、l_n——梯段板的计算跨度及净跨的水平投影长度,取 $l_0 = l_n + b$,b 为平台梁宽度。

α——梯段板的倾角。

同普通板一样,梯段斜板不必进行斜截面受剪承载力验算。由于梯段板为斜向的受弯构件,在竖向荷载作用下除产生弯矩和剪力外,还将产生轴力,其影响很小,设计时可不考虑。

梯段板中的受力钢筋按跨中最大弯矩进行计算。考虑斜板在支座处有负弯矩作用,支座截面负钢筋的用量一般不再计算,可取与跨中截面钢筋相同。在垂直于受力钢筋方向按构造要求配置分布钢筋,每个踏步下至少有一根分布筋。梯段板的配筋可以采用弯起式或分离式。图10.47为板式楼梯采用分离式的配筋构造图。

2)平台板

平台板一般情况下为单向板,当平台板一端与平台梁整体连接,另一端支承在墙体上时,

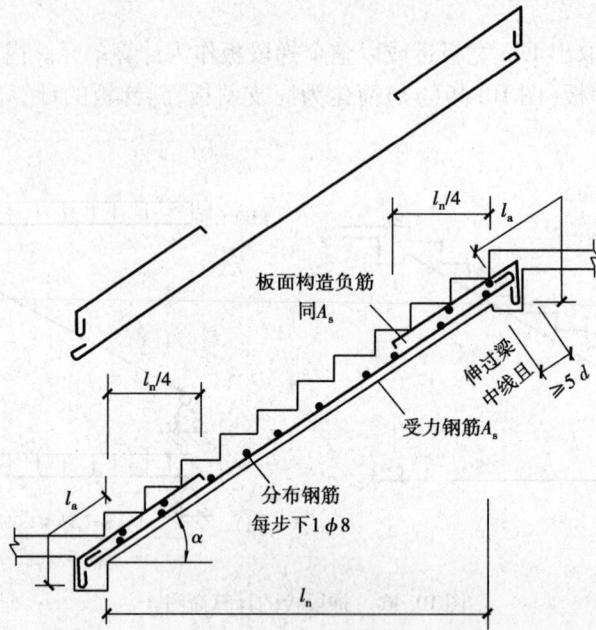

图 10.47　板式楼梯的配筋(分离式)

跨中弯矩按 $M_{max} = \dfrac{1}{8}(g+q)l_0^2$ 计算;当平台板两端均与梁整体连接时,考虑梁的弹性约束作

用,跨中弯矩可按 $M_{max} = \dfrac{1}{10}(g+q)l_0^2$ 计算,式中 l_0 为平台板的计算跨度。

3)平台梁

板式楼梯的平台梁,一般支承在楼梯间两侧的承重墙上。平台梁承受梯段板、平台板传来的均布荷载和平台梁的自重。由于平台梁与平台板相连,配筋计算时可按简支的倒 L 形截面梁进行计算。平台梁的截面高度一般取 $h \geqslant l_0/12$ (l_0 为平台梁计算跨度),其他构造要求与一般梁相同。

4)折板的计算与构造

为了满足建筑上的要求,有时梯段板需要采用折板的形式。折板的内力计算与普通板式楼梯一样,一般将斜梯段上的荷载化为沿水平长度方向分布的荷载,然后再按水平简支梁计算 M_{max} 及 V_{max} 的值(图 10.48)。

由于折线形板在曲折处形成内折角,配筋时若钢筋沿内折角连续配置,则此处受拉钢筋将产生较大的向外合力,可能使该处混凝土保护层剥落,钢筋被拉出而失去作用。因此,在板的内折角处配筋时,应将钢筋分离,并分别满足钢筋的锚固要求,见图 10.49。

10.4.2　现浇板式楼梯设计实例

例 10.3　某公共建筑采用现浇整体式钢筋混凝土楼梯,其结构平面布置如图 10.50 所示。层高 3.6 m,踏步尺寸为 150 mm × 300 mm,踏步面层采用 30 mm 厚水磨石(自重 0.65 kN/m²),底面为 20 厚混合砂浆抹灰(自重 17 kN/m²),楼梯上均布活荷载标准值 q_k = 3.5 kN/m²。混凝土采用 C20,梁内受力钢筋采用 HRB335 级钢筋,其余采用 HPB235 级钢筋。

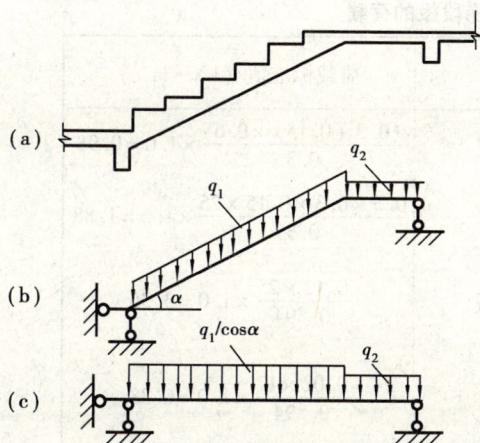

图 10.48 折线形板式楼梯的荷载

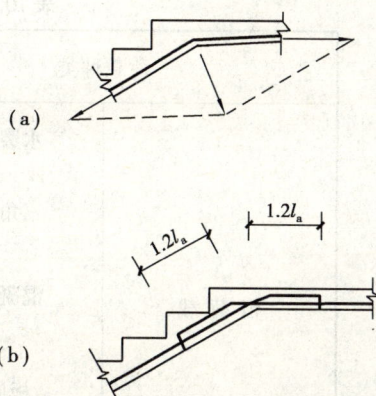

图 10.49 折线形梯板内折角处的配筋

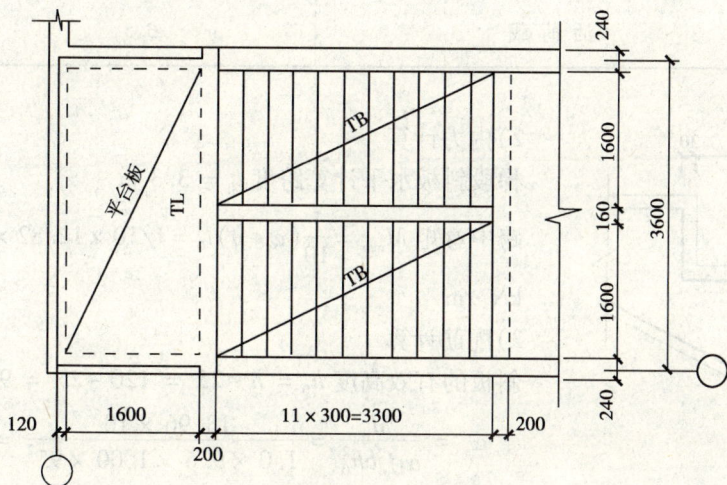

图 10.50 楼梯结构布置图

试按现浇板式楼梯进行设计。

解 按现浇板式楼梯进行设计

（1）梯段板设计

梯段板的厚度 $h = \dfrac{l_0}{30} = \dfrac{3\,300}{30} = 110$ mm，取 $h = 120$ mm。

楼梯斜板的倾斜角 $\tan\alpha = \dfrac{150}{300} = 0.5$，$\cos\alpha = 0.894$。

1）荷载计算

取 1 m 宽板带计算。图 10.51 为梯段板构造示意图，其荷载计算列于表 10.15。恒荷载分项系数 $r_G = 1.2$，活荷载分项系数 $r_Q = 1.4$，总荷载设计值 $(g+q) = 1.2 \times 6.6 + 1.4 \times 3.5 = 12.82$ kN/m。

表 10.15　梯段板的荷载

荷载种类		荷载标准值/$(kN \cdot m^{-1})$
恒荷载	水磨石面层	$\dfrac{(0.3+0.15) \times 0.65}{0.3} \times 1.0 = 0.98$
	三角形踏步	$\dfrac{0.5 \times 0.3 \times 0.15 \times 25}{0.3} \times 1.0 = 1.88$
	混凝土斜板	$\dfrac{0.12 \times 25}{0.894} \times 1.0 = 3.36$
	板底抹灰	$\dfrac{0.02 \times 17}{0.894} \times 1.0 = 0.38$
	小　计	6.6
活荷载		3.5

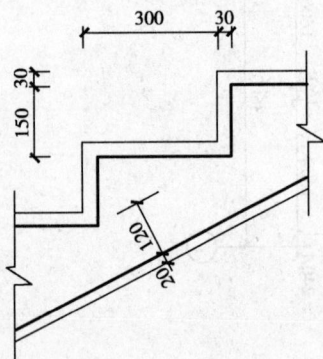

图 10.51　梯段板构造

2)内力计算

梯段斜板水平计算跨度 $l_0 = 3.3$ m

跨中弯矩 $M_{max} = \dfrac{1}{10}(g+q)l_0^2 = 1/10 \times 12.82 \times 3.3^2 = 13.96$ kN·m

3)配筋计算

斜板的有效高度 $h_0 = h - 25 = 120 - 25 = 95$ mm

$$\alpha_s = \frac{M}{\alpha_1 f_c b h_0^2} = \frac{13.96 \times 10^6}{1.0 \times 9.6 \times 1000 \times 95^2} = 0.161$$

$$\xi = 1 - \sqrt{1 - 2\alpha_s} = 1 - \sqrt{1 - 2 \times 0.161}$$
$$= 0.177 < \xi_b = 0.614$$

$$A_s = \frac{\xi \alpha_1 f_c b h_0}{f_y} = \frac{0.177 \times 1.0 \times 9.6 \times 1000 \times 95}{210} = 769 \ mm^2$$

受力筋选用 $\phi 10 @ 100$（ $A_s = 785$ mm^2），分布筋选用 $\phi 6 @ 250$。梯段板的配筋图如图10.52 所示。

(2)平台板设计

设平台板厚 $h = 70$ mm,取 1 m 宽板带计算。

1)荷载计算

平台板的荷载列于表 10.16。总荷载设计值$(g+q) = 1.2 \times 2.74 + 1.4 \times 3.5 = 8.19$ kN/m

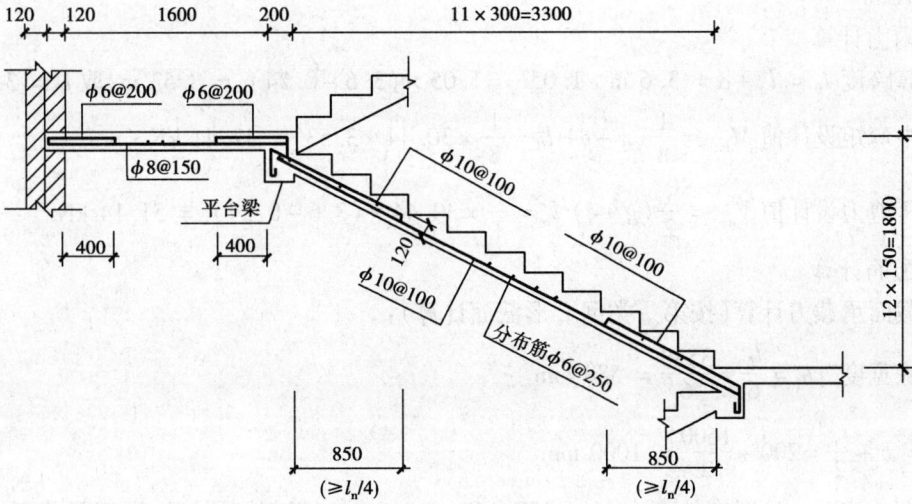

图 10.52 梯段板和平台板配筋图

表 10.16 平台板的荷载

荷载种类		荷载标准值/$(kN \cdot m^{-1})$
恒 荷 载	水磨石面层	$0.65 \times 1 = 0.65$
	70 mm 厚混凝土板	$0.07 \times 1 \times 25 = 1.75$
	板底抹灰	$0.02 \times 1 \times 17 = 0.34$
	小 计	2.74
活 荷 载		3.5

2)截面设计

计算跨度　$l_0 = l_n + \dfrac{h}{2} = 1.6 + \dfrac{0.07}{2} = 1.64$ m

跨中弯矩　$M = \dfrac{1}{8}(g+q) l_0^2 = \dfrac{1}{8} \times 8.19 \times 1.64^2 = 2.75$ kN·m

板的有效高度　$h_0 = 70 - 25 = 45$ mm

$$\alpha_s = \frac{M}{\alpha_1 f_c b h_0^2} = \frac{2.75 \times 10^6}{1.0 \times 9.6 \times 1000 \times 45^2} = 0.141$$

$$\xi = 1 - \sqrt{1 - 2\alpha_s} = 1 - \sqrt{1 - 2 \times 0.141} = 0.153 < \xi_b = 0.614$$

$$A_s = \frac{\xi \alpha_1 f_c b h_0}{f_y} = \frac{0.153 \times 1.0 \times 9.6 \times 1000 \times 45}{210} = 315 \text{ mm}^2$$

选用 $\phi 8 @ 150$，$A_s = 335$ mm²

(3)平台梁设计

设平台梁截面尺寸为 200 mm × 350 mm。

1)荷载计算

平台梁的荷载计算列于表 10.17,总荷载设计值$(g+q) = 1.21 \times 4.95 + 1.4 \times 8.93 =$

30. 44 kN/m

2)内力计算

计算跨度 $l_0 = l_n + \alpha = 3.6$ m $> 1.05 l_n = 1.05 \times (3.6 - 0.24) = 3.53$ m,取 $l_0 = 3.53$ m

跨中弯矩设计值 $M_{max} = \frac{1}{8}(g + q) l_0^2 = \frac{1}{8} \times 30.44 \times 3.53^2 = 47.41$ kN·m

支座剪力设计值 $V_{max} = \frac{1}{2}(g + q) l_n = \frac{1}{2} \times 30.44 \times (3.6 - 0.24) = 51.14$ kN

3)配筋计算

正截面承载力计算(按第一类倒 L 形截面计算):

翼缘宽度 $b'_f = \frac{l_0}{6} = \frac{3530}{6} = 588$ mm

$b'_f = b + \frac{s_n}{2} = 200 + \frac{1600}{2} = 1000$ mm

取 $b'_f = 588$ mm,梁有效高度 $h_0 = 350 - 40 = 310$ mm,经判别属第一类 T 形截面。

表 10.17 平台梁的荷载

荷载种类		荷载标准值/(kN·m^{-1})
恒荷载	平台板传来	$2.74 \times \frac{1.8}{2} = 2.47$
	梯段板来	$6.6 \times \frac{3.3}{2} = 10.89$
	梁自重	$0.2 \times (0.35 - 0.07) \times 25 = 1.4$
	梁侧粉刷	$0.02 \times (0.35 - 0.07) \times 2 \times 17 = 0.19$
	小 计	14.95
活 荷 载		$3.5 \times (\frac{3.3}{2} + \frac{1.8}{2}) = 8.93$

$$\alpha_s = \frac{M}{\partial_1 f_c b'_f h_0^2} = \frac{47.41 \times 10^6}{1.0 \times 9.6 \times 588 \times 310^2} = 0.087$$

$$\xi = 1 - \sqrt{1 - 2\alpha_s} = 1 - \sqrt{1 - 2 \times 0.087} = 0.091 < \xi_b = 0.614$$

$$A_s = \frac{\xi \alpha_1 f_c b'_f h_0}{f_y} = \frac{0.091 \times 1.0 \times 9.6 \times 588 \times 310}{300} = 531 \text{ mm}^2$$

纵向受力钢筋选用 3 ϕ 16,$A_s = 603$ mm^2

斜截面受剪承载力计算:

梁中配置 ϕ6@200 箍筋,则斜截面受剪承载力为

$$V_{cs} = 0.7 f_t b h_0 + 1.25 f_{yv} \frac{A_{sv}}{s} h_0 = 0.7 \times 1.1 \times 200 \times 310 + 1.25 \times 210 \times \frac{2 \times 28.3}{200} \times 310$$

$$= 70\ 769 \text{ N} = 70.77 \text{ kN} > V_{max} = 51.14 \text{ kN}$$

满足要求。

平台梁配筋见图 10.53。

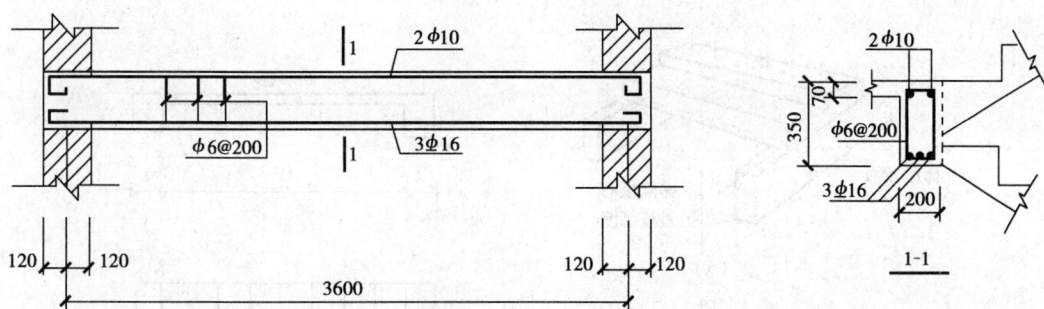

图 10.53　平台梁配筋图

10.4.3　现浇梁式楼梯

(1)梁式楼梯的组成与传力

梁式楼梯由踏步板、斜边梁、平台板和平台梁组成。踏步板支承在梯段斜边梁上,斜边梁支承在平台梁和楼盖梁上,平台梁支承在楼梯间两侧的墙上。如图 10.45(b)所示。

梁式楼梯的荷载传递途径为:

$$梯段上荷载 \xrightarrow{均布荷载} 踏步板 \xrightarrow{均布荷载} 斜边梁 \xrightarrow{集中荷载} 平台梁 \xrightarrow{集中荷载} 楼梯间侧墙$$

其中平台梁上方：平台板 $\xrightarrow{均布荷载}$ 平台梁

(2)梁式楼梯的计算与构造

1)踏步板

梁式楼梯的踏步板为两端支承在梯段斜边梁上的单向板(图 10.54(a)),每个踏步的受力情况相同,计算时取出一个踏步作为计算单元(见图 10.54(b))。踏步板由斜板和三角形踏步组成,其截面为梯形,可按面积相等的原则折算为同宽度的矩形截面进行承载力计算。矩形截面的宽度为踏步宽 b,其折算高度取: $h_1 = \dfrac{c}{2} + \dfrac{t}{\cos\alpha}$。

作用在踏步板上的竖向荷载有恒荷载和活荷载,可按简支板计算其跨中弯矩,计算简图如图 10.54(c)所示。

现浇踏步板的最小厚度 $t = 40$ mm,每阶踏步的配筋不少于 $2\phi8$,布置在踏步下面斜板中,并沿整个梯段内布置不少于 $\phi6@250$ mm 的分布钢筋,配筋构造见图 10.55。

2)梯段斜梁

梯段斜梁两端支承在平台梁和楼层梁上,承受踏步板传来的均布荷载及自重。内力计算与板式楼梯中梯段斜板的计算原理相同,可将简支的斜梁化作简支水平梁计算(计算简图如图 10.56 所示),其内力按下式计算:

$$M_{\max} = \frac{1}{8}(g + q)l_0^2 \tag{10.14}$$

$$V_{\max} = \frac{1}{2}(g + q)l_n\cos\alpha \tag{10.15}$$

式中　$M_{\max}$、$V_{\max}$——简支斜梁在竖向均布荷载作用下的最大弯矩和剪力设计值;

　　　　g、q——斜梁上按单位水平长度分布的恒荷载和活荷载设计值;

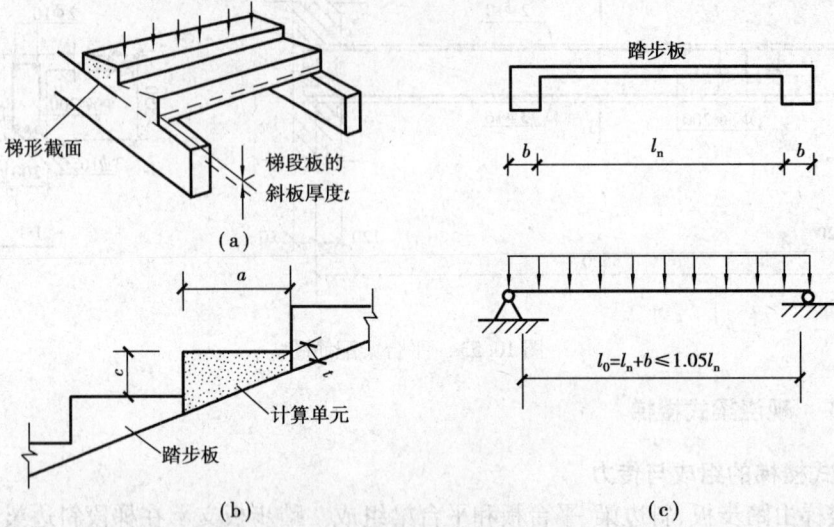

图 10.54 踏步板的计算简图

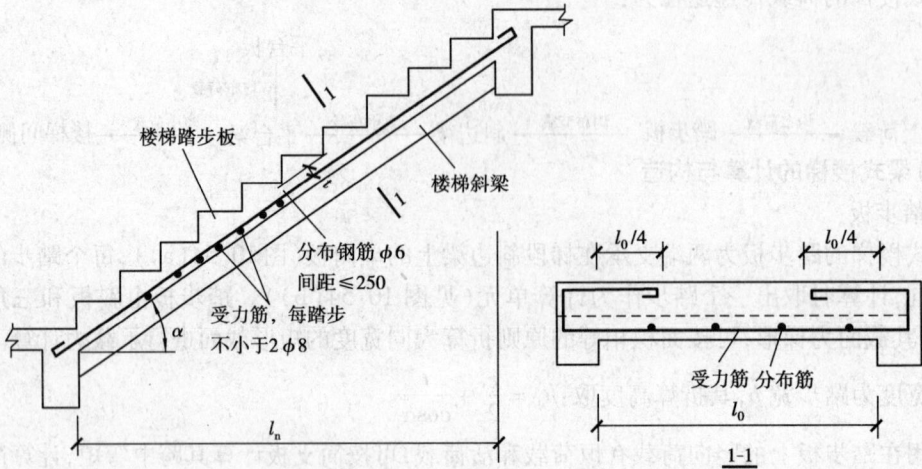

图 10.55 踏步板的配筋

l_0、l_n——梯段斜梁的计算跨度及净跨的水平投影长度；

α——梯段斜梁的倾角。

梯段斜梁按倒 L 形截面梁计算，踏步板下斜板为其受压翼缘。梯段梁的截面高度一般取 $h \geq l_0/20$，梯段斜梁的配筋构造同一般梁，配筋图见图 10.57。

3）平台板与平台梁

梁式楼梯的平台板计算与板式楼梯完全相同，平台梁的计算区别在于梁上荷载形式不同。板式楼梯中梯段板传给平台梁的荷载为均布荷载，而梁式楼梯的平台梁，除承受平台板传来的均布荷载和平台梁自重外，还承受梯段斜梁传来的集中荷载。平台梁的计算简图如图 10.58 所示。

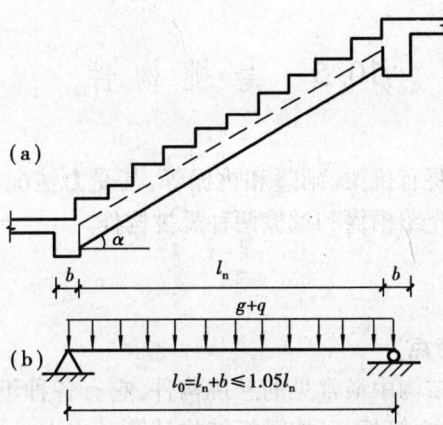

图 10.56　梯段斜梁的计算简图

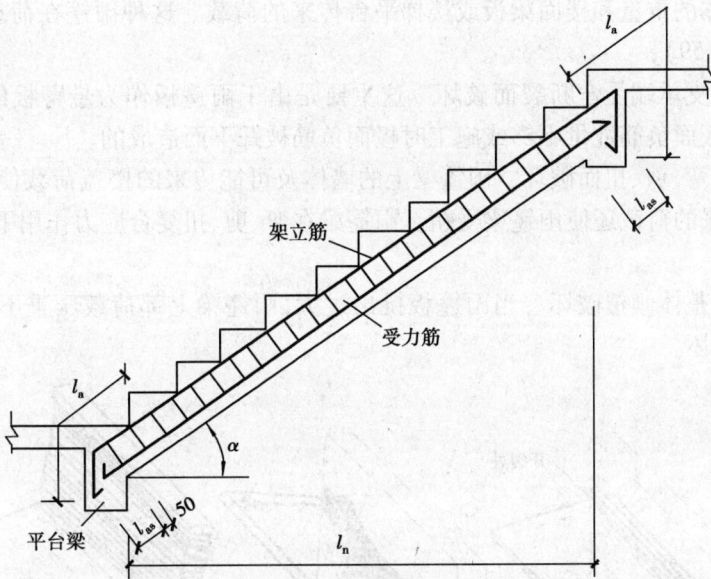

图 10.57　梯段斜梁的配筋

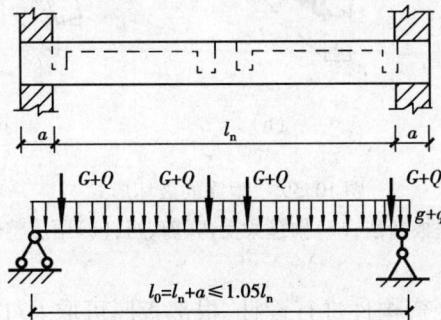

图 10.58　平台梁的计算简图

10.5 悬挑构件

钢筋混凝土悬挑构件主要有挑梁、雨篷和挑檐等,其受力情况与普通楼(屋)盖结构的梁板构件有所不同。本节主要介绍雨篷和挑檐两种悬挑构件。

10.5.1 雨篷

(1)雨篷的构成及受力特点

钢筋混凝土雨篷是房屋结构中最常见的悬挑构件,它有各种不同的结构布置。对悬挑比较长的雨篷,一般都有梁支承雨篷板,可按梁板结构计算其内力。而挑出长度不大时,一般采用悬臂板式雨篷,由雨篷板和雨篷梁组成。雨篷梁一方面支承雨篷板,另一方面又兼作门过梁,承受上部墙体的重量和楼面梁板或楼梯平台传来的荷载。这种雨篷在荷载作用下有三种破坏形态(图 10.59):

1)雨篷板在支承端受弯断裂而破坏 这主要是由于雨篷板作为悬臂板的抗弯承载力不足引起的,常因板面负筋数量不够或施工时板面负筋被踩下而造成的。

2)雨篷梁受弯、剪、扭而破坏 雨篷梁上的墙体及可能传来的楼盖荷载使雨篷梁受弯、受剪,而雨篷板传来的荷载还使雨篷梁受扭。雨篷梁在弯、剪、扭复合应力作用下,承载力不足时产生的破坏。

3)雨篷发生整体倾覆破坏 当雨篷板挑出过大,雨篷梁上部荷载压重不足,就会产生整个雨篷的倾覆破坏。

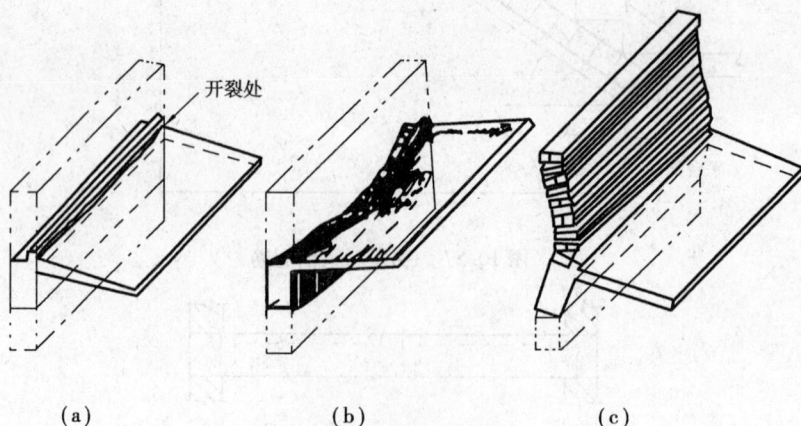

图 10.59 雨篷的破坏形式
(a)雨篷板断裂;(b)雨篷梁受弯、剪、扭;(c)雨篷整体倾覆

(2)雨篷板的设计

雨篷板是悬臂板,应按受弯构件进行设计,根部板厚可取 $l_n/12$。当雨篷板挑出长度 $l_n = 0.6 \sim 1$ m 时,板根部厚度通常不小于 70 mm,当挑出长度 $l_n \geq 1.2$ m 时,板根部厚度通常不小于 80 mm。

在进行抗弯承载力计算时,雨篷板上的荷载可按两种情况考虑:

第一种情况:恒荷载 +均布活荷载(0.5 kN / m^2)或雪荷载,两者中取较大者;

第二种情况:恒荷载 +施工或检修集中荷载(沿板宽每隔 1 m 考虑一个 1 kN 的集中荷载,按作用于板端计算)。

雨篷板的受力如图 10.60 所示,其内力可由结构力学求出。

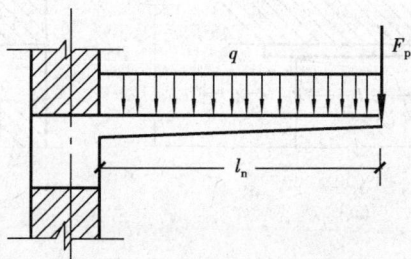

图 10.60　雨篷板的受力图

(3)雨篷梁的设计

雨篷梁除承受雨篷板传来的荷载外,还兼有过梁的作用,并承受雨篷梁上的墙体传来的荷载。雨篷梁宽 b 一般与墙厚相同,梁高 h 可参照普通梁的高跨比确定,通常为砖的皮数。为防止板上雨水沿墙缝渗入墙内,往往在梁顶设置高过板顶 60 mm 的凸块(见图 10.62)。

作用在雨篷梁上的荷载主要有以下几种:

1)雨篷梁自重、粉刷等均布恒荷载;

2)雨篷板传来的荷载;

3)雨篷梁上墙体重量;

4)应计入的墙上梁板荷载,

3);4)按砌体结构中过梁上的荷载取值的有关规定确定。

雨篷梁的荷载确定后,就可按一般简支梁计算该梁的弯矩和剪力。但是由于雨篷板上传来的荷载,其作用点并不在雨篷梁纵轴的竖向对称平面上,因此这些荷载除使梁产生弯曲外,还会产生扭矩,按材料力学原理可求得梁端最大扭矩。雨篷梁一般按弯、剪、扭构件设计,梁中的纵向受力钢筋和箍筋则应按弯、剪、扭构件的承载力计算,并按构造要求配置。

(4)雨篷的抗倾覆验算

雨篷除进行承载力计算外,为了防止雨篷的倾覆破坏,还应对雨篷进行整体抗倾覆验算。一方面雨篷板上的荷载有可能使整个雨篷绕梁底的旋转点 O 转动而发生倾覆破坏。另一方面,压在雨篷梁上的墙体及其他梁板的压重又有阻止雨篷倾覆的作用。雨篷板上的荷载对 O 点的力矩为倾覆力矩 M_{ov},而雨篷梁自重、梁上墙重以及梁板传来的静荷载的合力 G_r 对 O 点的力矩则构成抗倾覆力矩 M_r。进行抗倾覆验算应满足的条件是:

$$M_r \geqslant M_{ov} \tag{10.16}$$

式中　M_r——抗倾覆力矩设计值,可按下式计算(参见图 10.61(b)):

$$M_r = 0.8G_r(l_2 - x_0) \tag{10.17}$$

G_r——雨篷的抗倾覆荷载,可取雨篷梁尾端上部 45°扩散角范围(其水平长度为 l_3)内的墙体与楼面恒荷载标准值之和,如图 10.61(a)所示。

l_2——G_r 距墙外边缘的距离,$l_2 = l_1/2$,l_1 为雨篷梁上墙体的厚度,$l_3 = l_n/2$。

为保证满足抗倾覆要求,可适当增加雨篷梁两端的支承长度,以增加压在梁上的恒荷载值

（a）　　　　　　　　　　　（b）

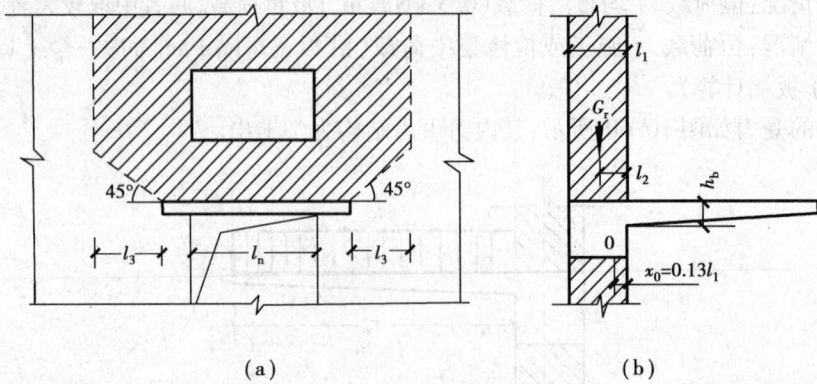

图 10.61　雨篷抗倾覆验算受力图

或采取其他拉结措施。

（5）雨篷的配筋构造

雨篷板的配筋按悬臂板设计,板中受力钢筋放在板面上部并伸入到雨篷梁内,且满足钢筋锚固长度的要求。在垂直于受力钢筋方向应按构造要求设置分布钢筋,并放在受力钢筋的内侧。雨篷梁是按弯、剪、扭构件设计配筋的,其箍筋必须按抗扭钢箍要求制作。雨篷的具体配筋构造如图 10.62 所示。

10.5.2　挑　檐

挑檐是一种小型悬挑构件,一般因屋顶檐口处建筑造型的需要而设计。挑檐由檐沟梁、檐沟底板与侧板组成(图 10.63)。

檐沟底板是悬臂板,其受力特点同雨篷板。当檐沟的侧板较高时,还应考虑风荷载对底板内力的影响。底板厚度不应小于 60 mm,且不宜小于侧板厚度;当挑出长度大于 500 mm 时,底板厚度不宜小于挑出长度的 1/12,且不应小于 80 mm。

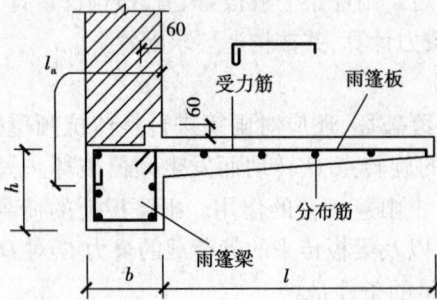

图 10.62　雨篷配筋图　　　　　　图 10.63　挑檐配筋图

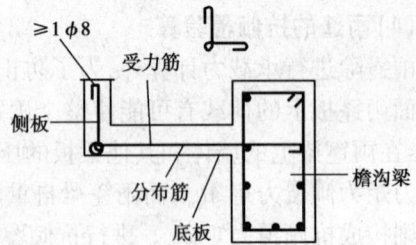

檐沟侧板的配筋一般不必计算,可按构造要求将底板中的受力钢筋向上弯折而成。但当侧板较高时,应按受弯悬臂板计算弯矩值,荷载宜考虑积水时的水压力与风荷载的组合。檐沟侧板厚度不宜小于 60 mm,当侧板高度较大时,不宜小于净高的 1/12。

檐沟梁的受力特点同雨篷梁,当抗倾覆不能满足要求时,常利用屋面圈梁作拖梁来加强稳定性。

挑檐的配筋构造如图 10.63 所示,挑檐板及梁的其他构造要求同雨篷。

本章主要讲述钢筋混凝土楼(屋)盖、楼梯和悬挑构件的结构布置、受力特点、内力计算方法、截面设计要点及构造要求。通过学习,了解各种梁板结构的类型及其受力特点;理解多跨连续梁(板)的折算荷载、活荷载不利布置、内力包络图、塑性内力重分布及弯矩调幅等基本概念;熟练掌握单向板肋梁楼盖的内力计算方法、截面设计要点及配筋构造要求;掌握双向板按弹性理论的计算方法及配筋构造要求;熟悉装配式楼盖的构件选型及连接构造;掌握板式楼梯、梁式楼梯的组成和传力特点以及设计方法和配筋构造要求;了解悬挑构件的计算特点和主要构造要求。

本 章 小 结

1. 梁板结构在建筑工程中应用很广泛,是基本构件计算与构造的综合应用。钢筋混凝土楼(屋)盖为最典型的梁板结构,按施工方法可分为现浇整体式楼盖、装配式楼盖和装配整体式楼盖。现浇钢筋混凝土楼盖常用的结构形式有单向板肋形楼盖、双向板肋形楼盖、井式楼盖、无梁楼盖等。楼梯、阳台、雨篷也属于梁板结构。

2. 现浇单向板肋形楼盖由单向板、次梁与主梁组成,它们均为多跨连续梁板。板与次梁承受均布荷载,而主梁承受集中荷载。连续梁(板)的内力计算方法有两种,一种为按弹性理论将梁(板)假定为均质弹性体,用结构力学的方法计算内力;另一种为按塑性理论考虑超静定结构塑性内力重分布的计算方法。采用弹性计算法时,应考虑活荷载的最不利布置,等跨连续梁(板)在各种常用荷载作用下的内力可采用现成表格查出内力系数进行计算。按塑性理论方法计算内力时,常采用对弹性计算法求得的弯矩进行调整的"弯矩调幅法"来确定构件的内力值。按塑性计算法的公式比较简便,材料比较节省,并方便施工,但由于其使用阶段构件的裂缝及变形较大,所以对重要的结构仍应按弹性理论方法计算。一般主梁宜采用弹性计算法,连续板和次梁采用塑性计算法。

3. 连续板的配筋方式有弯起式和分离式。单向板除受力钢筋外还应按构造要求设置分布筋及其他构造钢筋。板和次梁不必按内力包络图确定纵向钢筋弯起和截断的位置,一般可以按构造规定确定。主梁纵向钢筋的弯起与截断,应通过绘制弯矩包络图和抵抗弯矩图确定。次梁与主梁相交处,应在主梁内设置附加箍筋或附加吊筋。

4. 对于四边支承的板,当长边与短边之比不大于 2 时,应按双向板设计,在两个方向配置纵向受力筋。双向板按弹性理论方法的计算可直接利用内力系数表,计算多跨连续双向板的跨中弯矩时,活荷载的最不利布置采用棋盘式分布;计算支座弯矩时,活荷载的最不利布置采用满布。双向板传给四边支承梁上的荷载按各自每一区格做 45°线分布,因此支承梁上的荷载应为三角形或梯形。

5. 装配式楼盖由预制板、梁组成,除应按使用阶段计算外,尚应进行施工阶段验算及吊环计算,以保证运输、堆放及吊装中的安全。装配式楼盖设计中的重要问题就是保证它的整体性,因此要注意构件与墙体以及构件之间的连接构造措施。

6. 现浇楼梯主要有板式楼梯与梁式楼梯。跨度较小时常用板式楼梯。斜板及斜梁在竖向荷载作用下的最大弯矩等于相应水平梁的最大弯矩。板式楼梯与梁式楼梯的组成与传力不同,其各构件的内力计算以及配筋构造也有区别。

7.悬挑构件主要有挑梁、雨篷和挑檐等,悬挑构件除需进行本身承载力计算外,当埋入砌体内时还应进行整体抗倾覆验算。雨篷梁及挑檐梁还应考虑扭矩影响,按弯剪扭构件进行承载力计算。此外,还应重视悬挑构件的配筋构造特点。

思 考 题

10.1 现浇混凝土楼盖结构有哪几种类型?并说明它们各自的受力特点。

10.2 什么叫单向板?什么叫双向板?结构设计时它们是如何划分的?

10.3 简述钢筋混凝土梁板结构设计的一般步骤。

10.4 连续梁活荷载最不利布置的原则是什么?

10.5 什么叫内力包络图?为什么要做内力包络图?

10.6 什么叫"塑性铰"?钢筋混凝土结构中的"塑性铰"与结构力学中的"理想铰"有何异同?

10.7 什么叫塑性内力重分布?为什么塑性内力重分布只适合于超静定结构?

10.8 什么是"弯矩调幅法"?连续梁进行"弯矩调幅"时应遵循哪些原则?

10.9 现浇单向板肋梁楼盖中的板、次梁和主梁的计算简图如何确定?为什么主梁只能用弹性理论计算,而不采用塑性理论计算?

10.10 单向板中有哪些构造钢筋?这些钢筋在构件中各起什么作用?

10.11 为什么在计算主梁的支座截面配筋时应取支座边缘处的弯矩?在主次梁相交处,主梁中为什么要设置吊筋或附加箍筋?

10.12 按弹性理论计算连续双向板的跨中弯矩时,荷载应如何布置?实用的计算方法是怎样的?

10.13 板式楼梯与梁式楼梯有何区别?这两种形式楼梯中踏步板的配筋有何不同?

10.14 简述雨篷的受力特点和设计方法。

习 题

10.1 某两跨连续梁如图 10.64 所示,集中荷载作用于 $l_0/3$ 处,恒荷载标准值 $G=25$ kN,活荷载标准值 $P=50$ kN,荷载分项系数分别为 $r_G=1.2$ 和 $r_Q=1.4$。试按弹性理论计算并画出此梁的弯矩包络图和剪力包络图。

10.2 某现浇单向板肋形楼盖为五跨连续板带,如图 10.65 所示。板跨为 2.4 m,恒荷载标准值 $g=3$ kN/m²,荷载分项系数为 $r_G=1.2$,活荷载标准值 $q=4.5$ kN/m²,分项系数为 $r_Q=1.4$。混凝土强度等级为 C20,采用 HPB235 级钢筋,次梁截面尺寸 $b \times h=200$ mm × 400 mm,板厚 $h=80$ mm。按塑性理论计算方法进行板的设计,并绘出配筋草图。

10.3 图 10.66 所示为从某现浇双向板肋形楼盖中取出的某区格板,AB 边为简支支座,其他三边均为连续内支座,$l_x=4$ m,$l_y=5$ m,板厚 $h=100$ mm。混凝土强度等级为 C20,采用

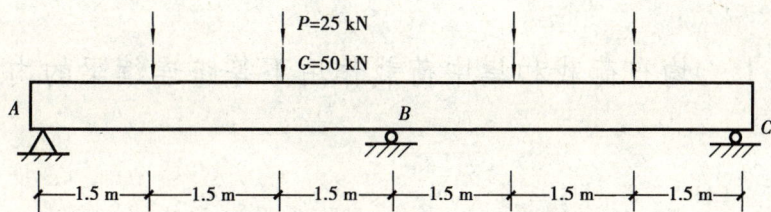

习题 10.1 附图

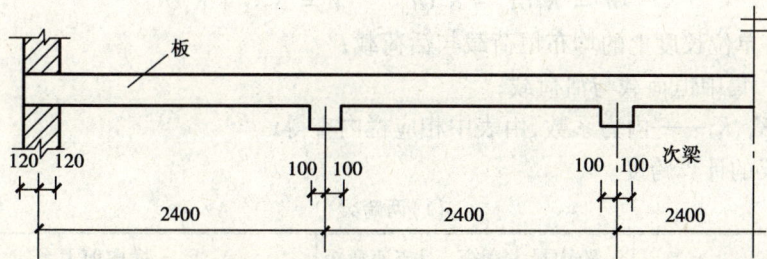

习题 10.2 附图

HPB235 级钢筋。楼面均布恒荷载标准值 $g_k = 6 \ kN/m^2$,活荷载标准值 $q_k = 3 \ kN/m^2$。试按弹性理论计算该区格板的配筋。

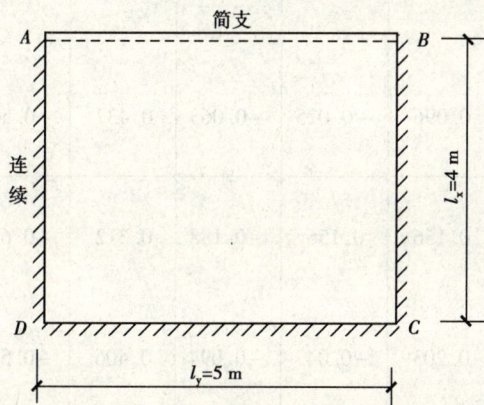

习题 10.3 附图

附表 10.1 均布荷载和集中荷载作用下等跨连续梁的内力系数

均布荷载:

$$M = K_1 g l_0^2 + K_2 q l_0^2 \qquad V = K_3 g l_0 + K_4 q l_0$$

集中荷载:

$$M = K_1 G l_0 + K_2 Q l_0 \qquad V = K_3 G + K_4 Q$$

式中　g、q——单位长度上的均布恒荷载与活荷载;

　　　G、Q——集中恒荷载与活荷载;

　　　K_1、K_2、K_3、K_4——内力系数,由表中相应栏内查得;

　　　l_0——梁的计算跨度。

(1) 两跨梁

序　号	荷载简图	跨内最大弯矩		支座弯矩	横向剪力			
		M_1	M_2	M_B	V_A	$V_{B左}$	$V_{B右}$	V_C
1		0.070	0.070	−0.125	0.375	−0.625	0.625	−0.375
2		0.096	−0.025	−0.063	0.437	−0.563	0.063	0.063
3		0.156	0.156	−0.188	0.312	−0.688	0.688	−0.312
4		0.203	−0.047	−0.094	0.406	−0.594	0.094	0.094
5		0.222	0.222	−0.333	0.667	−1.334	1.334	−0.667
6		0.278	−0.056	−0.167	0.833	−1.167	0.167	0.167

（2）三跨梁

序号	荷载简图	跨内最大弯矩		支座弯矩		横向剪力					
		M_1	M_2	M_B	M_C	V_A	$V_{B左}$	$V_{B右}$	$V_{C左}$	$V_{C右}$	V_D
1		0.080	0.025	−0.100	−0.100	0.400	−0.600	0.500	−0.500	0.600	−0.400
2		0.101	−0.050	−0.050	−0.050	0.450	−0.550	0.000	0.000	0.550	−0.450
3		−0.025	0.075	−0.050	−0.050	−0.050	−0.050	0.500	−0.500	0.050	0.050
4		0.073	0.054	−0.117	−0.033	0.383	−0.617	0.583	−0.417	0.033	0.033
5		0.094	—	−0.067	0.017	0.433	−0.567	0.083	0.083	−0.017	−0.017
6		0.175	0.100	−0.150	−0.150	0.350	−0.650	0.500	−0.500	0.650	−0.350
7		0.213	−0.075	−0.075	−0.075	0.425	−0.575	0.000	0.000	0.575	−0.425
8		−0.038	0.175	−0.075	−0.075	−0.075	−0.075	0.500	−0.500	0.075	0.075
9		0.162	0.137	−0.175	−0.050	0.325	−0.675	0.625	−0.375	0.050	0.050
10		0.200	—	−0.100	0.025	0.400	−0.600	0.125	0.125	−0.025	−0.025

续表

序号	荷载简图	跨内最大弯矩		支座弯矩		横向剪力					
		M_1	M_2	M_B	M_C	V_A	$V_{B左}$	$V_{B右}$	$V_{C左}$	$V_{C右}$	V_D
11		0.244	0.067	−0.267	−0.267	0.733	−1.267	1.000	−1.000	1.267	−0.733
12		0.289	−0.133	−0.133	−0.133	0.866	−1.134	0.000	0.000	1.134	−0.866
13		−0.044	0.200	−0.133	−0.133	−0.133	−0.133	1.000	−1.000	0.133	0.133
14		0.229	0.170	−0.311	−0.089	0.689	−1.311	1.222	−0.778	0.089	0.089
15		0.274	—	−0.178	0.044	0.822	−1.178	0.222	0.222	−0.044	−0.044

(3) 四跨梁

序号	荷载简图	跨内最大弯矩				支座弯矩			横向剪力							
		M_1	M_2	M_3	M_4	M_B	M_C	M_D	V_A	$V_{B左}$	$V_{B右}$	$V_{C左}$	$V_{C右}$	$V_{D左}$	$V_{D右}$	V_E
1		0.077	0.036	0.036	0.077	−0.107	−0.071	−0.107	0.393	−0.607	0.536	−0.464	0.464	−0.536	0.607	−0.393
2		0.100	−0.045	0.081	−0.023	−0.054	−0.036	−0.054	0.446	−0.554	0.018	0.018	0.482	−0.518	0.054	0.054
3		0.072	0.061	—	0.098	−0.121	−0.018	−0.058	0.380	−0.620	0.603	−0.397	−0.040	−0.040	0.558	−0.442
4		—	0.056	0.056	—	−0.036	−0.107	−0.036	−0.036	−0.036	0.429	−0.571	0.571	−0.429	0.036	0.036
5		0.094	—	—	—	−0.067	0.018	−0.004	0.433	−0.567	0.085	0.085	−0.022	−0.022	0.004	0.004
6		—	0.071	—	—	−0.049	−0.054	0.013	−0.049	−0.049	0.496	−0.504	0.067	0.067	−0.013	−0.013

续表

序号	荷载简图	跨内最大弯矩				支座弯矩			横向剪力							
		M_1	M_2	M_3	M_4	M_B	M_C	M_D	V_A	$V_{B左}$	$V_{B右}$	$V_{C左}$	$V_{C右}$	$V_{D左}$	$V_{D右}$	V_E
7		0.169	0.116	0.116	0.169	-0.161	-0.107	-0.161	0.339	-0.661	0.553	-0.446	0.446	-0.554	0.661	-0.339
8		0.210	-0.067	0.183	-0.040	-0.080	-0.054	-0.080	0.420	-0.580	0.027	0.027	0.473	-0.527	0.080	0.080
9		0.159	0.146	—	0.206	-0.181	-0.027	-0.087	0.319	-0.681	0.654	-0.346	-0.060	-0.060	0.587	-0.413
10		—	0.142	0.142	—	-0.054	-0.161	-0.054	0.054	-0.054	0.393	-0.607	0.607	-0.393	0.054	0.054
11		0.202	—	—	—	-0.100	0.027	-0.007	0.400	-0.600	0.127	0.127	-0.033	-0.033	0.007	0.007
12		—	0.173	—	—	-0.074	-0.080	0.020	-0.074	-0.074	0.493	-0.507	0.100	0.100	-0.020	-0.020

序号	荷载图															
13		0.238	0.111	0.111	0.238	-0.286	-0.191	-0.286	0.714	-1.286	1.095	-0.905	0.905	-1.095	1.286	-0.714
14		0.286	-0.111	0.222	-0.048	-0.143	-0.095	-0.143	0.875	-1.143	0.048	0.048	0.952	-1.048	0.143	0.143
15		0.226	0.194	—	0.282	-0.321	-0.048	-0.155	0.679	-1.321	1.274	-0.726	-0.107	-0.107	1.155	0.845
16		—	0.175	0.175	—	-0.095	-0.286	-0.095	-0.095	-0.095	0.810	-1.190	1.190	-0.810	0.095	0.095
17		0.274	—	—	—	-0.178	0.048	-0.012	0.822	-1.178	0.226	0.226	-0.060	-0.060	0.012	0.012
18		—	0.198	—	—	-0.131	-0.143	0.036	-0.131	-0.131	0.988	-1.012	0.178	0.178	-0.036	-0.036

（4）五跨梁

序号	荷载简图	跨内最大弯矩			支座弯矩				横向剪力									
		M_1	M_2	M_3	M_B	M_C	M_D	M_E	V_A	$V_{B左}$	$V_{B右}$	$V_{C左}$	$V_{C右}$	$V_{D左}$	$V_{D右}$	$V_{E左}$	$V_{E右}$	V_F
1		0.0781	0.0331	0.0462	-0.105	-0.079	-0.079	-0.105	0.394	-0.606	0.526	-0.474	0.500	-0.500	0.474	-0.526	0.606	-0.394
2		0.1000	-0.0461	0.0855	-0.053	-0.040	-0.040	-0.053	0.447	-0.553	0.013	0.013	0.500	-0.500	-0.013	-0.013	0.553	-0.447
3		-0.0263	0.0787	-0.0395	-0.053	-0.040	-0.040	-0.053	-0.053	-0.053	0.513	-0.487	0.000	0.000	0.487	-0.513	0.053	0.053
4		0.073	0.059	0.064	-0.119	-0.022	-0.044	-0.051	0.380	-0.620	0.598	-0.402	-0.023	-0.023	0.493	-0.507	0.052	0.052
5		—	0.055	0.064	-0.035	-0.111	-0.020	-0.057	-0.035	-0.035	0.424	-0.576	0.591	-0.049	-0.037	-0.037	0.557	-0.443
6		0.094	—	—	-0.067	0.018	-0.005	0.001	0.433	-0.567	0.085	0.085	-0.023	-0.023	0.006	0.006	-0.001	-0.001

序号																	
7	0.004	0.004	−0.018	−0.018	0.068	0.068	−0.505	0.495	−0.049	−0.049	−0.004	−0.014	−0.054	−0.049	—	0.074	—
8	−0.013	−0.013	0.066	0.066	−0.500	0.500	−0.066	−0.066	0.013	0.013	0.013	−0.053	−0.053	0.013	0.072	—	—
9	−0.342	0.658	−0.540	0.460	−0.500	0.500	−0.460	0.540	−0.658	0.342	−0.158	−0.118	−0.118	−0.158	0.132	0.112	0.171
10	−0.421	0.579	−0.020	−0.020	−0.500	0.500	0.020	0.020	−0.579	0.421	−0.079	−0.059	−0.059	−0.079	0.191	−0.069	0.211
11	0.079	0.079	−0.520	0.480	0.000	0.000	−0.480	0.520	−0.079	−0.079	−0.079	−0.059	−0.059	−0.079	−0.059	0.181	0.039
12	0.077	0.077	−0.511	0.489	−0.034	−0.034	−0.353	0.647	−0.679	0.321	−0.077	−0.066	−0.032	−0.179	—	0.144	0.160

续表

序号	荷载简图	跨内最大弯矩			支座弯矩				横向剪力									
		M_1	M_2	M_3	M_B	M_C	M_D	M_E	V_A	$V_{B左}$	$V_{B右}$	$V_{C左}$	$V_{C右}$	$V_{D左}$	$V_{D右}$	$V_{E左}$	$V_{E右}$	V_F
13		—	0.140	0.151	-0.052	-0.167	-0.031	-0.086	-0.052	-0.052	0.385	-0.615	0.637	-0.363	-0.056	-0.056	0.586	0.414
14		0.200	—	—	-0.100	0.027	-0.007	0.002	0.400	-0.600	0.127	0.127	-0.034	-0.034	0.009	0.009	-0.002	-0.002
15		—	0.173	—	-0.073	-0.081	0.022	-0.005	-0.073	-0.073	0.493	-0.507	0.102	0.102	-0.027	-0.027	0.005	0.005
16		—	—	0.171	0.020	-0.079	-0.079	0.020	0.020	0.020	-0.099	-0.099	0.500	-0.500	0.099	0.099	-0.020	-0.020
17		0.240	0.100	0.122	-0.281	-0.211	-0.211	-0.281	0.719	-1.281	1.070	-0.930	1.000	-1.000	0.930	-1.070	1.281	-0.719
18		0.287	-0.117	0.228	-0.140	-0.105	-0.105	-0.140	0.860	-1.140	0.035	0.035	1.000	-1.000	-0.035	-0.035	1.140	-0.860

编号																	
19	0.140	0.140	-1.035	0.965	0.000	0.000	-0.965	1.035	-0.140	-0.140	-0.140	-0.105	-0.105	-0.140	-0.105	-0.216	-0.047
20	0.137	0.137	-1.019	0.981	-0.061	-0.061	-0.738	1.262	-1.319	0.681	-0.137	-0.118	-0.057	-0.319	—	0.189	0.227
21	-0.847	1.153	-0.099	-0.099	-0.757	1.243	-1.204	0.796	-0.093	-0.093	-0.153	-0.054	-0.297	-0.093	0.198	0.172	—
22	-0.003	-0.003	0.016	0.016	-0.061	-0.061	0.227	0.227	-1.179	0.821	0.003	-0.013	0.048	-0.179	—	—	0.274
23	0.010	0.010	-0.048	-0.048	0.182	0.182	-1.013	0.987	-0.131	-0.131	-0.010	0.038	-0.144	-0.131	—	0.198	0.198
24	-0.035	-0.035	0.175	0.175	-1.000	1.000	-0.175	-0.175	0.035	0.035	0.035	-0.140	-0.140	0.035	0.193	—	—

附表 10.2 按弹性理论计算矩形双向板在均布荷载作用下的弯矩系数表

1. 符号说明

$M_x, M_{x,\max}$——分别为平行于 l_x 方向板中心点弯矩和板跨内的最大弯矩；

$M_y, M_{y,\max}$——分别为平行于 l_y 方向板中心点弯矩和板跨内的最大弯矩；

M_x^0——固定边中点沿 l_x 方向的弯矩；

M_y^0——固定边中点沿 l_y 方向的弯矩；

M_{0x}——平行于 l_x 方向自由边的中点弯矩；

M_{0x}^0——平行于 l_x 方向自由边上固定端的支座弯矩。

代表固定边　　代表简支边　　代表自由边

2. 计算公式

$$弯矩 = 表中系数 \times q l_x^2$$

式中　q——作用在双向板上的均布荷载；

l_x——板跨，见表中插图所示。

(1)

边界条件	(1)四边简支		(2)三边简支、一边固定									
l_x/l_y	M_x	M_y	M_x	$M_{x,\max}$	M_y	$M_{y,\max}$	M_y^0	M_x	$M_{x,\max}$	M_y	$M_{y,\max}$	M_x^0
0.50	0.0994	0.0335	0.0914	0.0930	0.0352	0.0397	−0.1215	0.0593	0.0657	0.0157	0.0171	−0.1212
0.55	0.0927	0.0359	0.0832	0.0846	0.0371	0.0405	−0.1193	0.0577	0.0633	0.0175	0.0190	−0.1187
0.60	0.0860	0.0379	0.0752	0.0765	0.0386	0.0409	−0.1160	0.0556	0.0608	0.0194	0.0209	−0.1158
0.65	0.0795	0.0396	0.0676	0.0688	0.0400	0.0412	−0.1133	0.0534	0.0581	0.0212	0.0226	−0.1124
0.70	0.0732	0.0410	0.0604	0.0616	0.0400	0.0417	−0.1096	0.0510	0.0555	0.0229	0.0242	−0.1087
0.75	0.0673	0.0420	0.0538	0.0519	0.0400	0.0417	−0.1056	0.0485	0.0525	0.0244	0.0257	−0.1048
0.80	0.0617	0.0428	0.0478	0.0490	0.0397	0.0415	−0.1014	0.0459	0.0495	0.0258	0.0270	−0.1007
0.85	0.0564	0.0432	0.0425	0.0436	0.0391	0.0410	−0.0970	0.0434	0.0466	0.0271	0.0283	−0.0965
0.90	0.0516	0.0434	0.0377	0.0388	0.0382	0.0402	−0.0926	0.0409	0.0438	0.0281	0.0293	−0.0922
0.95	0.0471	0.0432	0.0334	0.0345	0.0371	0.0393	−0.0882	0.0384	0.0409	0.0290	0.0301	−0.0880
1.00	0.0429	0.0429	0.0296	0.0306	0.0360	0.0388	−0.0839	0.0360	0.0388	0.0296	0.0306	−0.0839

表中弯矩系数均为单位板宽的弯矩系数。表中系数为泊松比 $v=1/6$ 时求得的,适用于钢筋混凝土板。表中系数是根据 1975 年版《建筑结构静力计算手册》中 $v=0$ 的弯矩系数表,通过换算公式 $M_x^{(v)}=M_x^{(0)}+vM_y^{(0)}$ 及 $M_y^{(v)}=M_y^{(0)}+vM_x^{(0)}$ 得出的。表中 $M_{x,max}$ 及 $M_{y,max}$ 也按上列换算公式求得,但由于板内两个方向的跨内最大弯矩一般并不在同一点,因此,由上式求得的 $M_{x,max}$ 及 $M_{y,max}$ 仅为比实际弯矩偏大的近似值。

(2)

边界条件	(3)两对边简支、两对边固定						(4)两邻边简支、两邻边固定					
l_x/l_y	M_x	M_y	M_y^0	M_x	M_y	M_x^0	M_x	$M_{x,max}$	M_y	$M_{y,max}$	M_x^0	M_y^0
0.50	0.0837	0.0367	−0.1191	0.0419	0.0086	−0.0843	0.0572	0.0584	0.0172	0.0229	−0.1179	−0.0786
0.55	0.0743	0.0383	−0.1156	0.0415	0.0096	−0.0840	0.0546	0.0556	0.0192	0.0241	−0.1140	−0.0785
0.60	0.0653	0.0393	−0.1114	0.0409	0.0109	−0.0834	0.0518	0.0526	0.0212	0.0252	−0.1095	−0.0782
0.65	0.0569	0.0394	−0.1066	0.0402	0.0122	−0.0826	0.0486	0.0496	0.0228	0.0261	−0.1045	−0.0777
0.70	0.0494	0.0392	−0.1031	0.0391	0.0135	−0.0814	0.0455	0.0465	0.0243	0.0267	−0.0992	−0.0770
0.75	0.0428	0.0383	−0.0959	0.0381	0.0149	−0.0799	0.0422	0.0430	0.0254	0.0272	−0.0938	−0.0760
0.80	0.0369	0.0372	−0.0904	0.0368	0.0162	−0.0782	0.0390	0.0397	0.0263	0.0278	−0.0883	−0.0748
0.85	0.0318	0.0358	−0.0850	0.0355	0.0174	−0.0763	0.0358	0.0366	0.0269	0.0284	−0.0829	−0.0733
0.90	0.0275	0.0343	−0.0767	0.0341	0.0186	−0.0743	0.0328	0.0337	0.0273	0.0288	−0.0776	−0.0716
0.95	0.0238	0.0328	−0.0746	0.0326	0.0196	−0.0721	0.0299	0.0308	0.0273	0.0289	−0.0726	−0.0698
1.00	0.0206	0.0311	−0.0698	0.0311	0.0206	−0.0698	0.0273	0.0281	0.0273	0.0289	−0.0677	−0.0677

(3)

边界条件		(5)一边简支、三边固定				

l_x/l_y	M_x	$M_{x,max}$	M_y	$M_{y,max}$	M_x^0	M_y^0
0.50	0.0413	0.0424	0.0096	0.0157	−0.0836	−0.0569
0.55	0.0405	0.0415	0.0108	0.0160	−0.0827	−0.0570
0.60	0.0394	0.0404	0.0123	0.0169	−0.0814	−0.0571
0.65	0.0381	0.0390	0.0137	0.0178	−0.0796	0.0572
0.70	0.0366	0.0375	0.0151	0.0186	−0.0774	−0.0572
0.75	0.0349	0.0358	0.0164	0.0193	−0.0750	−0.0572
0.80	0.0331	0.0339	0.0176	0.0199	−0.0722	−0.0570
0.85	0.0312	0.0319	0.0186	0.0204	−0.0693	−0.0567
0.90	0.0295	0.0300	0.0201	0.0209	−0.0663	−0.0563
0.95	0.0274	0.0281	0.0204	0.0214	−0.0631	−0.0558
1.00	0.0255	0.0261	0.0206	0.0219	−0.0600	−0.0500

(4)

边界条件	(5)一边简支、三边固定						(6)四边固定			

l_x/l_y	M_x	$M_{x,max}$	M_y	$M_{y,max}$	M_y^0	M_x^0	M_x	M_y	M_x^0	M_y^0
0.50	0.0551	0.0605	0.0188	0.0201	−0.0784	−0.1146	0.0406	0.0105	−0.0829	−0.0570
0.55	0.0517	0.0563	0.0210	0.0223	−0.0780	−0.1093	0.0394	0.0120	−0.0814	−0.0571
0.60	0.0480	0.0520	0.0229	0.0242	−0.0773	−0.1033	0.0380	0.0137	−0.0793	−0.0571
0.65	0.0441	0.0476	0.0244	0.0256	−0.0762	−0.0970	0.0361	0.0152	−0.0766	−0.0571
0.70	0.0402	0.0433	0.0256	0.0267	−0.0748	−0.0903	0.0340	0.0167	−0.0735	−0.0569
0.75	0.0364	0.0390	0.0263	0.0273	−0.0729	−0.0837	0.0318	0.0179	−0.0701	−0.0565
0.80	0.0327	0.0348	0.0267	0.0267	−0.0707	−0.0772	0.0295	0.0189	−0.0664	−0.0559
0.85	0.0293	0.0312	0.0268	0.0277	−0.0683	−0.0711	0.0272	0.0197	−0.0626	−0.0551
0.90	0.0261	0.0277	0.0265	0.0273	−0.0656	−0.0653	0.0249	0.0202	−0.0588	−0.0541
0.95	0.0232	0.0246	0.0261	0.0269	−0.0629	−0.0599	0.0227	0.0205	−0.0550	−0.0528
1.00	0.0206	0.0219	0.0255	0.0261	−0.0600	−0.0550	0.0205	0.0205	−0.0513	−0.0513

(5)

边界条件	(7)三边固定、一边自由											
l_y/l_x	M_x	M_y	M_x^0	M_y^0	M_{0x}	M_{0x}^0	l_y/l_x	M_x	M_y	M_x^0	M_y^0	M_{0x}	M_{0x}^0
0.30	0.0018	−0.0039	−0.0135	−0.0344	0.0068	−0.0345	0.85	0.0262	0.0125	−0.558	−0.0562	0.0409	−0.0651
0.35	0.0039	−0.0026	−0.0179	−0.0406	0.0112	−0.0432	0.90	0.0277	0.0129	−0.0615	−0.0563	0.0417	−0.0644
0.40	0.0063	0.0008	−0.0227	−0.0454	0.0160	−0.0506	0.95	0.0291	0.0132	−0.0639	−0.0564	0.0422	−0.0638
0.45	0.0090	0.0014	−0.0275	−0.0489	0.0207	−0.0564	1.00	0.0304	0.0133	−0.0662	−0.0565	0.0427	−0.0632
0.50	0.0166	0.0034	−0.0322	−0.0513	0.0250	−0.0607	1.10	0.0327	0.0133	−0.0701	−0.0566	0.0431	−0.0623
0.55	0.0142	0.0054	−0.0368	−0.0530	0.0288	−0.0635	1.20	0.0345	0.0130	−0.0732	−0.0567	0.0433	−0.0617
0.60	0.0166	0.0072	−0.0412	−0.0541	0.0320	−0.0652	1.30	0.0368	0.0125	−0.0758	−0.0568	0.0434	−0.0614
0.65	0.0188	0.0087	−0.0453	−0.0548	0.0347	−0.0661	1.40	0.0380	0.0119	−0.0778	−0.0568	0.0433	−0.0614
0.70	0.0209	0.0100	−0.0490	−0.0553	0.0368	−0.0663	1.50	0.0390	0.0113	−0.0794	−0.0569	0.0433	−0.0616
0.75	0.0228	0.0111	−0.0526	−0.0557	0.0385	−0.0661	1.75	0.0405	0.0099	−0.0819	−0.0569	0.0431	−0.0625
0.80	0.0246	0.0119	−0.0558	−0.0560	0.0399	−0.0656	2.00	0.0413	0.0087	−0.0832	−0.0569	0.0431	−0.0637

第11章
单层工业厂房结构

学习要求：本章主要讲述了钢筋混凝土单层厂房，通过学习，了解结构选型和布置；结构计算，(包括定简图，算荷载，内力分析组合及构件截面配筋计算等)；了解单层厂房结构布置，(包括屋面结构、柱及柱间支撑、吊车梁、过梁、圈梁、基础及基础梁等结构构件的布置)。掌握屋面支撑系统及柱间支撑系统的布置。掌握单层厂房横向平面排架受荷特点及计算，掌握柱下单独基础的计算，(包括底面尺寸、基础总高度，变阶处的高度以及基底沿长边和短边两个方向的配筋应分别满足的地基土承载力、基础抗冲切以及抗弯承载力的要求)。此外，还应遵守有关构造要求。

11.1　概　述

工业厂房随其生产性质、工艺流程、机械设备和产品的不同，可以分为单层厂房和多层厂房。这一章我们主要讲述单层厂房。单层厂房随其吊车起重能力，房屋跨度和高度的不同，可以采用砖混结构、钢筋混凝土结构或钢结构。对于无吊车或吊车起重量不超过 50 kN，跨度小于 15 m，柱顶标高不超过 8 m 的小型单层厂房，可以采用砖混结构(砖墙、砖柱、各种类型屋架)；当吊车起重量超过 1500 kN，厂房跨度大于 36 m，或设有 50 kN 以上锻锤，或 60000 kN 以上水压机的厂房，则应采用钢屋架，钢筋混凝土柱或全部采用钢结构。上述两种情况以外的大部分单层厂房都可以采用钢筋混凝土结构。

根据生产的需要，单层厂房的承重结构可以采用单跨或多跨，等高或不等高的排架结构(图 11.1)，也可以采用单跨或多跨的刚架结构(图 11.2)。

统计表明，一般单层双跨厂房的结构自重约比单层单跨的轻 20%，而三跨的又比双跨的轻 10%～15%。因此，一般应尽可能考虑采用多跨厂房。但多跨厂房自然通风采光困难，需设置天窗或人工采光和通风。因此，对于跨度较大以及对邻近厂房干扰较大的车间，仍宜采用单跨厂房。

对于多跨厂房，为使结构受力合理，构件简化统一，应尽量做成等高厂房。根据工艺要求，相邻跨高差不大于 1 m 时，也应做成等高。但当高差大于 2 m，且低跨面积超过厂房总面积的 40%～50% 时，则应做成不等高的。

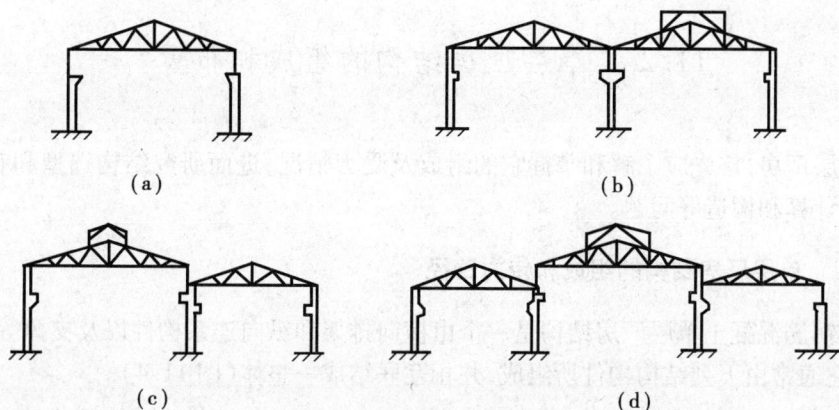

图 11.1　钢筋混凝土排架结构

(a)单跨;(b)双跨等高;(c)双跨不等高;(d)多跨不等高

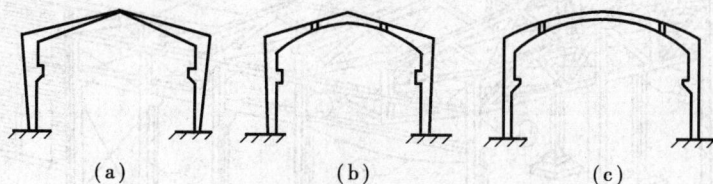

图 11.2　钢筋混凝土门式刚架结构

(a)三铰;(b)、(c)两铰

排架由屋面梁或屋架、柱和基础组成。排架结构柱的上部与屋架(屋面梁)铰接,下部与基础刚接。这种结构适宜于预制装配,同时可以大规模工业化生产和施工,是目前最常用的形式。排架按受力和变形特点又有刚性排架和柔性排架之分。刚性排架是指屋面梁或屋架(简称横梁)变形很小,内力分析时横梁变形可忽略不计的排架。一般钢筋混凝土排架均属刚性排架。柔性排架是指横梁变形较大,内力分析时要考虑横梁变形的排架。由 7 字形钢筋混凝土屋面梁组成的锯齿形排架(图 11.3)以及由刚度较小的组合屋架组成的排架属柔性排架。

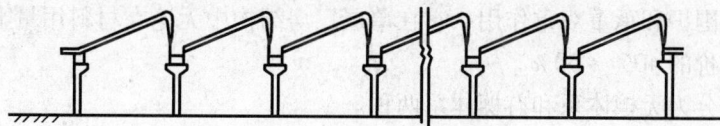

图 11.3　锯齿形排架

刚架也是由横梁、柱和基础组成。与排架不同的是,刚架的梁与柱为刚接,而柱与基础常为铰接。刚架按横梁形式的不同,分为折线形的门式刚架和拱形门式刚架两种。前者由于施工较为简便,在双坡屋面的单层厂房中得到较为广泛的应用。

本章着重讲述钢筋混凝土刚性排架结构的单层厂房。

11.2 单层厂房结构的组成和布置

设计单层厂房,首先应了解和掌握它的组成及受力情况,进而研究结构选型和布置,以及结构构件的计算和构造等问题。

11.2.1 单层厂房结构的组成和传力路径

装配式钢筋混凝土单层厂房结构是一个由横向排架和纵向连系构件以及支撑等所组成的空间体系,它通常由下列结构构件所组成,并相互联结成一整体(图11.4)。

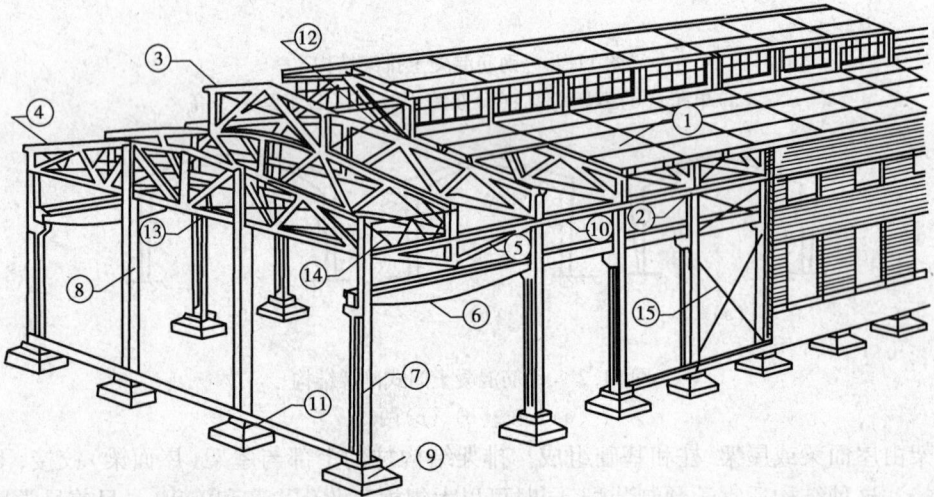

图 11.4

1. 屋面板;2. 天沟板;3. 天窗架;4. 屋架;5. 托架;6. 吊车梁;7. 排架柱;8. 抗风柱;9. 基础;10. 连系梁;
11. 基础梁;12. 天窗架垂直支撑;13. 屋架下弦横向水平支撑;14. 屋架端部垂直支撑;15. 柱间支撑

(1)屋盖结构

屋盖结构起围护和承重双重作用。它在单层厂房结构中无论在材料用量上或造价上都约占全部材料和造价的 40% ~50% 。

屋盖结构可分为无檩体系和有檩体系两种。

无檩体系由大型屋面板、屋架(屋面梁)和支撑组成。屋面板与屋架之间通过焊接连接在一起。有檩体系由小型屋面板(或其他材料的瓦材)、檩条、屋架及支撑组成。屋面板铺设在檩条上,檩条固定在屋架上。该体系由于采用了小型屋面板及檩条,构件重量轻、便于运输与安装。但由于荷载多次重复传递,其经济效益没有无檩体系的屋盖好,尤其对屋盖各构造层较厚的厂房更为突出。有檩体系的整体刚度不如无檩体系,故目前采用无檩体系较多,只有在运输、吊装等困难的情况下,或采用轻型瓦材屋面的不保温厂房才采用有檩体系。

屋盖结构包括以下构件:

1)屋面板(包括天沟板)——支承在屋架(屋面梁)或天窗架上,直接承受上面的恒载(如防水层、保温层等)和活荷载(如雪载、积灰或施工荷载等),并把它们传给屋架。

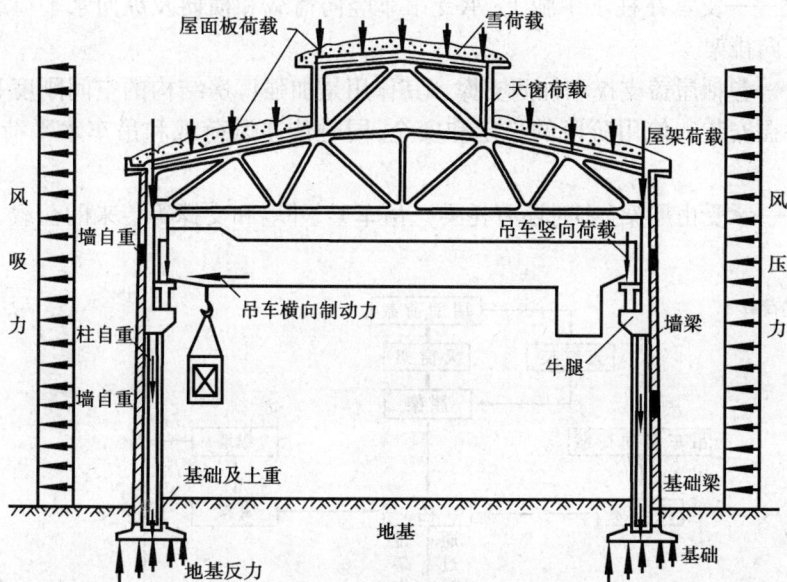

图 11.5 单层厂房结构的主要荷载示意图

2）天窗架——支承在屋架上，承受天窗部分屋面荷载及窗自重，并把它们传给屋架。

3）托架——当柱子间距比屋架间距大时，则用它支承屋架，并将其上荷载传给柱子。

4）屋架（或屋面梁）——通常支承在柱上，也有支承在托架上，承受屋盖结构的全部荷载（包括有悬挂吊车时的荷载）。并将它们传给柱子和托架。

（2）横向平面排架结构

横向平面排架是由屋面或屋架、横向柱列和基础等组成。它是厂房的基本承重结构，厂房所承受的竖向荷载（如结构自重、屋面活荷载、雪荷载和吊车竖向荷载等）及横向水平荷载（如风荷载、吊车横向制动力和地震作用等）主要通过横向排架传至基础和地基。如图 11.5 所示。

（3）纵向平面排架结构

纵向平面排架结构由纵向柱列、连系梁、吊车梁及柱间支撑等组成。其作用是保证厂房结构的纵向稳定性和刚度，主要承受作用在山墙和天窗端壁并通过屋盖结构传来的纵向风载、吊车纵向制动力、纵向地震作用和温度应力等。见图 11.6 所示。

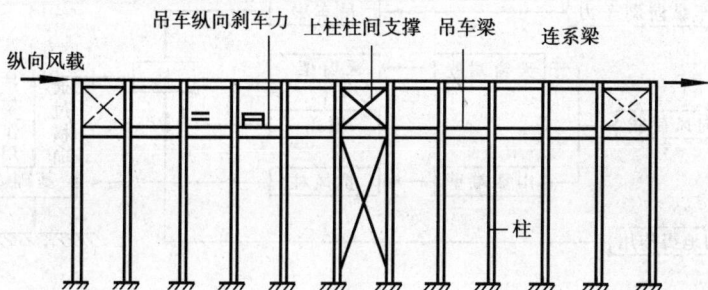

图 11.6

1)吊车梁——支承在柱子牛腿上,承受吊车竖向荷载和横向及纵向水平荷载,并将它们传至横向或纵向排架。

2)支撑——包括屋盖支撑和柱间支撑。其作用是加强厂房结构的空间刚度和稳定性,并保证结构构件在安装和使用阶段的稳定和安全,同时传递风荷载和吊车水平荷载或地震作用力。

3)柱子——承受由屋架(有时还有托梁)、吊车梁、外墙和支撑等传来的荷载,并将它们传给基础。

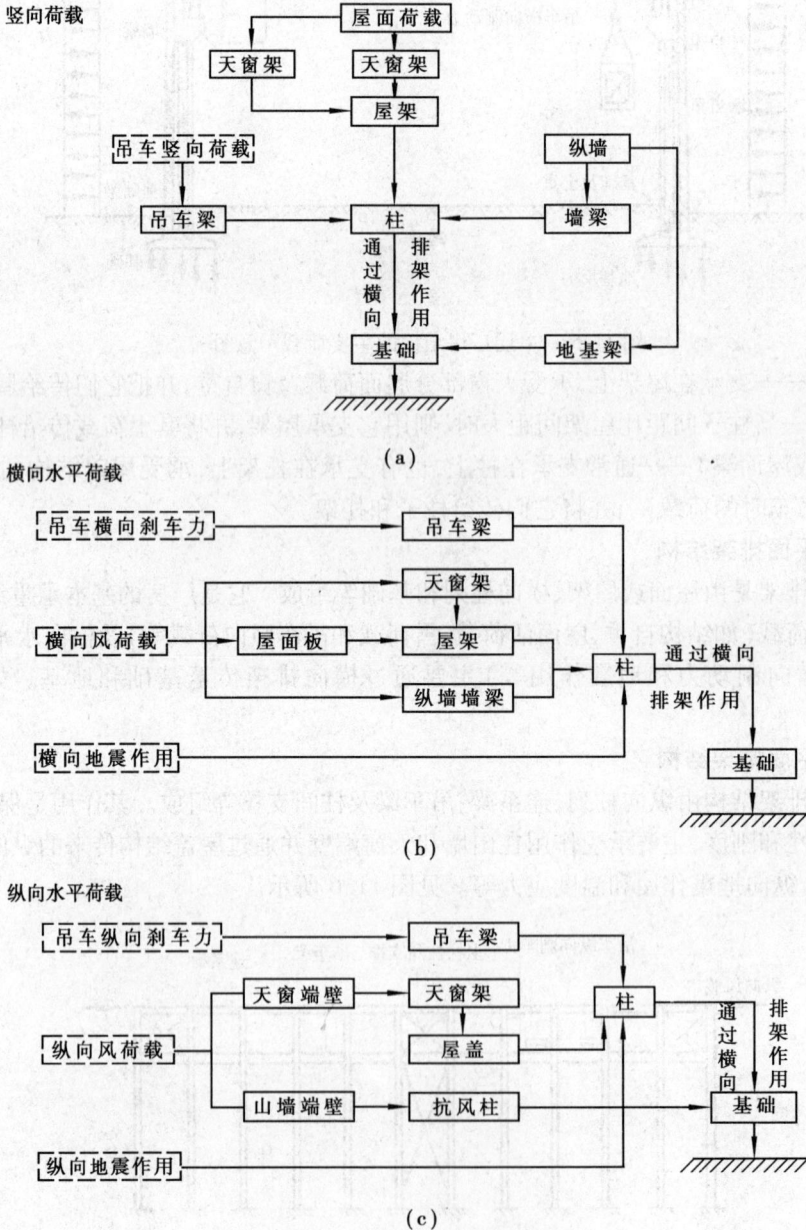

(a)

(b)

(c)

图 11.7 荷载传递路线图

4）基础——承受柱和基础梁传来的荷载，并将它们传至地基。

（4）围护结构

围护结构包括纵墙和横墙（山墙），以及由墙梁、抗风柱、基础梁等组成的墙梁。作用是承受墙体重量和纵、横墙上的风载，并将它们传至柱和基础，抗风柱还将部分风载和地震作用传至屋盖和纵向柱列。

单层厂房由以上四个部分组成整体受力的空间结构，现将单层厂房中的荷载传递路线列成图表，见图11.7所示。

11.2.2 单层厂房主要结构构件及选型

钢筋混凝土单层厂房结构的主要结构构件有屋面板，天窗架，支撑、屋架、吊车梁、墙板、连系梁、基础梁、柱和基础等。这些构件除柱和基础外，一般都可以根据工程的具体情况，从工业厂房结构构件标准图集中，选用合适的标准构件，不必另行设计。选用构件时，应选用技术经济指标较先进的标准构件。

主要结构构件的选型：

（1）屋面板

在单层厂房中，屋面板的造价和材料用量均最大。它既承重又起围护作用，屋面板在厂房中比较常用的形式有：预应力混凝土大型屋面板、预应力混凝土 F 形屋面板、预应力混凝土单肋板、预应力混凝土空心板等（图11.8），它们都适用于无檩体系。

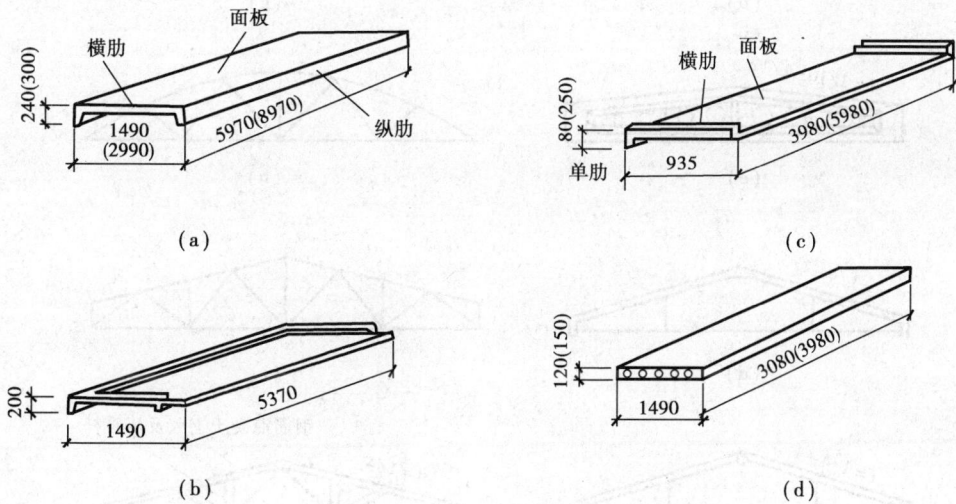

图 11.8 屋面板的类型
（a）预应力混凝土大型屋面板；（b）预应力混凝土 F 形板
（c）预应力混凝土单肋板；（d）预应力混凝土空心板

预应力混凝土大型屋面板（图11.8(a)），由这种屋面板组成的屋面水平刚度好，适用于柱距为 6 m 或 9 m 的大多数厂房，以及振动较大、对屋面刚度要求较高的车间。

预应力混凝土 F 形屋面板（图11.8(b)），板沿纵向互相搭接，横缝及脊缝加盖瓦和脊瓦，屋面用料省，但屋面水平刚度及防水效果不如预应力混凝土大型屋面板，适用于跨度、荷载较小的保温屋面,不宜用于对屋面刚度及防水要求高的厂房。

预应力混凝土单肋板(图 11.8(c)),与 F 形板类似,板沿纵向互相搭接,横缝及脊缝加盖瓦和脊瓦。屋面用料省但刚度差,适用于跨度和荷载较小的非保温屋面,而不宜用于对屋面刚度和防水要求高的厂房。

预应力混凝土空心板(图 11.8(d))广泛用于楼盖的预应力混凝土空心板,也可作为面板用于柱距为 4 m 左右的车间和仓库。

(2)屋面梁和屋架

屋面梁和屋架(图 11.10)是厂房结构最主要的承重构件,它除承受屋面板传来的荷载及其自重外,有时还承受悬挂吊车,高架管道等荷载。

屋面梁常用的有预应力混凝土单坡或双坡薄腹工形梁(图 11.9(a)、(b)、(c))。制作和安装方便,但自重大、费材料,适用于跨度不大(≤18 m)、有较大振动或有腐蚀性介质的厂房。

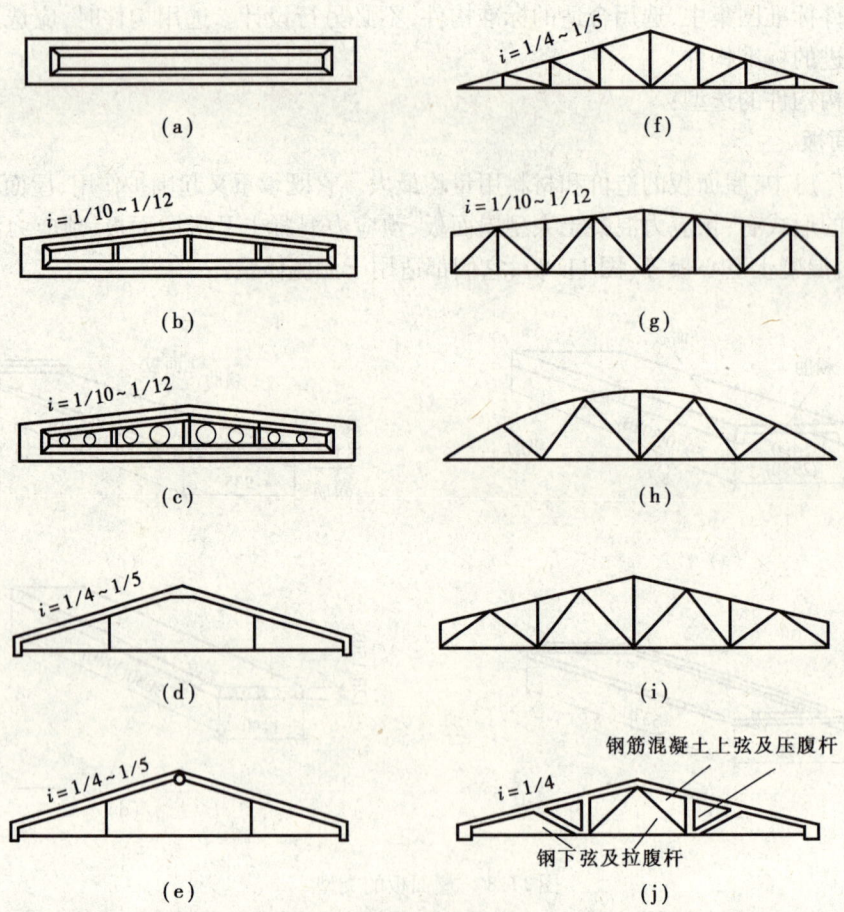

图 11.9　屋面梁和屋架的类型
(a)单坡屋面梁;(b)双坡屋面梁;(c)空腹屋面梁;(d)两铰拱屋架;(e)三铰拱屋架;
(f)三角形屋架;(g)梯形屋架;(h)拱形屋架;(i)折线形屋架;(j)组合屋架

屋架可以做成拱式和桁架两种。拱式屋架常用的有钢筋混凝土两铰拱屋架(图 11.9(d)),其上弦为钢筋混凝土。而下弦为角钢。若顶节点做成铰接,则为三铰拱屋架(图 11.9

(e))。这种屋架构造简单,自重较轻,但下弦刚度小,适用于跨度为≤15 m 的厂房。三铰拱屋架,如上弦做成先张法预应力混凝土构件,下弦仍为角钢,即成为预应力混凝土三铰拱屋架,其跨度可达到 18 m。桁架式屋架有三角形、梯形、拱形和折线形等多种(图 11.9(f)、(g)、(h)、(i))。

三角形和梯形屋架,上、下弦杆内力不均匀,自重较大,一般不宜采用。预应力混凝土梯形屋架,由于刚度好,屋面坡度平缓(1/10~1/12),适用于卷材防水的大型、高温及采用井式或横向天窗的厂房。

预应力拱形屋架,外形合理,可使上、下弦杆受力均匀,自重轻,可用于跨度 18~36 m 的厂房。这种屋架屋面施工较为困难。因此,在厂房中广泛采用端部加高的外形接近梯形的预应力混凝土折线形屋架(图 11.9(i))。

(3)吊车梁

吊车梁是有吊车厂房的重要构件,它承受吊车荷载、吊车轨道及吊车梁自重,并将这些力传给厂房柱(图 11.10)。

吊车梁通常做成 T 型截面,以便在其上做吊车轨道。腹板如采用厚腹的,可做成等截面梁(图 11.10(a)),如采用薄腹的,则腹板在梁端部加厚,为便于布筋采用工形截面(图 11.10(b))。

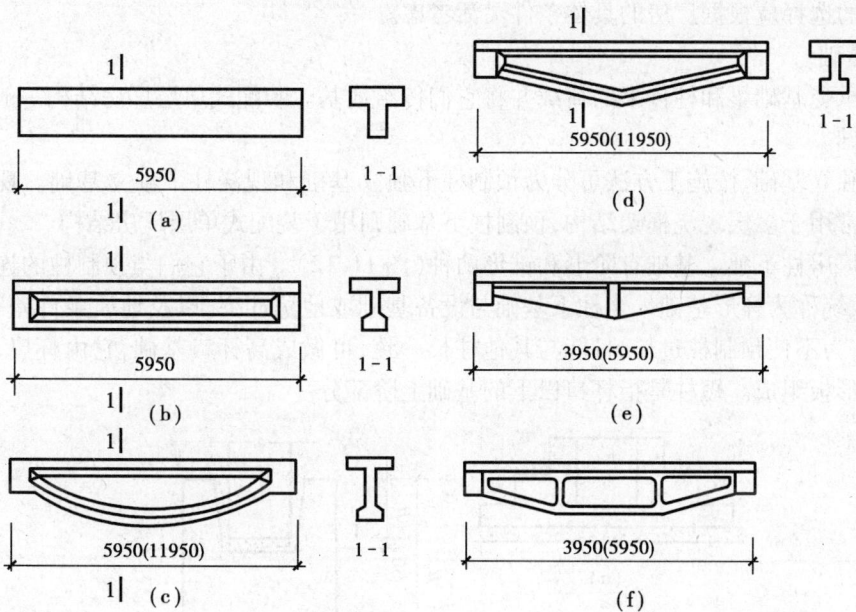

图 11.10　吊车梁型式

(a)厚腹吊车梁;(b)薄腹吊车梁;(c)鱼腹式吊车梁;(d)折线型吊车梁;(e)、(f)行架式吊车梁;

根据吊车梁弯距包络图跨中弯矩最大的特点,也可做成变高度的吊车梁,如预应力混凝土鱼腹式吊车梁(图 11.10(c))和预应力折线式吊车梁(图 11.10(d))。这种吊车梁外形合理,但施工较麻烦,故多用于起重量大(100~1 200 kN)、柱距大(6~12 m)的工业厂房。

(4)柱

柱是单层房中的主要承重构件。常用柱的形式有矩形、工字形截面以及双肢柱等(图 11.11)。当厂房跨度、高度和吊车起重量不大,柱的截面尺寸较小时,多采用矩形或工字形截面柱(图 11.11(a)、(b)),而当跨度、高度、起重量较大,柱的截面尺寸也较大时,宜采用平腹杆或斜腹杆(图 11.11(c)、(d))设计时可参考下列限值选择柱型:

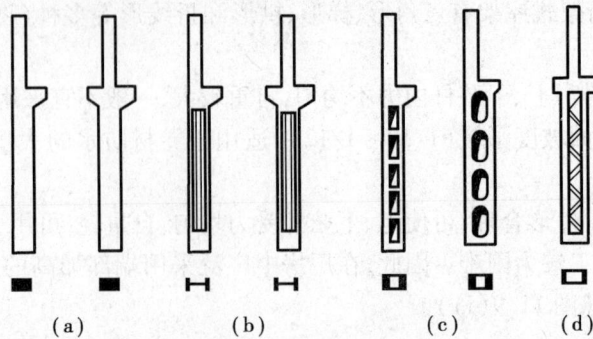

图 11.11　柱的型式

当 $h \leqslant 500$ mm 时,采用矩形截面柱;

当 $h = 600 \sim 800$ mm 时,采用矩形或工字形截面柱;

当 $h = 900 \sim 1200$ mm 时。采用工字形截面柱;

当 $h > 1600$ mm 时,采用双肢柱。

柱型的选择应根据厂房的具体条件灵活考虑。

(5)基础

基础承受基础梁和柱传来的荷载并将它们传给地基。装配式单层厂房结构一般都采用柱下独立基础。

柱下独立基础,按施工方法可分为预制柱下独立基础和现浇柱下独立基础。现浇柱下独立基础通常用于多层现浇框架结构,预制柱下基础则用于装配式单层厂房结构。

单层厂房柱下独立基础有阶形和锥形两种(图 11.12)。由于它们与预制柱的连接部分做成杯口,故统称为杯形基础。当柱下基础与设备基础或地坑冲突,以及地质条件差等原因,需要预埋时,为不使预制柱过长,且能与其他柱长一致,可做成高杯口基础,它由杯口、短柱以及阶形或锥形板组成。短柱是指杯口以下的基础上阶部分。

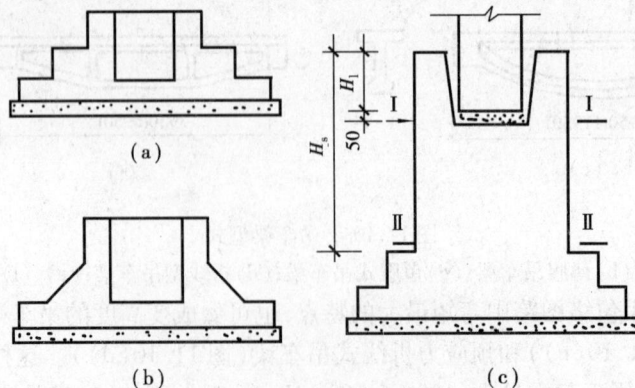

图 11.12　柱下单独基础的型式

在上部结构荷载大,地质条件差(持力层深)、对地基不均匀沉降要求严格控制的厂房中,则可采用桩基础,它由桩和承台两部分组成,关于它的分类、计算和构造要求详见《地基基础设计规范》。

11.2.3　单层厂房结构布置

(1)柱网布置

柱网是指厂房承重在平面上排列,纵向和横向定位轴线所形成的网格。柱网布置就是确定纵向定位轴线之间的距离(即跨度)和横向定位轴线之间的距离(即柱距)。

柱网尺寸既关系到柱子的位置,也涉及屋面梁或屋架、吊车梁等构件的跨度,同时还涉及厂房其他结构构件的布置。这是厂房设计中的一项重要工作,因为柱网布置是否合理,将直接影响到厂房结构的经济合理性和先进性、厂房面积的使用以及施工速度等问题。

柱网布置应满足生产工艺流程的要求,遵守国家有关厂房建筑统一模数制的规定,为厂房结构构件的统一、通用及施工工厂化、机械化创造条件,同时使土建设计经济合理,并要考虑到施工条件,生产发展和技术革新的要求。厂房的跨度主要决定于生产需要。当厂房跨度≤18 m 时,一般采用 3 m 的倍数,当跨度≥18 m 时,采用 6 m 的倍数(图 11.13),这样常用的厂房跨度为 9 m、12 m、15 m、18 m、24 m 和 30 m。当工艺布置和技术经济有明显的优越性时,可采用 21 m、27 m 和 33 m 的跨度。厂房纵向尺寸,主要决定于所选用的结构材料和结构形式。目前我国一般采用 6 m 和 6 m 的倍数为柱距。从经济指标、材料用量、施工条件等方面来看,对一般不高的厂房,采用 6 m 柱距较为合适。但是,从现代化工业发展的趋势来看,扩大柱距对增加车间有效面积、设备布置及工艺布置的灵活性,减少结构构件的数量和加快施工进度较为有利。因此,宜采用 9 m、12 m 柱距。因 12 m 为 6 m 的扩大模数,所以在选择扩大柱距时,当施工条件可能时,12 m 优于 9 m。当然,由于构件尺寸增大,给制作和运输带来不便,同时对机械设备的能力也有更高的要求。

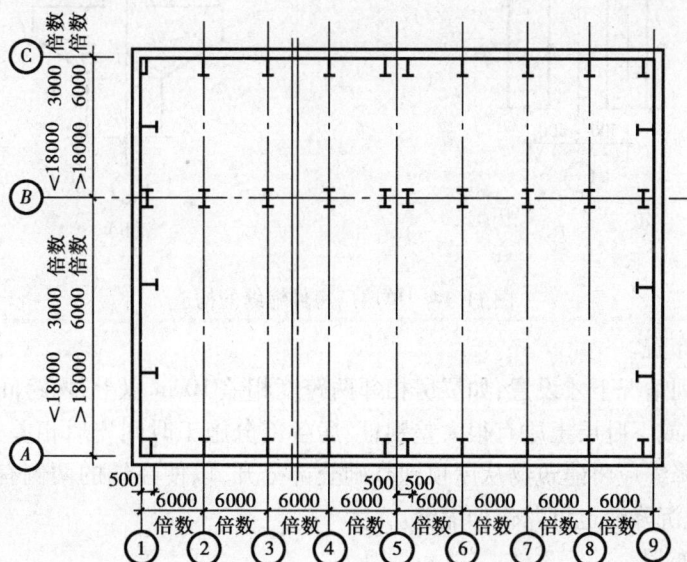

图 11.13　厂房柱纵、横定位轴线

(2)变形缝

在单层厂房中有时需要设置变形缝,它包括伸缩缝、沉降缝和防震缝。

1)伸缩缝的布置

当建筑物的长度或宽度过大,由于气温变化,将在厂房结构产生附加温度应力和变形。严重时可使墙面、屋面、墙梁开裂,影响正常使用。温度应力的大小与厂房长度或宽度成比例关系。为了减小温度应力,可用伸缩缝将厂房分成几个温度区段。伸缩缝应从基础顶面开始,将两个温度区段的上部结构构件完全分开,并留出一定的缝隙,使上部结构在气温变化时,水平方向可以自由地发生变形,从而减少温度应力。伸缩缝之间的距离取决于结构类型和温度变化情况。对于装配式钢筋混凝土排架结构,规范规定:处于室内或土中的条件下伸缩缝最大间距为100 m,露天为70 m。当超过上述规定或对厂房有特殊要求时,应计算温度应力。此外,对于下列情况,伸缩缝的最大间距还应适当减小:

①从基础顶面算起的柱长低于8 m时;

②位于气温干燥地区,夏季炎热且暴雨频繁的地区或经常处于高温作用下的排架;

③室内结构因施工外露时间较长时。

伸缩缝的做法有双柱式和滚轴式(图11.14)。双柱式用于沿横向设置的伸缩缝,而滚轴式用于沿纵向设置的伸缩缝。

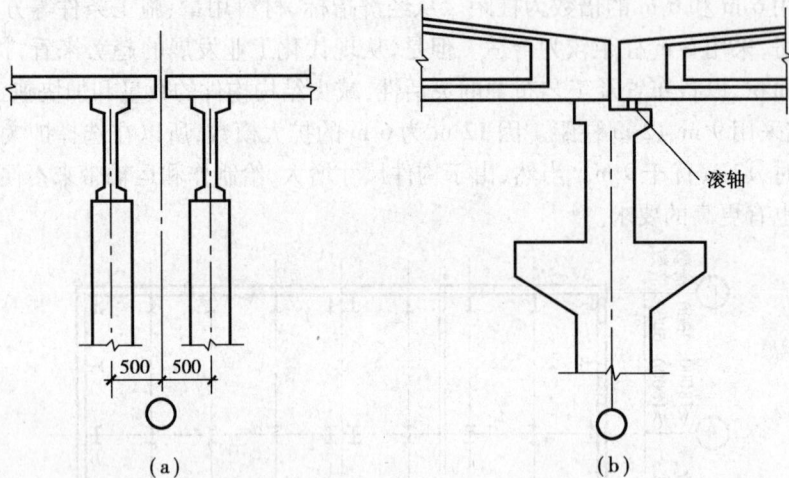

图11.14 单层厂房伸缩缝的构造

2)沉降缝的布置

沉降缝在下列情况下才设置:如厂房相邻两跨度相差10 m以上,两跨间吊车起重量相差悬殊,地基承载力或下卧层土质有很大差别;厂房各部分施工时间先后相差很长,土壤的压缩程度不同等。沉降缝应将建筑物从屋顶到基础全部分开,以使在缝的两侧有不同的沉降时不致相互影响,当然沉降缝也可兼作伸缩缝。

3)防震缝的布置

防震缝是减轻厂房震害的措施之一。当厂房平面、立面布置复杂或结构高度(或刚度)相差很大,或在厂房侧边贴建有生活间、变电所等辅助用房时,应设置防震缝将相邻部分分开。应注意的是,地震区的厂房,其伸缩缝和沉降缝的间距、宽度均应符合防震缝的要求。

(3)支撑的布置

在装配式单层厂房中,除柱子插入基础杯口灌实形成固接外,其他如屋面板和屋架、屋架和柱子、吊车梁、连系梁与柱子均为铰接。这种方案的优点是便于施工而且对地基不均匀沉降的适应性也较强。但在荷载的作用下,特别是水平荷载作用下,使得整个结构空间刚度和稳定性较差,所以为了保证厂房在安装和使用中的空间刚度和稳定性,需要设置各种支撑。同时,支撑在抗震设计中尤为重要。实践证明:支撑如果布置不当,不仅会影响厂房的正常使用,甚至可引起主要承重结构的破坏,应予足够重视。

支撑的作用主要是:

①保证厂房结构的纵向和横向水平刚度;

②在施工和使用阶段,保证结构构件的稳定性;

③将水平荷载(如风荷载、纵向吊车制动力、纵向地震作用等)传给主要承重结构和基础。

单层厂房的支撑包括屋盖支撑和柱间支撑两部分。

(4)屋盖支撑

屋盖支撑是指屋架(屋面梁)之间的垂直支撑、水平系杆以及设置在上、下弦平面内的横向水平支撑和下弦平面内的纵向水平支撑。这些不同的支撑的设置条件及所起的作用如下:

1)垂直支撑和下弦水平系杆,它们的作用是保证屋架的整体稳定(抗倾覆)以及防止在吊车工作时(或有其他振动时)屋架下弦的侧向颤动。为加强屋架之间的连系,改善屋架下弦的侧向刚度,须设置通长的下弦水平系杆以及在温度区段两端柱间设置屋架垂直支撑。设置条件为:

①屋架跨度≤18 m且无天窗时可不设,但该条件下如设有≥75 kN锻锤的厂房,应在屋架中点设置一道下弦水平支杆及屋架垂直支撑。

②当屋架跨度>18 m且≤30 m时,应在温度缝区段两端第一或第二柱间的跨中设置一道屋架垂直支撑,并在各跨跨中的下弦处设置通长的纵向钢筋混凝土水平系杆(图11.15)。

③当屋架跨度>30 m时,在屋架跨度1/3左右的节点处设置两道下弦水平系杆及屋架垂直支撑。

④对于梯形屋架,因端部较高,为使屋面传来的纵向水平力可靠地传给柱子,应于温度缝区段的两端柱间,于屋架端部之间设垂直支撑;其余柱间,于屋架支座底平面内设置下弦水平系杆。

⑤当屋架下弦设有悬挂吊车时,为使吊车的纵向制动力传至屋架上弦平面,在悬挂吊车所在的节点应设置屋架垂直支撑。

2)上弦水平系杆的作用为保证在屋面有天窗时,天窗架下的屋架上弦或屋面大梁上翼缘侧向稳定,增加屋盖结构的整体性和刚度,在屋架上弦或屋面大梁上翼缘中央节点处,设置一道通长的上弦水平系杆。如图11.15(a)所示。

3)屋架(屋面梁)的横向水平支撑,包括有上弦横向支撑和下弦横向支撑。上弦横向支撑是在相邻两榀屋架的上弦之间,沿整个上弦用支撑将其相互联系在一起。当屋盖为有檩体系时或虽为无檩体系但大型屋面板的连接不能起整体作用时,这种支撑可以和屋架构成刚性框,增强屋盖的整体刚度,保证屋架上弦或屋面梁上翼缘的侧向稳定,同时将抗风柱传来的风力传递到纵向柱列的柱顶。凡属于下列情况之一者,均应设置上弦横向支撑。

①屋面承重结构采用有檩体系时,应在温度伸缩缝区段内两端各设一道。

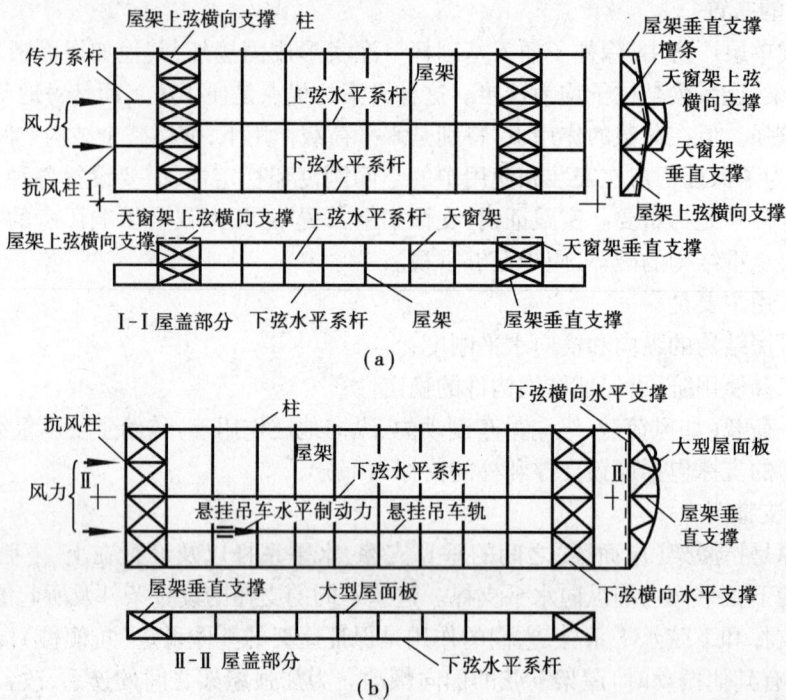

（a）

（b）

图 11.15

②山墙抗风柱风力传至屋架上弦,屋面虽采用大型屋面板,但因连接不符合要求,不能起到支撑作用时,需设上弦横向支撑。

③开有天窗且天窗直通温度伸缩缝时,为了增加屋盖整体刚度,要在天窗架的范围内设置屋架上弦横向支撑。

下弦横向支撑是在两榀相邻屋架下弦之间、沿着整个下弦用支撑将其相互联系在一起。它所起的作用是在屋架下弦设有悬挂吊车或其他设备产生水平力时,或山墙风力由抗风柱传至屋架下弦时,保证水平力或风力传至纵向柱列的柱顶。

山墙抗风柱在屋架上的支点,应与屋架横向支撑的桁架节点相重合,使桁架承受节点荷载,如不满足这项要求,应增设系杆,如果上弦或下弦横向水平支撑设置在温度区段两端的第二柱间时,则应在第一柱间设置系杆,如图 11.15(a)。

④纵向水平支撑。在厂房较高且吊车吨位较大时才设置屋架下弦纵向水平支撑。它可使吊车产生的横向力分布到邻近的排架柱上。提高厂房的空间刚度。当厂房中设有托架时,为保证托架上弦的侧向稳定,才设通长的纵向支撑或局部的纵向支撑。纵向支撑一般在屋架下弦,但当屋架为拱形、多边形时才设在上弦。纵向支撑的布置如图 11.16 所示。

⑤天窗架支撑(图 11.17)。为传递天窗端壁所承受的风力,保证天窗架上弦的侧向稳定,不论采用何种屋盖体系,当天窗较高时,在天窗端跨的两侧需设置垂直支撑。它可以传递天窗端壁所承受的风力、纵向地震作用,并保证天窗架的侧向稳定。天窗的支撑与屋架上弦的支撑应尽可能地设置在同一柱间,以加强两端屋架的整体作用。

(5)柱间支撑

柱间支撑包括上柱柱间支撑及下柱柱间支撑。前者位于吊车梁上部,用以承受作用在山墙上的风力并保证厂房上部的纵向刚度;后者位于吊车梁下部,承受上部支撑传来的力和吊车纵向制动力,并把它传至基础。前者一般设在厂房端部及下柱柱间支撑的跨间。后者一般设在温度区段的中央,这样有利于在温度变化或混凝土收缩时,厂房可自由变形,而不致发生较大的温度或收缩应力。一般凡属下列情况之一者,均应设置柱间支撑。

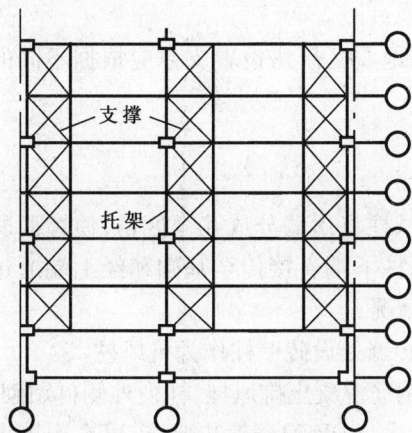 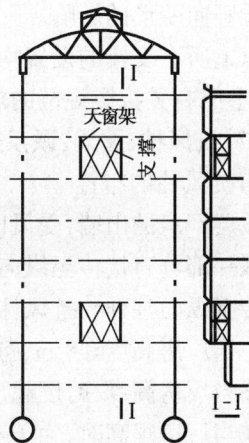

图 11.16　　　　　　　　　　　　　　　　　图 11.17

1)厂房设有悬臂式吊车或起重量≥30 kN 的悬挂式吊车。

2)厂房设有重级工作制吊车,或设有中、轻级工作制吊车而起重量≥100 kN 时。

3)厂房跨度≥18 m 时,或柱高≥8 m 时。

4)纵向柱列内柱总数≤7 根时。

5)露天吊车栈桥的柱列。

(6)支撑的有关构造

1)屋盖系统的水平支撑一般采用十字交叉的形式,交叉的倾角一般在 25°~65°之间。无檩体系的屋盖支撑,常采用型钢制作,有檩体系的屋盖支撑,常用圆钢制作。

2)屋架的垂直支撑,当高度<3 m 时为 W 形,当高度≥3 m 时为十字交叉形,一般多采用型钢制作。

3)梯形屋架的端部垂直支撑,一般用钢筋混凝土制作。

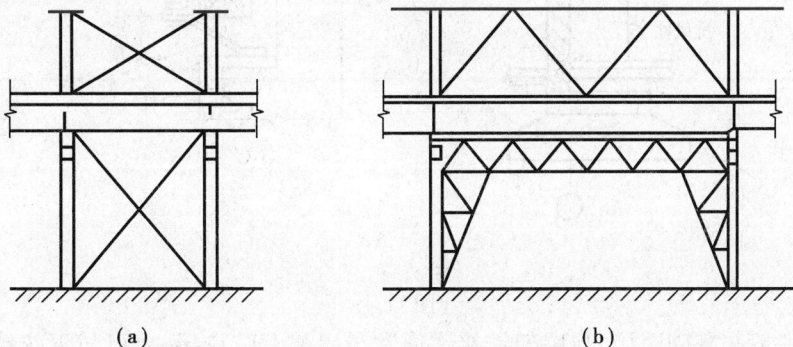

(a)　　　　　　　　　　　　　　　　(b)

图 11.18

4)只能承受拉力的系杆称为柔性系杆,一般采用钢杆件;既能承受拉力也能承受压力的系杆称为刚性系杆,一般采用钢筋混凝土制作。

5)柱间支撑一般均采用十字交叉形式,交叉的倾角一般在35°~55°之间,但在特殊情况下(交通、设备布置)或柱距>6 m时,可采用门形支撑,如图11.18(b)所示。柱间支撑一般采用型钢制作,杆件截面尺寸应经强度和稳定性验算确定。支撑杆件不要与吊车梁相连,以免受吊车梁竖向变形的影响。

以上所有支撑的设置均不包括地震区的要求,在地震区厂房设置支撑应根据不同的地震烈度,参照有关抗震规范的规定设置。

(7)抗风柱、圈梁、联系梁、过梁和基础梁的布置

1)抗风柱的布置

单层厂房的山墙,受风面积较大,一般需设置抗风柱将山墙分成几个区格,使墙面所受到的风载一部分直接传至纵向柱列,另一部分则经抗风柱下端直接传至基础和经上端通过屋盖系统传至纵向柱列。抗风柱的设置可分为下面几种情况:

①当厂房高度≤8 m,跨度为9~12 m时。可在砖墙处设砖壁柱作为抗风柱。

②当厂房高度、跨度超出上述界限时,一般均设钢筋混凝土抗风柱,柱列外侧再贴砌山墙。

③当厂房很高时,为了不使抗风柱的截面尺寸过大,以及配合工艺要求,可在山墙内侧设置水平抗风梁(或钢抗风桁架)作为抗风柱的支撑,如图11.19所示。抗风梁可兼作吊车修理平台,一般设于吊车梁的水平面上,梁的两端与吊车梁上翼缘连接,使得抗风梁所受的风荷载通过吊车梁传至厂房纵向排架。当屋架下弦设有横向水平支撑时,可将抗风柱与屋架下弦相连接,作为抗风柱的另一支点,此时可不设抗风梁。

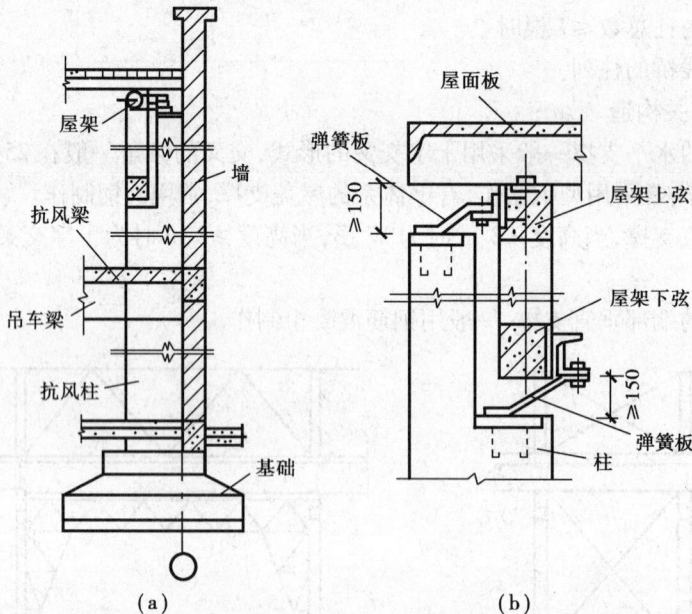

图 11.19

抗风柱一般与基础固接,与屋架铰接。通常与屋架上弦铰接,也可与下弦铰接或同时与上、下弦铰接。这里铰接连接一般应满足两个要求:一是在水平方向与屋架有可靠连接,以保证有效地传递风载;二是竖向应允许二者之间有一定的相对位移的可能性,以防厂房与抗风柱沉降不均匀时产生不利影响。所以抗风柱和屋架一般采用竖向可以移动、水平方向又有较大刚度的弹簧板连结(图11.19)。如厂房有可能沉降较大时,则宜采用螺栓连接(图11.20)。

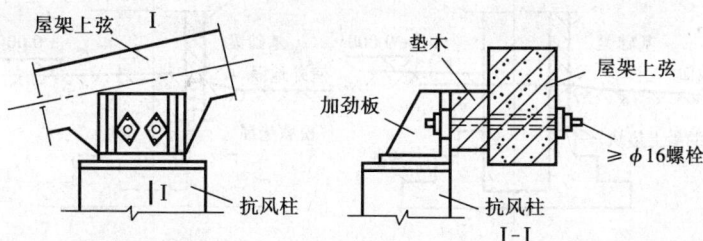

图 11.20

2)圈梁、连系梁、过梁和基础梁的布置

当用砖砌体做厂房的围护结构时,一般要设圈梁、连系梁、过梁和基础梁。它们各自的布置及有关构造如下:

①圈梁的作用是将墙体和厂房柱箍在一起,以加强厂房的整体刚度,防止由于地基的不均匀沉降或较大振动荷载而引起的对厂房的不利影响。圈梁设置于墙体内,圈梁与柱的连接仅起拉结作用。圈梁不承受墙体重量,所以柱上不设置支承圈梁的牛腿。圈梁的布置与墙体高度、对厂房刚度要求以及地基情况有关。对于一般单层厂房,可参考下列原则布置:

A.对无桥式吊车的厂房,当墙厚≤240 mm,檐口高度为5~8 m时,在檐口附近布置一道。当檐高>8 m时,应在墙中部窗顶再增设一道圈梁。一般圈梁高度≥180 mm。

B.对于有桥式吊车的厂房或有较大振动设备的厂房,除在檐口、窗顶布置圈梁外,宜在吊车梁标高处或墙中适当位置增设一道,当檐高大于15 m时,还应再增设一道。对于有振动的厂房每4 m高设一道圈梁。

C.圈梁应连续设置在墙体的同一平面上,并尽可能沿建筑物形成封闭状,当不得已被门、窗洞口切断时,应在洞口上部墙体中设置一道附加圈梁,其截面尺寸不应小于被切断的圈梁,两者搭接长度的要求可参阅砌体结构教材或资料。

②连系梁的作用是连系纵向柱列,以增强厂房的纵向刚度并传递风载到纵向柱列;此外连系梁还承受上部墙体的重量。连系梁一般为预制梁,搁置在厂房柱的牛腿上,连系梁与柱可采用螺栓连接或焊接连接。一般在自承重墙的高度≥15 m时,需要在墙下布置连系梁。

③过梁搁置在门、窗洞口上,承受洞口上的墙体重量,有现浇、预制两种。

④基础梁用来承托围护墙体的重量。单层厂房一般不做墙基础,而是将基础梁直接搁置在杯口上而不要求与柱连接。但对有较大振动设备及地震区,需用钢板焊接在柱的预埋件上。基础梁与其下的土壤表面之间应预留100 mm的空隙,使梁可随柱基础一起沉降。当基础梁下有冻胀土时,应在梁下铺设一层干砂、碎砖或矿渣等松散材料,并留50~150 mm的空隙,这可防止土壤冻结膨胀时将梁顶裂。当基础埋置较深时,可将基础梁放在混凝土垫块上,如图11.21所示。

当厂房不高、地基比较好、柱基又埋置较浅时,围护墙体下也可不设基础梁而做砖石或混凝土基础。连系梁、过梁、基础梁均有通用图集,实际工程中可根据具体情况选择使用。

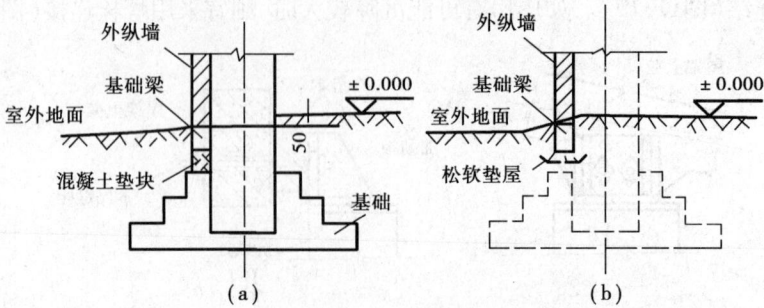

图 11.21 基础梁搁置图
(a)基础梁支撑处截面;(b)柱间截面

11.3 排架结构的内力分析

在单层厂房结构设计时,必须进行横向排架的内力分析,以便求出在各种荷载作用下起控制作用的截面最不利内力,以此作为设计柱子和基础的依据。

排架计算的主要内容是:确定计算简图、荷载计算、内力分析和内力组合,必要时还须验算排架侧移。

11.3.1 排架的计算简图

单层厂房屋架、柱、基础构成了厂房的基本受力结构体系,至于屋面板、支撑体系、吊车梁、墙体,则增强了厂房的空间整体性。目前在厂房结构内力分析中有两种考虑方法。一种是按每榀排架单独承载计算排架内力,忽略排架间的相互联系。另一种考虑厂房的空间整体作用,即在计算排架内力时考虑各榀排架相互之间的影响。在具体计算时通常从整个厂房中分离出一个有代表性的部分作为计算单元,然后将此单元的厂房结构抽象成理想的计算简图,再用该单元全部荷载计算内力。所谓计算单元既为相邻柱距中线截取的一个典型区段,如图 11.22 所示。

截取计算单元后,为了计算上的简化,还需要根据厂房结构的实际构造来确定排架的计算简图,对于钢筋混凝土排架的计算简图。通常作如下假定:

1)柱子底部固定于基础顶面;

2)柱上端和排架的连接为铰接;

3)排架横梁假定为刚性连杆;

4)忽略排架间的空间作用。

根据以上假定所得的计算简图如图 11.22 所示。在计算简图中,柱的轴线取上、下柱截面的形心线,柱子总高为柱顶至基础顶面的高度,上柱高为柱顶至牛腿顶面处的高度。

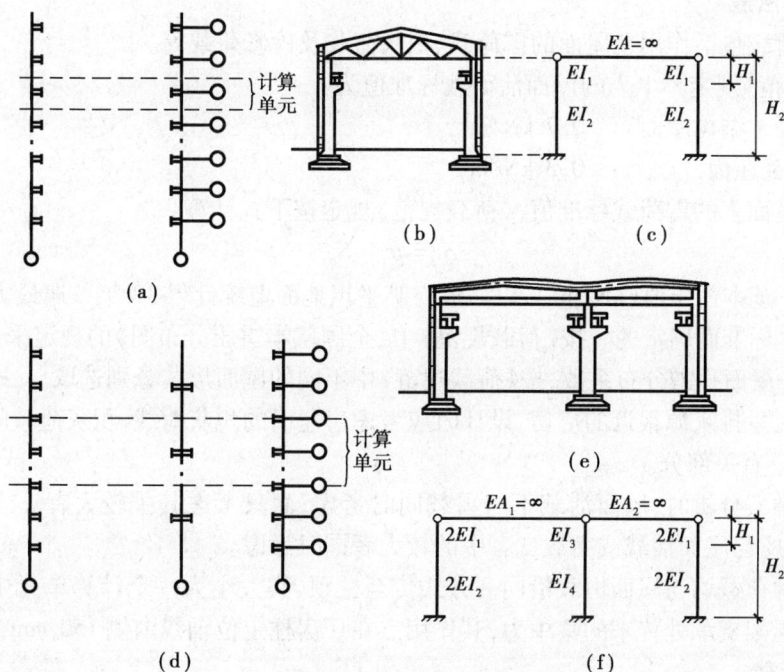

图 11.22 计算单元的选取与计算模型

11.3.2 排架上的荷载

施加于排架上的荷载主要有：

a. 单层厂房结构的永久荷载（包括屋盖自重、柱自重、吊车梁及轨道自重等）；

b. 桥式吊车的垂直轮压（竖向荷载）和水平制动力（水平荷载）；

c. 风荷载；

d. 雪荷载；

e. 屋面均布活载、屋面积灰荷载等。

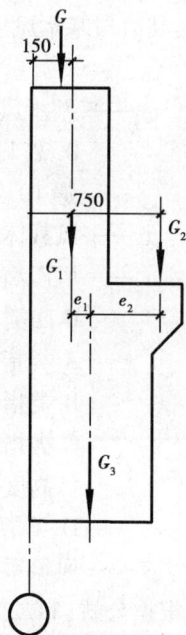

图 11.23

此外,排架上还会因温度变化、地基不均匀沉降和地震引起的在结构中的内力效应。荷载和各种内力效应总称为结构上的"作用",其中直接施加于结构上的,习惯上称为荷载,而间接施加在结构上的可称为作用。

(1)恒载(永久荷载)

作用于排架上的恒载包括屋盖结构的全部自重、柱自重、吊车梁及轨道自重等,如有连系梁还需包括连系梁以上的墙体自重。屋盖结构自重包括屋面板和屋面上的各种构造层(保温、防水、隔热层、找平层等)以及屋架(屋面梁)、支撑等自重。这些荷载的总重量 G 通过屋架的支点作用于柱顶。屋架反力的集中力 G 对上柱的几何轴线有偏心距,吊车梁自重 G_2,上柱自重 G_1 及下柱自重 G_3 等的作用点对柱的偏心距如图 11.23 所示。

(2)屋面活载

屋面活荷载包括作用在屋面的雪荷载、积灰荷载及检修荷载等。

《荷载规范》规定不上人的屋面活荷载标准值为:

钢筋混凝土结构屋面   0.7 kN/m²

轻屋面、瓦屋面   0.3 kN/m²

作用在屋面上的雪荷载标准值,《荷载规范》规定按下式计算:

$$S = \mu_r \cdot S_o \tag{11.1}$$

式中 S_o——基本雪压值(kN/m²),以一般空旷平坦地面上统计得30年一遇最大积雪自重为标准而确定的。按《荷载规范》中《全国基本雪压分布图》的规定采用。

      μ_r——屋面积雪分布系数,按《荷载规范》中不同的屋面形式分别选取。

对于距大量排灰源很近的厂房,设计时应考虑房屋面的积灰荷载,积灰荷载的规定取值参见《荷载规范》有关部分。

在进行排架分析时,屋面活载不与雪载同时考虑,而只考虑其中较大者。当有积灰荷载时,积灰荷载应与屋面活载或雪载二者中的较大者同时考虑。

以上三种荷载均与屋面恒载沿同一方式传至柱顶,其大小为一个计算单元中柱负荷范围内屋面通过屋架支承处传来的集中力,其作用点在厂房柱定位轴线内侧 150 mm 处。

(3)风荷载

风是具有一定速度运动的气流,当它遇到厂房受阻时,将在厂房的迎风面产生正压区(风压力),而在背风面和侧面形成负压区(风吸力),作用在厂房上的风压力和风吸力与风的吹向一致,其值与基本风压 ω_o、建筑物的体型和高度等因素有关,可按下式进行计算:

$$\omega = \mu_s \mu_z \beta_z \omega_o \tag{11.2}$$

式中 ω_o——基本风压值,按《荷载规范》中《全国基本风压分布图》查取,但一般不得小于 0.25 kN/m。该值系以当地比较空旷平坦地面,离地 10 m 高统计得的 30 年一遇 10 分钟平均最大风速 V_0(m/s)为标准,$W_o = V_0/1600$ 确定的。

      μ_s——风载体型系数,各种不同厂房的体型系数详见《荷载规范》。

      μ_z——风压高度变化系数,其变化规律与地面粗糙度有关,地面粗糙度分下列 A、B、C、D 四类:

        A 类指近海海面、海岛、海岸及沙漠地区;

        B 类指田野、乡村、丛林、丘陵以及房屋比较稀疏的中、小城镇和大城市郊区。

        C 类指有密集建筑群的城市市区。

        高度变化系数的取值详见《荷载规范》。

        D 类指有密集建筑群且房屋较高的城市市区。

      β_z——风振系数,对于单层厂房可不考虑风振影响,取位 $\beta_z = 1$。

根据公式(11.2)算得的标准风压值,本应为 Z 高度处(屋面或柱顶标高)的风压值,且沿厂房高度是变化的,但为简化计算,可近似假定为沿厂房高度不变的均布荷载,并按 z 高度取值:

①柱顶以下的风荷载,风压高度变化系数 μ_z 偏安全地按柱顶标高计算;

②柱顶以上的风荷载,通过屋架以集中力 F_w 的形式作用排架柱顶。这时的风压高度变化系数,对有矩形天窗时,按天窗檐口处标高的 μ_z 值计算;无天窗时按厂房檐口处标高的 μ_z 值

计算。风荷载的计算简图如图 11.24 所示,其中 q_1、q_2 均为计算单元宽度范围内的风载计算值,即:

$$q = \gamma_Q q_k = \gamma_Q WB = \gamma_Q \mu_s \mu_z \omega_o B \tag{11.3}$$

式中　W——作用于厂房单位墙面的风荷载标准值,按式(11.2)确定;

　　　B——计算单元的宽度;

　　　γ_Q——可变荷载的分项系数,$\gamma_Q = 1.4$。

图 11.24 中的 F_w 为计算单元内屋面风载合力的水平分力和屋架高度范围内墙体通风面和背风面风载的总和。它们最终作用于屋架上,并由屋架以集中水平力传给柱子。

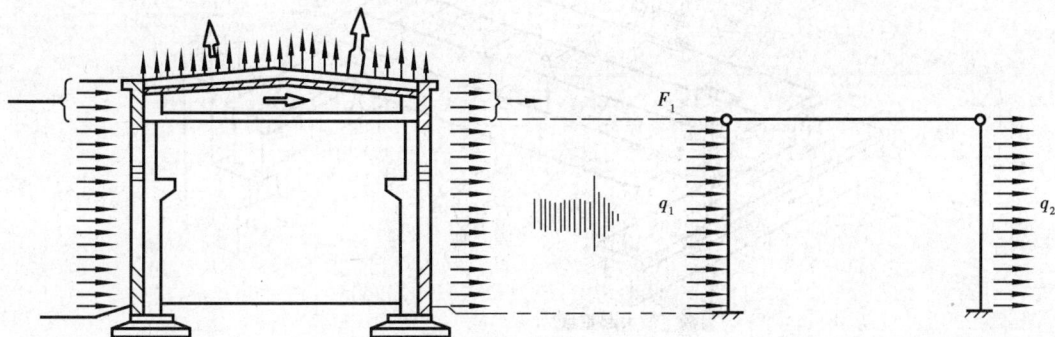

图 11.24　风载作用下的计算简图

(4)吊车荷载

吊车按承重骨架的形式分为单梁式和桥式两种,工业厂房中一般采用桥式吊车。

常用的吊车按工作频繁程度及其他因素分为轻级、中级、重级三种工作制。一般满载机会少,运行速度低以及不需要紧张而繁重工作的场所,如水电站用的桥式起重机、安装、维修用的梁式起重机属于轻级工作制;机械厂机加工、冲床、钣金、装配等车间用的软钩桥式起重机属中级工作制;繁重工作车间及仓库用软钩桥式起重机、冶金厂用的普通软钩起重机、间断工作的电磁抓斗桥式起重机属重级工作制。按照吊钩形式的不同,吊车分为软钩吊车和硬钩吊车,软钩吊车采用钢索,通过滑轮组带动吊钩起吊重物,这类吊车操作时因有钢索的缓冲作用,对结构物产生的振动和冲击力小。硬钩吊车利用刚臂起吊重物或进行工序操作,如平炉炼钢车间的加料吊车,这类吊车的振动和冲击力较大,设计中要予以考虑。

吊车工作制的确定、类型的选择以及吊车起重量等由工艺设计解决。吊车荷载的大小,主要与起重量和吊车车身构造有关,在设计厂房时,根据吊车起重量、吊车跨度、吊车工作制以及吊车类型,到有关手册中查得吊车的资料。

吊车荷载对排架的作用有:竖向荷载、横向水平荷载和纵向水平荷载三种,分别说明如下:

1)吊车竖向荷载

这种荷载是指吊车满载运行时可能加于房产结构上的最大压力,该最大压力是由桥式吊车在厂房中运行到某一特定位置所作用于排架柱上的竖向荷载。为此,首先要了解吊车的组成,吊车一般由大车(桥架)和小车组成,大车在吊车梁的轨道上沿厂房纵向行驶,小车在大车的轨道沿厂房横向行驶,带有吊钩的起重卷扬机安装在小车上。当小车吊有额定最大起重量开到大车某一侧的极限位置时(图 11.25),在这一侧大车轮压称为吊车的最大轮压 P_{max},而在另一侧的为最小轮压 P_{min}。P_{max} 与 P_{min} 同时发生,它们通常可根据吊车的规格、型号由产品手册中查得。有时 P_{min} 也可按下式计算：

$$P_{min} = \frac{G + g + Q}{2} - P_{max} \qquad (11.4)$$

式中　G, g——分别为大车, 小车的自重标准值；

　　　　Q——吊车起重量的标准值。

式(11.4)用于四轮吊车, 故等式右边第一项分母为2。

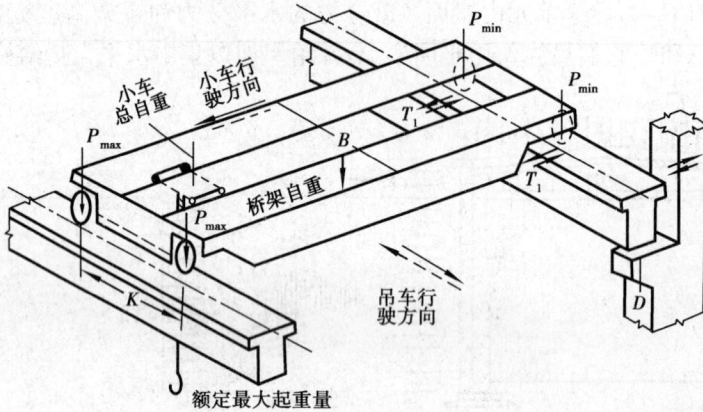

图 11.25

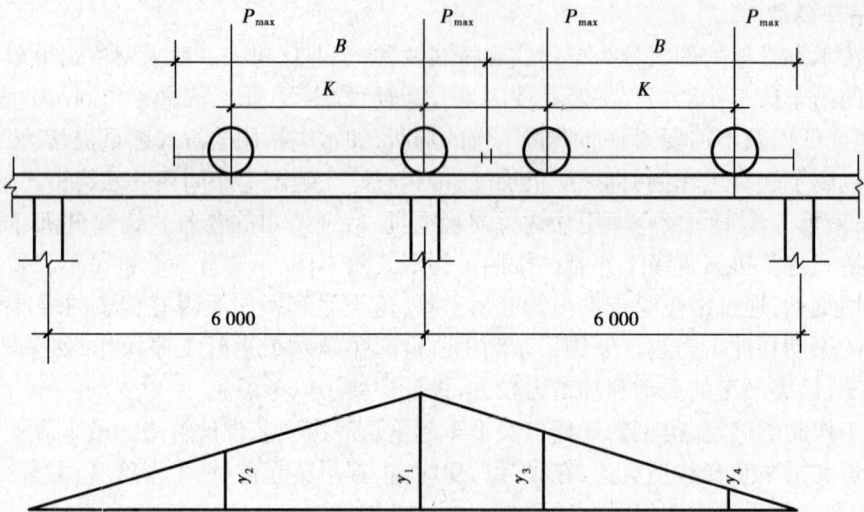

图 11.26　吊车梁支座反力影响线

吊车竖向荷载是移动的集中荷载, 因此, 由 P_{max} 产生的支座(柱)的最大垂直反力标准值 D_{kmax}, 可以利用吊车梁的支座竖向反力影响线求得。另一排架柱上, 则由 P_{min} 和 D_{kmin} D_{kmax} 和 D_{kmin} 就是作用在排架柱上的吊车竖向荷载的标准值, 两者也是同时发生的。利用支座反力影响线(图 11.26), 以及吊车梁的跨度、吊车的宽度 B 和轮距 K, 吊车竖向荷载的设计值 D_{max} 和 D_{min} 可按下式计算：

$$D_{max} = \gamma_Q \cdot D_{kmax} = \gamma_Q \cdot P_{max} \sum y_i \qquad (11.5)$$

$$D_{min} = \gamma_Q \cdot P_{min} \sum yi = D_{max} \cdot P_{min}/P_{max} \qquad (11.6)$$

式中　$\sum yi$ ——与各轮对应的支承力影响线纵坐标之和。

当厂房有多台吊车时,《荷载规范》规定:一般单层厂房按不多于两台吊车计算排架上的吊车竖向荷载;当为多跨厂房时,一般按不多于 4 台吊车进行计算;当某跨近期及远期均肯定只设一台吊车时,该跨度可按一台吊车考虑。

2)吊车横向水平荷载

当吊车吊起重物,小车运行至某一位置突然刹车时,将会由于重物和小车的惯性产生一横向水平制动力,这个力将通过小车制动轮和桥架轨道之间的摩擦力传给大车,再通过大车轮传给吊车梁,而后由吊车梁与柱的连接钢板传给柱。因此,对排架柱来讲,它作用于吊车梁顶高处。

吊车横向水平制动力应按两侧柱子的刚度比例分配,当两边柱的刚度相等时则平均分配到两侧柱。当一般四轮吊车满载运行时,在每一个大车轮子上产生的横向水平制动力按下式计算:

$$T = \gamma_Q \cdot T_k = \gamma_Q \cdot a(Q + g)/4 \qquad (11.7)$$

式中　Q——吊车额定起重量;

a——横向制动力系数,对于软钩吊车:

当 $Q \leqslant 100$ kN 时,$a = 0.12$;

当 $Q = 150 \sim 500$ kN 时,$a = 0.1$;

当 $Q \geqslant 750$ kN 时,$a = 0.08$;

对于硬钩吊车,$a = 0.2$。

《荷载规范》规定:对吊车横向水平荷载,无论单跨或多跨厂房,最多考虑两台吊车同时刹车。

在确定了每个轮子的横向水平制动力 T 后,便可按与吊车竖向荷载完全相同的方式确定最终作用于排架柱上的吊车横向水平荷载。由图 11.27 得:

$$T_{max} = T \cdot \sum yi \qquad (11.8)$$

也可按下式计算:

$$T_{max} = D_{max}/P_{min} \cdot T \qquad (11.9)$$

考虑到小车沿左、右方向行驶时均可能刹车,故 T_{max} 的作用方向既可向左又可向右。

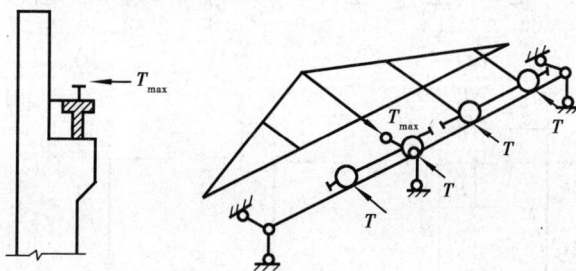

图 11.27

3)吊车纵向水平荷载

吊车在沿厂房纵向运行时刹车,吊车和吊物的惯性引起吊车纵向制动力,此力由吊车每侧的制动轮传至两侧的轨道,并通过吊车梁传给纵向柱列或柱间支撑。纵向制动力可由下式计算:

$$T_0 = \gamma_Q \cdot nP_{max}/10 \tag{11.10}$$

式中　P_{max}——吊车最大轮压;

n——吊车每侧的制动轮数,对于一般四轮吊车 $n=1$。

在计算吊车纵向水平荷载时,不论单跨或多跨厂房,最多考虑两台吊车同时刹车。当无柱间支撑时,吊车纵向水平荷载由同一伸缩缝区段内所有各柱共同承担,按各柱沿厂房纵向的抗侧移刚度进行分配。当设有柱间支撑时,全部纵向水平荷载由柱间支撑承担。

11.3.3　排架内力分析

排架结构的内力分析目前有两种方法,一种是不考虑厂房整体空间作用;另一种是考虑厂房排架整体空间作用。这里只介绍前一种方法。

厂房排架属超静定结构,一般采用力法。对于等高排架采用剪力分配法计算比较方便。排架各柱列的柱顶标高相同或柱顶标高虽不相同,但各柱顶均由倾斜的横梁相连通,这两种排架的共同点是各柱的柱顶水平位移完全相同,均可按等高排架计算。

(1)等高排架在柱顶集中力作用下内力计算

等高排架在柱顶集中力作用下将出现如图 11.28(a)所示的变形,柱顶侧移分别为 Δ_1,$\Delta_2 \cdots \Delta_i \cdots \Delta_n$,由于在确定单层厂房排架结构计算模型时已假定横梁刚度 $EA = \infty$,所以各柱柱顶侧移相等。既然各柱在柱顶集中力 F 作用下都产生变形,那么各柱中都会产生一定的内力。如果沿横梁与柱的连接部位将横梁与柱分开,则在各柱与横梁间将出现一组剪力 V_1、V_2 $\cdots V_i \cdots V_n$(图 11.28(b))。于是可以列出横梁的内、外力平衡方程和各柱端的变形协调方程:

$$F = V_1 + V_2 + \cdots + V_i + \cdots + V_n = \sum_{i=1}^{n} V_i \tag{11.11}$$

$$\Delta_1 = \Delta_2 = \cdots = \Delta_i = \cdots = \Delta_n = \Delta \tag{11.12}$$

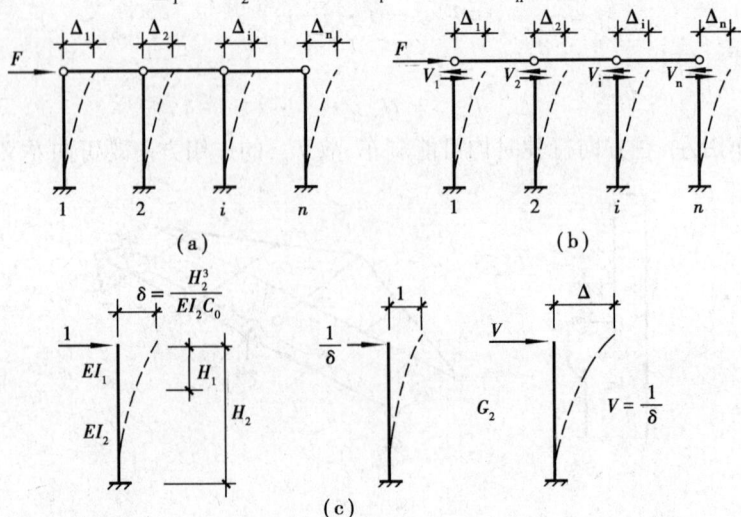

图 11.28　等高排架在柱顶集中力作用下的变形与内力分析

然后根据图 11.28(c)将力与变形联系起来,即建立物理方程:

$$V_i = \Delta_i / \delta_i = \frac{1}{\dfrac{H_2^3}{EI_2 C_0}} \Delta_i \tag{11.13}$$

式中　δ_i——第 i 根变阶柱在顶点单位力作用下的顶点侧移,又称为 i 根变阶柱的柔度。式中 C_0 可按附表 11 确定。i/δ_i 又称为第 i 根变阶柱的刚度。

联立方程(11.11)、(11.12)和(11.13)便可得各柱柱顶剪力 V_i。由

$$F = V_1 + V_2 + \cdots + V_i + \cdots + V_n = (1/\delta_1 + 1/\delta_2 + \cdots + 1/\delta_i + \cdots + 1/\delta_n) \cdot \Delta$$

$$= \sum_{i=1}^{n} \frac{1}{\delta_i} \cdot \Delta \tag{11.14}$$

可解得

$$\Delta = \frac{1}{\displaystyle\sum_{i=1}^{n} \frac{1}{\delta_i}} \cdot F \tag{11.15}$$

将其代回式(11.13),则可解得

$$V_i = \frac{\dfrac{1}{\delta_i}}{\displaystyle\sum_{i=1}^{n} \frac{1}{\delta_i}} \cdot F = \eta_i \cdot F \tag{11.16}$$

式中　$\eta_i = \dfrac{\dfrac{1}{\delta_i}}{\displaystyle\sum_{i=1}^{n} \frac{1}{\delta_i}}$——第 i 根柱的剪力分配系数,$\sum \eta_i = 1$。

由式(11.16)可知,柱顶集中力 F 是按每根柱的抗侧移刚度 $\dfrac{1}{\delta_i}$ 的大小比例分配给各柱的。如果厂房中各柱截面几何尺寸相同,则各柱将平均分配外载 F,即剪力分配系数对于各柱均为 $\eta = \dfrac{1}{n}$。求得各柱柱顶剪力之后,各柱的内力便很容易求得。

(2)排架在任意荷载作用下的内力计算

在排架的某一柱上作用一任意荷载时,除直接受荷柱受力外,由于受荷柱的侧移,排架中其他各柱也将通过横梁的联系参加受力,其他各柱参加受力的程度取决于直接接受荷柱与其他各柱的刚度比。直接受荷柱刚度越大,其他各柱的受力将越小。现以吊车横向水平荷载 $T_{\max}$ 作用下的多跨排架为例,首先在直接受荷柱的顶端加一多余联系,一个横向不动铰支座(图 11.29(b))。在 $T_{\max}$ 作用下将在该铰支座中引起支座反力 R,然而不动铰支座是人为加在排架结构上的,实际并不存在,还必须从结构体系中去掉这一多余联系,为此可将力 R 反向作用于排架柱顶上(图 11.29(c))。即将图 11.29(a)分解为图 11.29(b)和图 11.29(c)两种情况。图 11.29(b)所示的变阶柱在水平力 $T_{\max}$ 以及其他任意荷载作用下的顶端不动铰支座反力 R 均可由本教材附表 11 中求得。图 11.29(c)的计算就是等高排架柱顶集中力作用下的情况,只要把图 11.29(b)和图 11.29(c)这两种情况的排架各柱内力求出并叠加起来,即可得排架柱的最终内力。

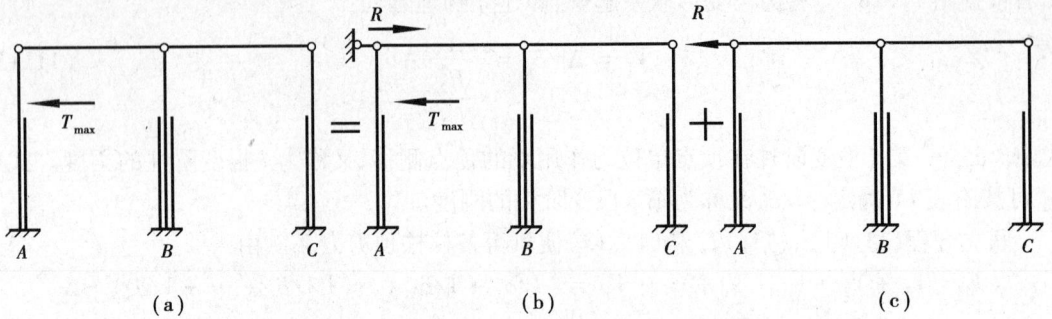

图 11.29

总之,等高排架在任意荷载作用下的内力分析过程分为两个步骤:

1)在直接受荷柱的顶端加一铰支座以阻止水平侧移,求出其支座反力 R。

2)撤除附加铰支座,且加反作用力 R 于排架柱顶,以恢复到实际情况。

3)把上面两种情况求得的排架各柱内力叠加起来,即为排架的实际内力。

对于其他各种荷载情况也可以用同样的方法进行分析,见图 11.30。

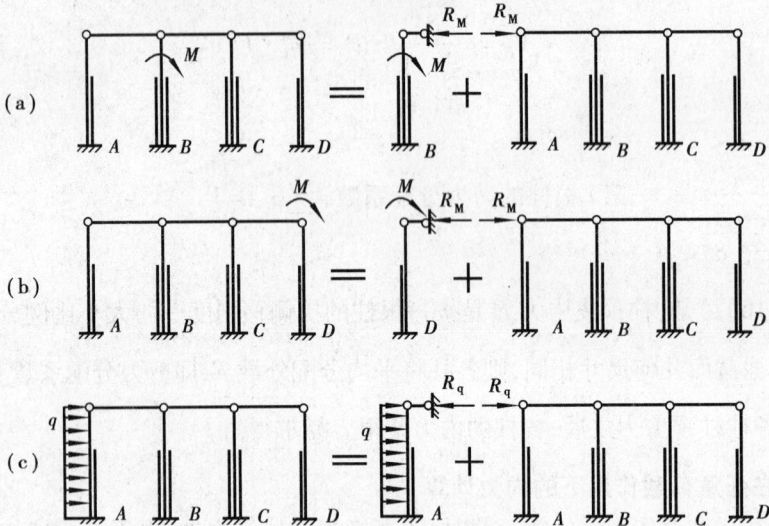

图 11.30

(3)不等高排架的内力计算

对于不等高排架在工程中通常用力法分析结构内力,力法在"结构力学"中已经学过,这里不再叙述。

11.4 单层厂房柱设计

由于生产工艺要求的不同,厂房的高度、跨度、跨数、剖面形状和吊车起重量也各不相同,因而要使单层厂房完全定型化和标准化是极其困难的。目前,虽然对常用的、柱顶标高不超过

13.2 m、跨度不超过 24 m、吊车起重量不超过 300 kN 和单跨、等高双跨、等高三跨和不等高三跨厂房柱给出了标准设计(如标准图集 CG335),但在许多情况下设计者要自行设计。

由于柱是单层厂房中主要的承重构件,由它来支承屋盖、吊车梁、连系梁传来的竖向与水平荷载,同时还要承受纵向外墙传来的水平荷载,所以柱对厂房的安全和经济有重大影响。柱的设计必须针对厂房具体情况,力求做到安全可靠、经济合理、技术先进、便于施工。

单层厂房钢筋混凝土柱的设计程序一般是:

1)选择柱型:根据厂房跨度、高度、吊车吨位以及材料供应和施工条件等情况,通过技术经济指标的分析,选择合理的柱子的型式。

2)确定柱子的外形尺寸:根据厂房工艺和吊车吨位等条件确定柱高和柱截面尺寸。

3)内力计算与截面设计,在完成以上两步后,即可进行排架内力计算,根据排架计算求得的各控制截面的最不利内力组合后进行截面设计,此时应按承载力或构造要求配置纵向受力钢筋,同时根据构造布置箍筋和纵向构造钢筋。

4)牛腿设计:确定支承吊车梁、屋架等构件的牛腿的外形尺寸,并进行配筋计算和采取构造措施。

5)柱子在施工吊装时的强度和裂缝宽度验算。

6)连接构造与预埋件设计。

7)绘制施工图。

表 11.1　6 m 柱距单层厂房矩形、工字形截面柱截面尺寸限值

柱的类型	b	h		
		$Q \leqslant 100 \text{ kN}$	$100 \text{ kN} < Q < 300 \text{ kN}$	$300 \text{ kN} \leqslant Q \leqslant 500 \text{ kN}$
有吊车厂房下柱	$\geqslant \dfrac{H_x}{22}$	$\geqslant \dfrac{H_x}{14}$	$\geqslant \dfrac{H_x}{12}$	$\geqslant \dfrac{H_x}{10}$
露天吊车柱	$\geqslant \dfrac{H_x}{25}$	$\geqslant \dfrac{H_x}{10}$	$\geqslant \dfrac{H_x}{8}$	$\geqslant \dfrac{H_x}{7}$
单跨无吊车厂房柱	$\geqslant \dfrac{H}{30}$	$\geqslant \dfrac{1.5H}{25}$ (或 0.06 H)		
多跨无吊车厂房柱	$\geqslant \dfrac{H}{30}$	$\geqslant \dfrac{H_x}{20}$		
仅承受风载与自重的山墙抗风柱	$\geqslant \dfrac{H_b}{40}$	$\geqslant \dfrac{H_x}{25}$		
同时承受由连系梁传来山墙重的山墙抗风柱	$\geqslant \dfrac{H_b}{30}$	$\geqslant \dfrac{H_x}{25}$		

注:H_x——下柱高度(算至基础顶面);

　　H——柱全高(算至基础顶面);

　　H_b——山墙抗风柱从基础顶面至柱平面外(宽度)方向支撑点的高度。

柱截面的几何尺寸不仅应满足结构强度的要求,而且还应使柱具有足够的刚度,以保证厂房在正常使用过程中不致出现过大的变形,造成吊车运行不畅、吊车轮与轨道磨损严重,或造成墙体开裂。为此柱截面几何尺寸不应太小。表 11.2 给出了柱距为 6 m 的单跨和多跨厂房最小柱截面几何尺寸的限值,对于一般厂房满足该限值,柱的刚度便可得到保证,厂房的侧移

可以满足《规范》规定的要求。

表 11.2 根据设计经验列出单层厂房柱常用的截面形式及尺寸,可供设计时参考。

表 11.2　6 m 柱距中级工作制吊车单层厂房房柱截面形式、尺寸参考

吊车起重量 /kN	轨顶标高 /m	边 柱		中 柱	
		上 柱	下 柱	上 柱	下 柱
≤50	6~8	□ 400×400	I400×600×100	□ 400×400	I400×600×100
100	8	□ 400×400	I400×700×100	□ 400×600	I400×800×150
	10	□ 400×400	I400×800×150	□ 400×600	I400×800×150
150~200	8	□ 400×400	I400×800×150	□ 400×600	I400×800×150
	10	□ 400×400	I400×900×150	□ 400×600	I400×1000×150
	12	□ 500×400	I500×1000×200	□ 500×600	I500×1200×200
300	8	□ 400×400	I400×1000×150	□ 400×600	I400×1000×150
	10	□ 400×500	I400×1000×150	□ 500×600	I500×1200×200
	12	□ 500×500	I500×1000×200	□ 500×600	I500×1200×200
	14	□ 600×500	I600×1200×200	□ 600×600	I600×200×200
500	10	□ 500×500	I500×1200×200	□ 500×700	双 500×1600×300
	12	□ 500×600	I500×1400×200	□ 500×700	双 500×1600×300
	14	□ 600×600	I600×1400×200	□ 600×700	双 600×1800×300

注: □——矩形截面 $b×h$;

　　I——I 形截面 $b×h×h_f$;

　　双——双肢柱 $b×h×h_c$。

11.4.1　柱的最不利内力组合

作用在厂房排架结构上的荷载除结构自重外,其他所有荷载均为可变荷载,由于这些荷载出现的情况不同,在柱子中将出现不同的内力组合。在某些荷载作用下可能引起柱的某个截面某项内力最大,而在另一些荷载作用下又会引起其他截面某项内力最大。单层厂房柱是典型的偏心受压构件,可能出现大偏心受压也可能出现小偏心受压情况。所以即使是同一个截面,有可能在某些荷载共同作用下引起该截面处于大偏心受压最不利,而在另一些荷载共同作用下该截面又可能处于小偏心受压最不利。所以必须对柱子的几个控制截面进行可能出现的各种最不利荷载组合,以求得对各控制截面的最不利内力,再将这些内力组合作为柱子设计的依据。

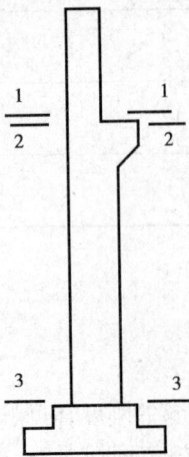

(1)控制截面的确定

在一般单阶柱的厂房中,由各种荷载所引起的上柱弯矩最大值一般都发生在上柱的根部。而对于下柱一般多发生在下柱的顶部(牛腿顶面)和根部这两个截面。考虑到单层厂房柱在上、下柱两段范围内配筋一般都不变化,因此在工程设计中都取上柱根部,下柱顶部和下柱根部这三个截面作为设计控制截面(图 11.31),即以这三个截面的

图 11.31

各种最不利内力组合来确定上、下柱的最终配筋。

（2）荷载组合

作用在厂房上的荷载虽然有几种荷载同时出现的可能,但这些荷载同一时间均达到各自最大值的可能性几乎不存在。因此,《荷载规范》规定,在进行各种荷载引起的结构最不利内力组合时应予以适当降低,乘以小于 1 的组合系数。对于一般排架结构、框架结构,可采用下列简化公式:

$$S = \gamma_G C_G G_K + \psi \sum_{i=1}^{n} \gamma_{Q_i} C_{Q_i} Q_{ik} \tag{11.17}$$

式中　S——荷载效应组合设计值,代表构件中的设计轴力 N、设计弯矩 M、设计剪力 V 或设计扭矩 M_T;

　　　γ_G——永久荷载分项系数,当其效应对结构不利时,取 1.2;当其效应对结构有利时,取 1.0;

　　　γ_{Q_i}——可变荷载分项系数,一般情况下取 1.4;对楼面结构,当活荷载标准值不少于 4 kN/m² 时,取 1.3;

　　　G_K——永久荷载的标准值;

　　　Q_{ik}——可变荷载的标准值;

　　　C_G——永久荷载的荷载效应系数;

　　　C_{Q_i}——第 i 个可变荷载的荷载效应系数;

　　　ψ——可变荷载的组合系数,对于一般排架结构、框架结构. 当有两个或两个以上的可变荷载参与组合且其中包括风荷载时,$\psi = 0.85$,在其他情况下,$\psi = 1.0$。

（3）最不利的内力组合

对于矩形、工字形截面柱一般考虑以下四种不利内力组合,即:

1）$+M_{max}$ 及相应的 N 及 V;

2）$-M_{max}$ 及相应的 N 及 V;

3）N_{max} 及相应的 M 及 V;

4）N_{min} 及相应的 M 及 V。

在上述组合中,第 1）、2）、4）组是从构件可能出现大偏心受压破坏而进行的,第 3）组是由于构件可能出现小偏心受压破坏而进行的。从而使柱子能避免任何一种形式的破坏。在 3）、4）组中的 M 值应当是使 N_{max} 及 N_{min} 组合时尽可能出现的绝对值为最大。在工程中允许只按上述四种比较固定的模式确定柱的最不利内力组合。经验表明,这样组合内力,结构的安全工作是可以得到保证的。

在进行内力组合时,要注意以下几点:

A. 任何一组最不利内力中都必须包括恒载引起的内力。

B. 组合中,当考虑吊车竖向荷载时,可不考虑吊车横向水平荷载;但若考虑吊车横向水平荷载,则吊车竖向荷载必须考虑。吊车横向水平荷载（向左或向右）可视组合的需要,选用一个方向进行组合。在吊车竖向荷载中,D_{max} 作用在左柱与 D_{max} 作用在右柱两种情况不得同时组合在一组内力中,只能选择其一参与组合。

C. 组合中,如考虑风荷载作用时,风荷载（向左或向右）组合时可视组合的需要,选用一个方向进行组合。

D. 考虑多台吊车竖向荷载时,对单层单跨厂房最多只能考虑两台吊车,多跨厂房最多不能多于 4 台,吊车横向水平荷载,无论是单跨还是多跨厂房最多只能考虑两台。同时考虑到多台吊车同时满载的可能性较小,所以当两台吊车参与组合时,对于中、轻级工作制的吊车,应乘以折减系数 0.9,重级工作制吊车应乘以 0.95;当四台吊车参与组合时,对于中、轻级工作制的吊车,应乘以折减系数 0.8。对于重级工作制的吊车,应乘以折减系数 0.85。

11.4.2 柱的计算要点

单层厂房柱为典型的偏心受压构件,它的计算同基本构件,配筋计算通常采用对称配筋。这里只针对单层厂房柱的具体情况作如下几点补充:

(1)柱子计算长度的确定

设计偏心受压构件必须知道该构件的计算长度,对于单层厂房柱,其计算长度是一个较为复杂的问题。在确定排架的计算简图时,采用柱上端与屋架为铰接的假定,实际上柱的上端既不是理想的不动铰支承,也不是理想的自由端,而是属于弹性支承,柱的下端也不能认为是理想的嵌固端。尤其对于有吊车厂房的变截面柱,情况更为复杂。因此柱的计算长度不能以结构力学中所讲的几种典型的支承情况来确定。对于无吊车厂房柱,其计算长度应介于上端不动铰支承与自由端两种情况之间。对于有吊车厂房的变截面柱,应分别对柱的 1-1 截面和 2-2、3-3 截面给出不同的计算长度。对变阶柱和上柱来说,其下端不能视为理想的嵌固端,该点上有位移,也有转角。对于下柱来说,其上端自然也不能认为是理想的嵌固端、自由端或不动铰支承中的任何一种。因此规范在综合分析的基础上给出了单层厂房柱计算长度的规定值。见表 11.3 所示。

表 11.3　采用刚性屋盖的单层厂房柱和露天吊车栈桥柱的计算长度

厂房类型		排架方向	垂直排架方向	
			有柱间支撑	无柱间支撑
无吊车厂房	单跨	$1.50H$	$1.0H$	$1.2H$
	多跨	$1.25H$	$1.0H$	$1.2H$
有吊车厂房	上柱	$2.0H_u$	$1.25H_u$	$1.5H_u$
	下柱	$1.0H_l$	$0.8H_l$	$1.0H_l$
露天吊车栈桥		$2.0H_l$	$1.0H_l$	

注:①H——从基础顶面算起的柱子全高;

H_u——从装配式吊车梁底面或现浇吊车梁顶面算起的上柱高度;

H_l——从基础顶面至装配式吊车梁底面或现浇吊车梁顶面的下柱高度;

②表中有吊车厂房柱的计算长度,当计算中不考虑吊车荷载时,可按无吊车厂房采用,但上柱的计算长度仍按有吊车厂房采用。

③表中有吊车厂房柱上柱在排架方向的计算长度适用于 $\dfrac{H_u}{H_l} \geqslant 0.3$ 的情况,当

$\dfrac{H_u}{H_l} < 0.3$ 时,宜采用 $2.5H_u$。

(2)柱子吊装验算

单层厂房一般均为预制柱,当柱的混凝土强度达到设计强度的 70% 以上时,即可进行吊

装。吊装采用平吊或翻身吊。当柱中配筋能满足运输、吊装时的强度和裂缝宽度要求时,宜采用平吊以简化施工。当平吊需增加柱中钢筋时,则应采用翻身吊,以减少钢筋用量。无论何种吊法,柱子的吊点一般都设在牛腿的下边缘处,其计算简图如图 11.32 所示。考虑起吊时的动力作用,必须将柱的自重荷载乘以动力系数 1.5。当采用翻身起吊时,截面的受力方向与使用阶段一致(图 11.32(a)),因而强度和裂缝均不会有问题,一般不必进行验算。平吊时,截面受力方向是柱子的平面外方向,此时腹板作用甚微可以忽略,简化为宽为 $2h_f$、高 b_f 的矩形截面梁进行验算,此时只考虑两翼缘最外边缘的各根钢筋作为受力筋 A_s 和 A_s'。本项验算为施工阶段的强度验算,故结构的重要性系数应降低一级取用。

对运输、吊装阶段的裂缝宽度验算,可采用近似的简化方法。通过控制钢筋的应力和直径间接地控制裂缝的宽度。此时的钢筋应力满足下式要求:

$$\sigma_s = M/A_s \eta h_0 \leqslant [\sigma_s] \tag{11.18}$$

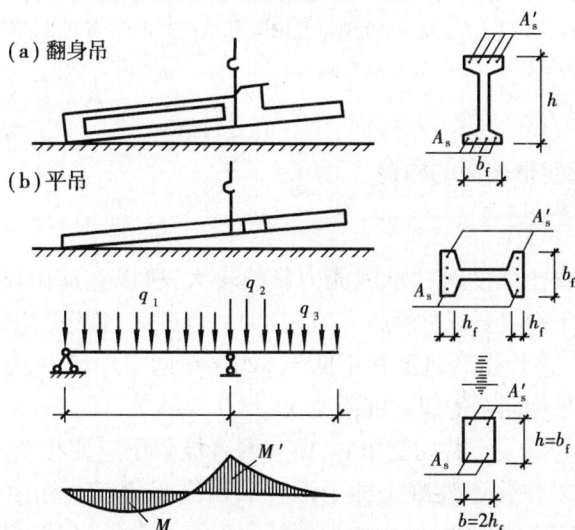

图 11.32　柱吊装阶段验算的计算简图与截面选取

式中　　M——考虑动力荷载系数 1.5 后按柱自重计算的最不利截面的弯矩标准值;

　　　　$[\sigma_s]$——不需验算裂缝宽度的钢筋最大允许应力,可根据表 11.4 查取;

　　　　η——内力臂系数,取 0.87;

　　　　A_s——验算截面受拉一侧的纵筋截面面积;

　　　　h_0——验算截面的有效高度。

表 11.4　不需验算裂缝宽度的最大钢筋直径 d_{max}

$[W_{max}] = 0.2$ mm		$[W_{max}] = 0.3$ mm	
d_{max}/mm	$[\sigma_s]$/(kN·mm^{-2})	d_{max}/mm	$[\sigma_s]$/(kN·mm^{-2})
10	245	14	280
12	230	16	270
14	220	18	260
16	210	20	250
18	200	22	240

续表

[W_{max}] = 0.2 mm		[W_{max}] = 0.3 mm	
d_{max}/mm	[σ_s]/(kN·mm^{-2})	d_{max}/mm	[σ_s]/(kN·mm^{-2})
22	180	25	225
25	170	28	210
28	160	30	200
32	145	32	190

注:1. 本表适用于 $\rho_{et} \leq 0.02$ 之构件,当 $\rho_{et} > 0.02$ 时,应将由表中查得之 d_{max} 乘以系数 $(0.5 + 0.25\rho_{et})$;

2. 对配置光面钢筋的受弯构件,应将计算的钢筋应力 σ_s 值乘以 1.4;

3. 对混凝土保护层厚度 C≤25 mm 的轴心受拉构件,当配置光面(或变形)钢筋时, 应将计算的钢筋应力乘以 1.8(或 1.3)。

11.4.3 矩形和工字形截面的构造

(1)材料选用

1)混凝土:由于混凝土强度对柱承载能力影响较大,所以宜选用较高强度的混凝土。若柱承受的荷载很小,由于刚度要求柱截面不宜过小时,也可适当降低混凝土的强度等级。预制柱的混凝土强度等级不低于 C15,现浇柱不低于 C20。在同一厂房中,柱子的混凝土强度等级不宜过多,同类型柱宜采用同一等级的混凝土。

2)钢筋:高强钢筋与混凝土共同受压时,由于两者极限压应变相差较大,因而不能充分利用钢筋的高强性能,所以在普通混凝土柱中不宜采用高强钢筋。柱中受力钢筋一般宜采用 HPB235 级钢筋和 HRB335 级钢筋,柱中构造钢筋和箍筋通常采用 HPB235 级钢筋。

(2)配筋形式

1)纵向受力钢筋一般对称布置,其直径不宜小于 12 mm,也不宜大于 32 mm。受力钢筋的全部纵向配筋率不宜超过 5%。纵向钢筋的净间距不应小于 50 mm,当柱的截面高度 h≥600 mm 时,在柱的侧面应配置 φ10 ~ φ16 的纵向构造钢筋,并相应地设置附加箍筋或拉筋(图 11.33)。

2)箍筋应做成封闭式的,其间距在绑扎骨架中应不大于 15d(d 为纵筋直径),在焊接骨架中则不应大于 20d,且不应大于 400 mm,也不大于构件横截面的短边尺寸。

箍筋直径,当采用热轧钢筋时,其直径不应小于 d/4,也不应小于 6 mm;当采用冷拔低碳钢丝时,不应小于 d/5,也不小于 5 mm,d 为纵向钢筋最大直径。当柱中纵筋配筋率超过 3% 时,箍筋直径宜加大到不小于 8 mm,且应焊成封闭环式,其间距应加密到不大于 10d,且不应大于 200 mm。

当柱每边纵筋不多于 3 根(或当柱短边不大于 400 mm,而纵筋不多于 4 根)时,可采用单个箍筋;当柱每边纵筋多于 3 根(或当柱短边 b≤400 mm,纵筋多于 4 根)时,应设置附加箍筋。图 11.33 列出了几种常用的箍筋形式,供参考。

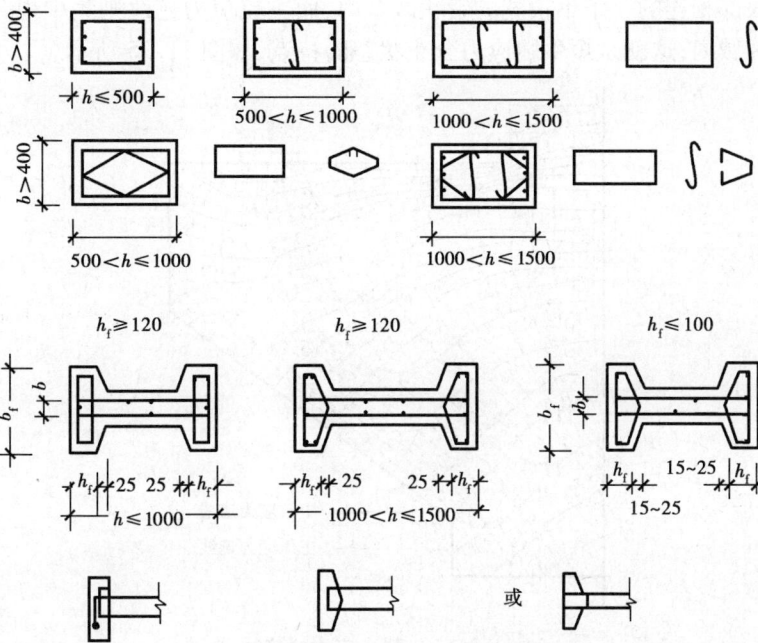

图 11.33　柱的箍筋形式

11.4.4　牛腿设计

在单层厂房柱中,牛腿是用以支承屋架、吊车梁及墙梁等承重结构部件。它需要承受较大的竖向荷载,如有地震作用时,还要承受较大的水平荷载。

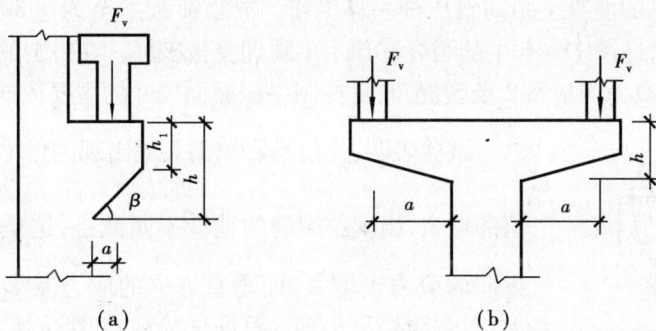

图 11.34

根据牛腿承受的竖向荷载 F_v 作用点到下柱边缘的距离口的大小,牛腿可分为长牛腿和短牛腿。当 $a \leq h_0$ 时为短牛腿,当 $a > h_0$ 时为长牛腿(11.34)。此时,h_0 为牛腿与下柱交接处的垂直截面有效高度,a 为竖向力的作用点至下柱边缘的水平距离。长牛腿受力情况与悬臂梁相似,故可按悬臂梁设计。在单层厂房中,用以支承架、吊车梁及墙梁的牛腿,短牛腿的受力情况与长牛腿不同,它实质上是一变截面深梁,应力状态复杂,故不能与长牛腿一样计算。短牛腿简称牛腿。

(1)牛腿的应力状态与破坏形态

混凝土开裂前牛腿中的应力状态基本上处于弹性阶段,其主应力迹线密集地分布在外载

103

作用点和牛腿根部相连的一条不很宽的带状区域内,而主拉应力迹线则集中地分布于牛腿顶面一个很窄的区域内,这就是短牛腿应力分布状态的特点,如图 11.35 所示。

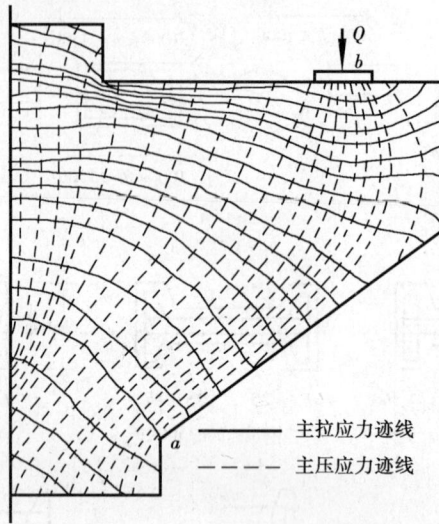

图 11.35　牛腿主应力轨迹线

　　在钢筋混凝土试件上进行的试验研究表明,一般当荷载加至破坏荷载的 20% ~ 40% ,首先在牛腿顶面与柱相接角的部位出现垂直裂缝,在正常情况下(配筋量适中),垂直裂缝发展得很慢,不会成为破坏裂缝。如图 11.36 所示裂缝①。当约为极限荷载的 40% ~ 60% 时,在加载板内侧出现第 2 条裂缝,即图 11.36 中的裂缝②,它是由该处的弯曲应力和剪切应力共同引起的。此裂缝出现后,牛腿在外载作用下的工作变得同桁架一样,牛腿顶面的纵筋像一水平拉杆,斜裂缝②外侧的混凝土则同斜压杆一样工作。故当荷载加至约达 80% 极限荷载时,突然出现第 3 条裂缝,即图 11.36 中的裂缝③预示牛腿即将被破坏。在牛腿的使用过程中,所谓允许不允许出现斜裂缝均指第 2 条裂缝,它是控制牛腿截面尺寸的主要依据。

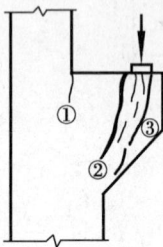

图 11.36　牛腿的破坏形式

　　试验表明:$\frac{a}{h_0}$ 值是影响斜裂缝出现的迟早的主要参数,随 $\frac{a}{h_0}$ 值的增大,出现斜裂缝的荷载不断减小,这是因为 $\frac{a}{h_0}$ 增大,水平方向的应力也增大,而垂直方向的应力减小,因此主拉应力增大,斜裂缝提早出现。根据试验观察,随 a/h_0 值的不同,牛腿有三种主要的破坏形态:

　　1)剪切破坏:当 $\frac{a}{h_0}$ 值很小($a \leqslant 0.1h_0$),可能发生沿加载板内侧接近垂直截面的剪切破坏,其破坏特征是在牛腿与下柱交接面上出现一系列短斜裂缝,最后牛腿沿此从柱上切下而破坏,这时牛腿内纵筋的应力较低。

　　2)斜压破坏:斜压破坏大多发生在 $\frac{a}{h_0}=0.12 \sim 0.75$ 的范围内,其特征是出现裂缝②,加荷至极限荷载的 70% ~ 80% 时,在这条裂缝外侧整个压杆范围内,出现大量的短斜裂缝,当这些斜裂缝逐渐贯通时,压杆内的混凝土剥落,牛腿即破坏。

也有少数牛腿在斜裂缝②发展到相对稳定后,当荷载加到某级荷载时,突然从加荷板外侧出现一条通长斜裂缝③,然后就很快沿此裂缝破坏。

3)弯压破坏:当 $a/h_0 > 0.75$ 和纵筋配筋率过低时,一般发生弯压破坏,其特征是当出现斜裂缝②后,随着荷载的增加,斜裂缝②不断向受压区延伸,纵筋应力不断增加并逐渐达到屈服强度,这时斜裂缝②外侧部分绕牛腿下部与柱交接点转动,致使受压区混凝土压碎而引起破坏。

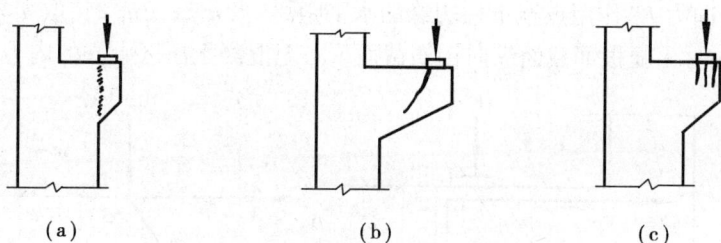

图 11.37　牛腿的应力状态及破坏类型
(a)剪切破坏;(b)斜压破坏;(c)弯压破坏

此外,还有由于加荷板过小而导致加荷板下混凝土局部压碎破坏等破坏形式。牛腿的 a/h_0 值一般在 0.1 ~ 0.75 之间,故大部分牛腿均属斜压破坏。

(2)牛腿的几何尺寸与强度计算

1)牛腿几何尺寸的确定

一般牛腿截面宽度与柱等宽,因此只需确定截面高度即可,截面高度一般以截面的抗裂度为控制条件,为使牛腿在正常使用阶段不开裂或裂缝不宽,设计时可根据经验预先假定牛腿的高度 h,然后按下式进行验算:

$$F_{vs} \leqslant \beta \left(1 - 0.5 \frac{F_{hs}}{F_{vs}} \right) \frac{f_{tk} b h_0}{0.5 + \dfrac{a}{h_0}} \tag{11.19}$$

式中　F_{vs} —— 作用于牛腿顶部按荷载短期效应组合计算的竖向力值;

F_{hs} —— 作用于牛腿顶部按荷载短期效应组合计算的水平拉力值;

β —— 裂缝控制系数。对承受重级工作制吊车的牛腿,取 $\beta = 0.65$;对承受中、轻级工作制吊车的牛腿,取 $\beta = 0.7$;其他牛腿,取 $\beta = 0.8$;

a —— 竖向力的作用点至下柱边缘的水平距离,此时应考虑安装偏差 20 mm;当 $a < 0$ 时,取 $a = 0$;

b —— 牛腿宽度;

h_0 —— 牛腿与下柱交接处垂直截面的有效高度。

一般牛腿底面倾斜角 $\alpha \leqslant 45°$。外边缘高度 $h_1 \geqslant (1/3 h)$,且 $h_1 \geqslant 200$ mm。

2)正截面抗弯承载力计算

钢筋混凝土牛腿试验表明,当第②条裂缝出现时,加载板内侧的钢筋应力突然增大,在牛腿破坏时,钢筋沿全长的应力趋于均匀,如同桁架中的水平拉杆,在配筋率不大时,钢筋的应力可以达到屈服强度。混凝土的斜向压应力集中在裂缝②外侧一个不宽的压力带内,压应力的分布是比较均匀的,如同桁架中的压杆。混凝土破坏时压应力达到轴心抗压强度,因而牛腿在破坏时的工作状态很接近于一个三角桁架。正截面受弯承载力计算的计算简图可简化为一个三角形桁架(图 11.38)。故在牛腿正截面受弯承载力计算中,由承受竖向力的受拉钢筋截面面积和承受水平拉力的钢筋截面面积组成的受力钢筋的总面积可按下式计算:

$$A_s = \frac{F_v \cdot a}{0.85 f_y h_0} + 1.2 \frac{F_h}{f_y} \qquad (11.20)$$

式中　F_v——作用在牛腿顶部的竖向力设计值;

　　　F_h——作用在牛腿顶部的水平拉力设计值;

　　　a——竖向力 F_v 作用点至下柱边缘的水平距离:当 $a < 0.3 h_0$ 时,取 $a = 0.3 h_0$;

　　$0.85 h_0$——牛腿根部截面纵向钢筋截面重心至混凝土压区中心的内力臂。

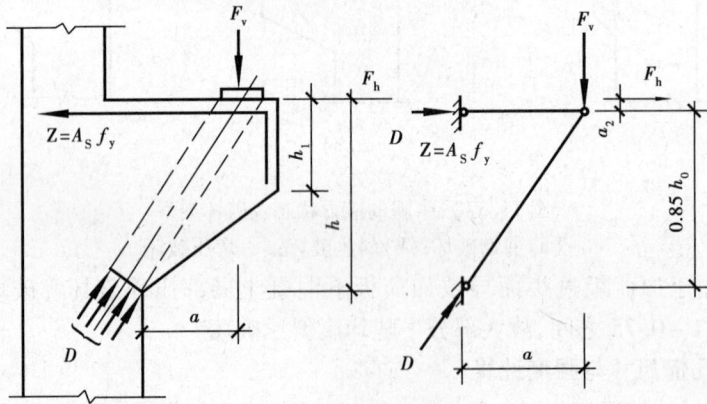

图 11.38

同时,《规范》规定,承受竖向力所需的纵筋的配筋率不应小于 0.2%,也不宜大于 0.6%,且根数不少于 4 根,直径不应小于 12 mm,同时不得兼作弯起筋。承受水平拉力的锚筋应焊在预埋件上,且不少于 2 根,直径不应小于 12 mm。

3)局部承压验算

牛腿的受压面在竖向力标准值 F_{vk} 作用下,其局部承压应力不应超过 $0.75 f_c$,即:

$$\sigma = \frac{F_{vk}}{A} \leqslant 0.75 f_c \qquad (11.21)$$

式中　A——局部受压面积,$A = a \cdot b$,a、b 分别为垫板的长和宽。

当不满足上式(11.21)要求时,应采取必要措施,如加大承压面积,提高混凝土强度等级或在牛腿中设置钢筋网等。

(3)牛腿除应满足上述计算要求外,还应满足以下构造要求:

1)牛腿外边缘高度 h_1,不应小于 $\frac{1}{3} h$,且不小于 200 mm;

2)牛腿应设置水平箍筋,其直径应取用 6~12 mm,间距为 100~150 mm,且设在上部号 $\frac{2}{3} h_0$ 范围内的水平箍筋总截面面积不应小于承受竖向力的受拉钢筋截面面积的 1/2;

3)当牛腿的剪跨比 $\frac{a}{h_0} \geqslant 0.3$ 时,应设置弯起钢筋。弯起钢筋宜设置在牛腿上部 $L/6$ 至 $L/2$ 之间的范围内(图 11.39(b)),其截面面积不应少于承受竖向力的受拉钢筋截面面积的 2/3,且不应小于 0.001 5$b h_0$,其根数不应少于 3 根,直径不应小于 12 mm。

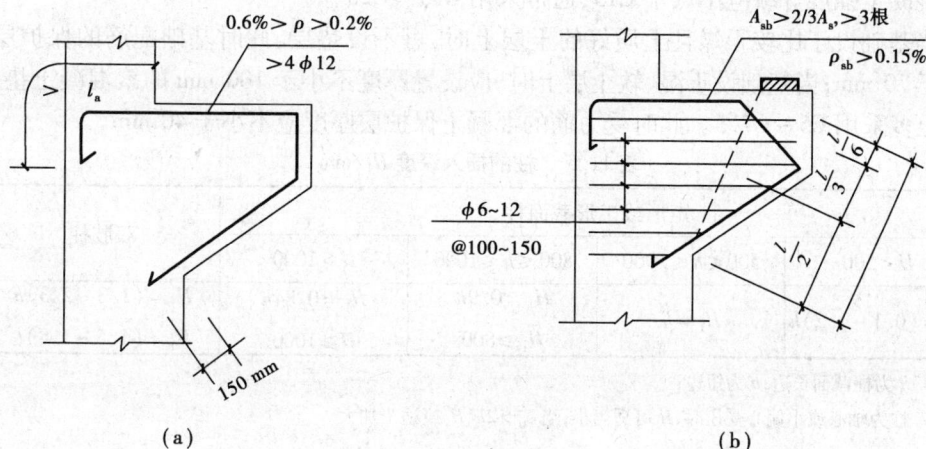

图 11.39
（a）牛腿纵向受力钢筋；（b）牛腿箍筋与弯起钢筋

11.5　柱下独立基础设计

柱下独立基础按受力性能可分为轴心受压基础和偏心受压基础,按施工方法可分为预制柱下基础和现浇柱下基础,现浇柱下基础常用于多层现浇框架结构。当以恒载为主时,多层框架结构的中间柱可视为轴心受压。预制柱下基础常用于装配式单层厂房结构,且一般为偏心受压。

单层厂房中的柱基础,最常用的是预制柱下杯形基础。这种基础虽然在结构上与现浇基础有所不同,但当杯口灌缝混凝土达到强度后,其受力性能和现浇柱下基础完全一样。因此,柱下独立基础均按现浇柱下基础进行计算。

11.5.1　基础的构造

在设计柱下单独基础时,为满足预制柱的安装施工和基础与柱的牢固结合的要求,保证上部结构的正常使用和安全,须先了解基础的构造要求:

1)轴心受压基础底面宜设计为正方形或接近于正方形;偏心受压基础底面应设计成矩形,a/b 宜控制在 1.5 左右(a 为基础的长边,b 为基础的短边),最大不超过 2。

2)对于现浇柱下基础,为锚固柱中的纵向钢筋,要求基础有效高度 h_0 大于或等于柱中纵向受力钢筋的锚固长度 L_a,即 $h_0 \geqslant L_a$。

对于预制柱下基础,为嵌固柱子,要求杯口有足够的深度 H_1,同时为抵抗在吊装过程中,柱对杯底底板的冲击,要求杯底有足够的厚度 a_1。此外,为使预制柱与基础牢固结合为一体,柱和杯底之间尚应留空 50 mm,以便浇灌细石混凝土。因此,基础的高度

$$h \geqslant H_1 + a_1 + 50 \tag{11.22}$$

杯形基础的杯口深度、杯底厚度和杯壁厚度应满足表 11.5 和表 11.6 的规定,同时亦应满足图 11.40 的各项尺寸要求。

3)混凝土强度等级应不低于 C15,通常采用 C15 ~ C20 。

4)当基础设于比较干燥且土质好的土层上时,可不设垫层,此时基础配筋的保护层厚度应不小于 70 mm;当基础设于湿、软土层上时,应设置厚度不小于 100 mm 的素混凝土垫层,垫层混凝土多采用 C5 ~ C7.5。此时受力筋的混凝土保护层厚度应不小于 40 mm。

表 11.5 柱的插入深度 H_1/mm

矩形或工形截面柱				双肢柱
$H<500$	$500 \leqslant h \leqslant 1000$	$800 \leqslant h \leqslant 1000$	$H>1000$	
$H_1=(0.1-1.2)h$	$H_1=h$	$H_1=0.9h$ $H_1 \geqslant 800$	$H_1=0.84h$ $H \geqslant 1000$	$H_1=(1/3 \sim 2/3)h$ $H_1=(1.5 \sim 1.8)b$

注:1. h 为柱截面长边,b 为短边;

2. 柱为轴心或小偏心受压时,H 可适当小;当 $e_0 > 2h$,H_1 应适当加大。

表 11.6 基础的杯低厚度和杯壁厚度

柱截面长边尺寸 h/mm	杯底厚度 a_1/mm	杯壁厚度 t/mm
$h<500$	$\geqslant 150$	$150 \sim 200$
$500 \leqslant h<800$	$\geqslant 200$	$\geqslant 200$
$800 \leqslant h<1000$	$\geqslant 200$	$\geqslant 300$
$1000 \leqslant h<1500$	$\geqslant 250$	$\geqslant 350$
$1500 \leqslant h \leqslant 2000$	$\geqslant 300$	$\geqslant 400$

注:1. 双肢柱的 a_1 值可适当加大;

2. 当有基础梁时,基础梁下的杯壁厚度应满足其支承宽度的要求。

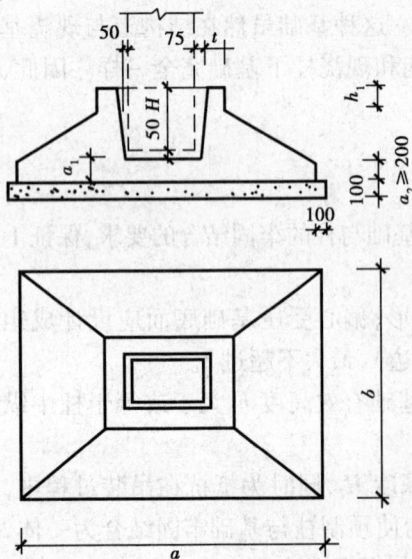

图 11.40 基础构造图

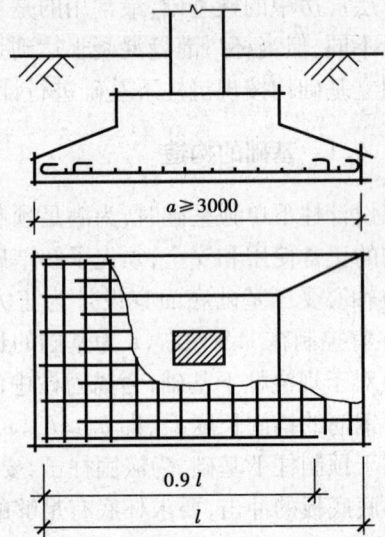

图 11.41 当基础底面长度 ≥3 m 时受力钢筋的布置方式

5）受力筋一般采用 HPB235 级钢筋或 HRB335 级钢筋，其直径不宜小于 8 mm，间距不应大于 200 mm，但也不宜小于 100 mm。当基础底面尺寸大于或等于 3 m 时，为节约钢材，受力筋的长度可缩短 10%，并按图 11.41 所示交错布置。

6）对于现浇柱下基础，为施工方便，往往在基顶留施工缝。因此需在基础中插筋（图 11.42），其直径和根数与底层柱中的纵向受力钢筋完全一致。与柱中四角的钢筋相连接的插筋，向下要伸至基础底面的钢筋网处，并弯长度为 75 mm 的直钩，其余插筋伸入基础的长度至少也应满足锚固长度的要求。插筋向上伸出基础顶面则需要足够的搭接长度。根据设计经验，柱中纵向受力筋在 8 根以内时，可做一次搭接，当钢筋超过 8 根时，则宜分两次搭接。插筋的直径、根数和搭接长度关系重大，在施工过程中要十分谨慎，不可弄错。

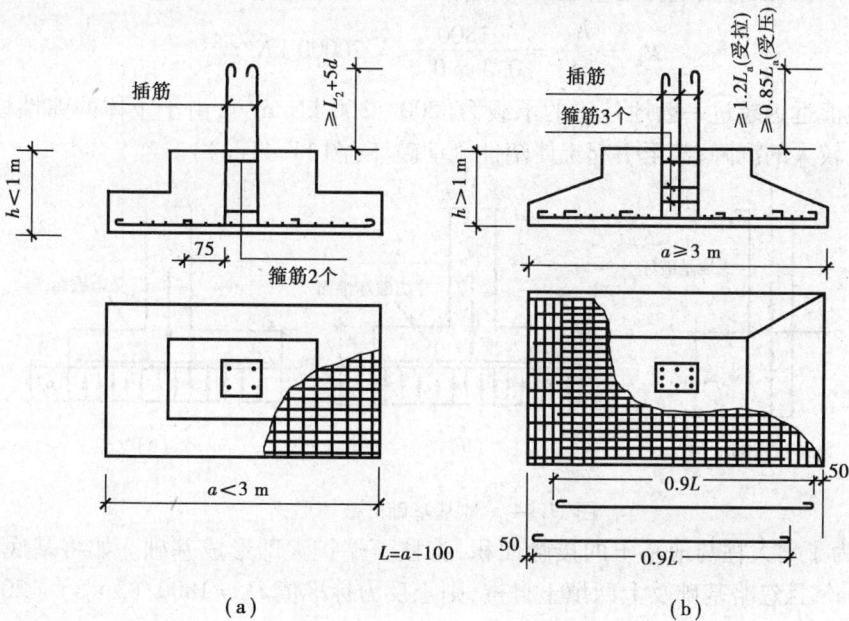

（a） （b）

图 11.42 现浇柱下单独基础的构造要求

7）对预制柱下基础，当柱截面为轴心受压或小偏心受压，且 $\frac{t}{h_1} \geqslant 0.65$ 时，或为大偏心受压，且 $\frac{t}{h_1} \geqslant 0.75$ 时，杯壁内一般可不设加强筋。而当柱根截面为轴心受压或小偏心受压，且 $0.5 \leqslant \frac{t}{h_1} < 0.65$ 时，杯壁可按图 11.43 和表 11.7 规定设置加强筋。

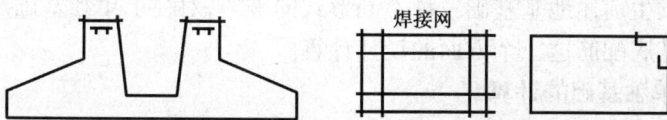

图 11.43 基础杯壁内加强钢筋的设置

表 11.7 杯壁内加强钢筋直径规定

柱截面长边尺寸 h/mm	< 1000	$1000 \leqslant h < 1500$	$1500 < h < 2000$
加强钢筋直径/mm	$\phi 8 \sim \phi 10$	$\phi 10 \sim \phi 12$	$\phi 12 \sim \phi 16$

11.5.2 基础的计算

(1)基础的作用及设计要求

现以截面尺寸为 0.3×0.3 m² 的轴心受压方柱为例说明基础的作用。该柱承受 1800 kN 的轴向力标准值,如直接竖在地基土上,假定反力均匀分布,则土反力:

$$P_k = \frac{N_k}{A} = \frac{1800}{0.3 \times 0.3} = 20000 \text{ kN/m}^2$$

以上数值远远超过一般地基土的承载力($200 \sim 300$ kN/m²),由于土体的弹性模量很小,地基将发生较大的沉降,甚至引起土体塑性流动破坏(图 11.44(a))。

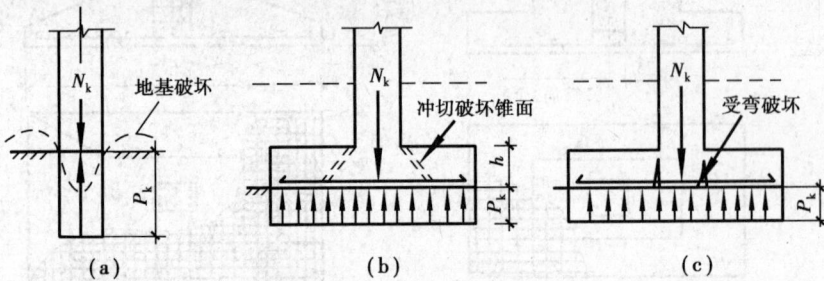

图 11.44 地基基础的破坏形式

因此,为了增大柱与地基土的接触面积,将柱下端扩大即形成基础。如将基底面积 A 增大为 3×3 m²,且忽略基础及上回填土自重,则土反力标准值 $P_k = 1800/(3 \times 3) = 200$ kN/m²,对于允许承载力为 $200 \sim 300$ kN/m² 的地基,将不会发生过大沉降。基础可起到将上部结构的荷载扩散到地基的作用。但是,如果扩大部分的高度 h 太小,在轴向力设计值 N 的作用下又将沿具有一定倾角的锥面发生冲切破坏(图 11.44(b)),锥体外围的扩大部分退出工作,使柱与基础土的接触面大为减小,导致地基土沉降过大或破坏。因此,基础还必须有足够的高度,才能起到传递荷载和保持稳定的作用。此外,如果基底的配筋太小,在轴向力设计值 N 的作用下还可能发生如图 11.44(c)所示的弯曲破坏,使柱两侧的扩大部分退出工作,引起地基沉降过大或破坏。这样,基底还需有足够的配筋,才能发挥作用。

总之,为避免发生前述地基基础三种不同形式的破坏,对柱下单独基础要求进行基底外形尺寸、基础高度和基底配筋这三个方面的设计计算。

(2)轴心受压单独基础的计算

1)基础底面的外形尺寸的确定

如前所述,基础底面外形尺寸是由地基的承载力和变形条件确定的。由基础底面传给地基的荷载包括两部分:一部分是上部结构传来的荷载,如柱子和基础梁传来的荷载;另一部分是基础及基础上回填土层的自重。如在上述荷载作用下基底压应力为均匀分布,则这种基础称为轴心受压基础,基底压应力设计值可接下式计算:

$$P = \frac{N}{A} + \frac{G}{A} \tag{11.23}$$

式中　N——柱传至基础顶面的轴心压力设计值;

　　　A——基础底面面积,$A = a \times b$,其中 a、b 为基底的长和宽;

　　　G——基础自重设计值和基础上的土重标准值,设计时可按 $G = \gamma_m \cdot d \cdot A$ 简化计算,其中 γ_m 为基础及其上回填土的平均容重,设计时可取 $\gamma_m = 20 \ kN/m^3$;d 为基底埋置深度;A 为基础底面面积。

将 $G = \gamma_m A d$ 代入式(11.23)可得

$$P = \frac{N}{A} + \gamma_m d \tag{11.24}$$

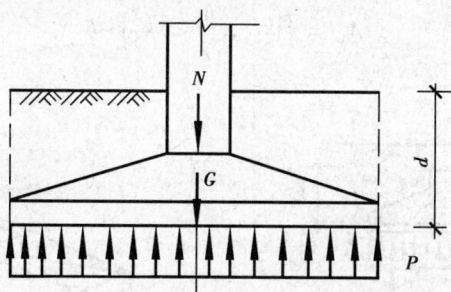

图 11.45　轴心受压柱下单独基础计算简图

《地基规范》规定,轴心受压基础在荷载设计值作用下,基底压应力应满足条件

$$P \leqslant f \tag{11.25}$$

式中　f——经深度和宽度修正后的地基允许承载力设计值,以 kN/m^2 计。

将 p 代入式(11.24),即可导出基底面积的计算公式:

$$A = \frac{N}{f - \gamma_m d} \tag{11.26}$$

轴心受压柱下基础的底面宜采用正方形或长宽比较接近的矩形。

根据上述地基承载力条件确定的基底外形尺寸,原则上还须经过地基的变形验算,如满足《地基规范》要求,方可进一步计算。

2)基础高度的确定

柱下单独基础的高度需要满足两个要求:一个是构造要求;另一个是抗冲切承载力要求。设计中往往先根据构造要求和设计经验初步确定基础高度,然后进行抗冲切承载力验算。

基础高度初定后,即可验算其抗冲切承载力。由于向上的基础及其上回填土自重引起的土壤反力与向下的基础及其上回填土自重相互抵消。因此,柱下单独基础仅在向下的轴心压力和向上的均布土壤净反力 P_n 作用下,发生如图(11.53)所示的破坏,破坏锥面以内的柱下锥体部分,在轴向压力 N 作用下发生向下的移动的趋势,而破坏锥面以外的基础部分,在土壤净反力只作用下,发生向上移动。这种破坏属于混凝土剪应变(或剪应力)达到其极限值的冲切破坏,考察其原因是破坏锥面以外四周土壤净反力的合力(冲切荷载)大于四个破坏锥面上的抗冲切力的合力,若按一个抗冲切面考虑,冲切荷载设计值:

$$F_L = P_n A_1 \tag{11.27}$$

式中　F_L——冲切荷载设计值;

　　P_n——在荷载设计值作用下基础底面单位面积上的净反力, $P_n = \dfrac{N}{A}$, 其中 N 为上部结构传至基顶的轴向压力设计值;

　　A_1——考虑冲切荷载时取用的多边形面积(图 11.46 中的阴影面积 $ABCDEF$)。

对于矩形截面柱的矩形基础,若假设破坏锥面与基础底面的夹角为 45°,由图的几何关系可得:

$$A_1 = \left(\frac{a}{2} - \frac{a_c}{2} - h_0\right) \cdot b - \left(\frac{b}{2} - \frac{b_c}{2} - h_0\right)^2 \tag{11.28}$$

当基础宽度小于冲切锥体底边宽时,由图得:

$$A_1 = \left(\frac{a}{2} - \frac{b_c}{2} - h_0\right) \cdot b \tag{11.29}$$

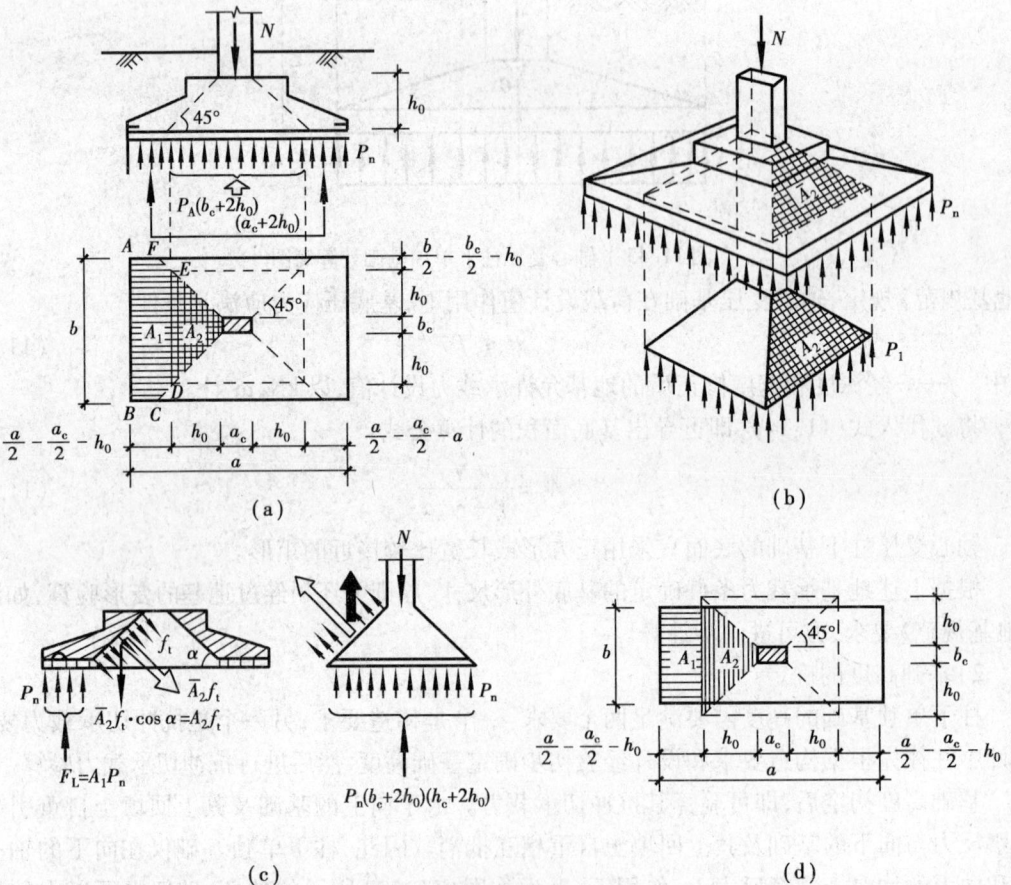

图 11.46　轴心受压单独基础沿柱脚冲切破坏的模式

矩形截面柱的基础通常不设置抗剪的箍筋和弯起钢筋,其抗冲切的承载力与冲切破坏锥面的面积和混凝土抗拉强度有关,为了保证不发生冲切破坏,必须使冲切面处的地基净反力产生的冲切力 F_L 小于或等于冲切面处的混凝土抗冲切强度,即:

$$F_L \leqslant 0.6f_t A_2 \tag{11.30}$$

式中　f_t——混凝土抗拉设计强度;

A_2——计算截面处冲切截面的水平投影面积。

按下式计算:当冲切锥体底边宽度在基础宽度以内时,

$$A_2 = (b_c + h_0)h_0 \tag{11.31}$$

当基础宽度小于冲切锥体底边宽度时,

$$A_2 = (b_c + h_0)h_0 - \left(h_0 + \frac{b_c}{2} - \frac{b}{2}\right)^2 \tag{11.32}$$

按式(11.30)即可验算初定的基础高度是否足够,如不满足,应调整基础高度,直到满足要求为止。基础高度确定之后,即可分阶:当 $h > 1000$ mm 时,分为三阶;当 h 在 500 mm ~ 1000 mm 之间分为两阶;当 $h < 500$ mm 寸,则只作一阶。

当然在基础的变阶处也可能发生冲切破坏,那么只需将前述各公式中的尺寸变换一下即可,即将基础的上阶视为柱的根部,如图 11.47 所示。

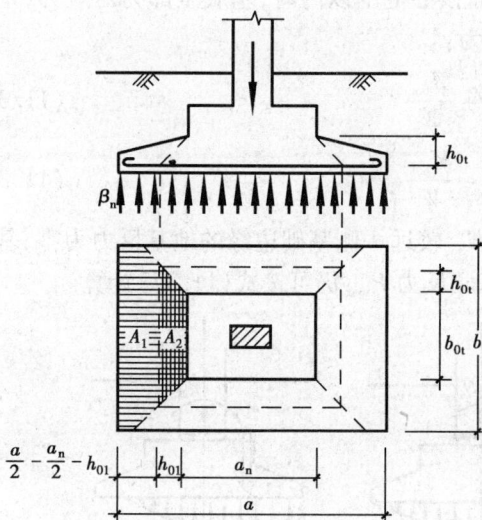

图 11.47　轴心受压单独基础变阶处的冲切破坏模式　　　图 11.48　基础配筋计算图

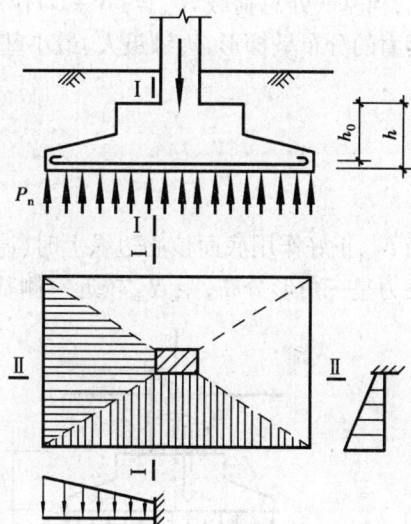

3) 基础底面配筋计算

基础在上部结构传来的荷载与地基土壤净反的共同作用下,可以把它倒过来,视为一均布荷载作用下支承于柱上的悬臂板。为简化计算,可将基础作如图 11.48 虚线的分割,把每一个单元都作为固定于柱边的悬臂板,而彼此无联系,则基础内两个方向的配筋可按下式计算:

$$A_{SI} = \frac{M_I}{0.9h_{01}f_y} \tag{11.33}$$

$$A_{SII} = \frac{M_{II}}{0.9h_{02}f_y} \tag{11.34}$$

式中　M_I、M_{II}——计算截面 I-I 和 II-II 的设计弯矩值,按下式计算:

$$M_I = P_n(a - a_c)^2 \cdot (2b + b_c)/24 \tag{11.35}$$

$$M_{II} = P_n(b - b_c)^2 \cdot (2a + a_c)/24 \tag{11.36}$$

式中　H_{01}、h_{02}——截面Ⅰ-Ⅰ和Ⅰ-Ⅱ的有效高度,两个方向相差一钢筋直径 d,0.9 为内力臂系数。

对变阶基础还须计算变阶处所需配筋的数量(此处悬臂板的跨度虽有减小,但截面的有效高度也大大减小),计算方法同上,只需将基础的上阶视为柱,并按下阶的有效高度和上阶的长、宽的尺寸计算即可。

(3)偏心受压单独基础的计算

偏心受压基础与轴心受压基础的区别仅在于基底反力分布不同,因而在确定基础底面积和配筋时,需要考虑这一特点,并按基底反力大的一侧来控制基础高度和配筋。

1)基础底面尺寸的确定

在单层厂房中,基础顶面处由柱传来的力有轴力、弯矩和剪力,此外,还可能有基础梁传来的偏心压力以及其上填土自重。利用力的平移法则,可将它们简化为作用于基底的偏心压力 N_{bot},其偏心距为 $e_0 = M_{bot}/N_{bot}$,根据 e_0 的不同,基底反力可划分为如图 11.49 所示的三种情况,当基底处总荷载 $N_{bot} = (N+G)$ 作用于基础底面核心范围以内时,基底全部为压应力;基底反力的分布呈梯形,边缘最大、最小基底反力分别为:

$$P_{max} = \frac{N_{bot}}{A} + \frac{M_{bot}}{W} \tag{11.37}$$

$$P_{min} = \frac{N_{bot}}{A} - \frac{M_{bot}}{W} \tag{11.38}$$

当 N_{bot} 正好作用底面核心边缘上时($e_0 = a/6$),距 N_{bot} 较远一侧基础边缘的地基反力为零,基底反力呈三角形分布,距 N_{bot} 较近一侧基础边缘的基底反力 P_{max} 仍可按式(11.37)计算。

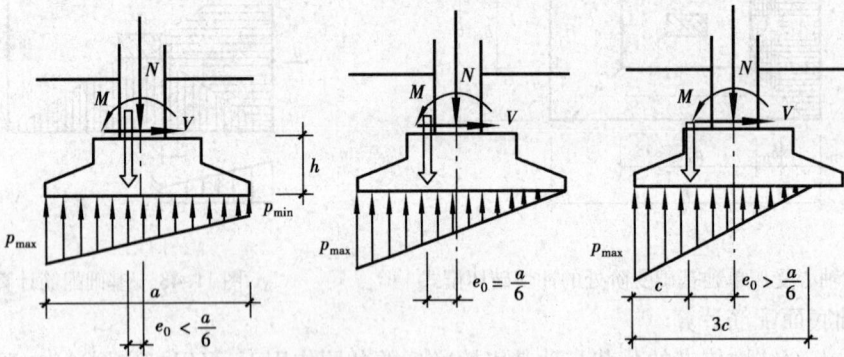

图 11.49　偏心受压单独基础的地基反力分

当 $e_0 > d/6$ 时,距 N_{bot} 较远一侧边缘将与地基脱开,基底反力呈三角形分布。根据基底反力合力作用点与 N_{bot} 的作用点相重合的条件,不难求得基底反力分布的长度(基础与地基接触的长度) $s = 3c$,其中 c 为 N_{bot} 到基底反力较大边缘的距离, $c = a/2 - e_0$,根据静力平衡条件可得距 N_{bot} 较近一侧基础底面边缘的基底最大反力:

$$P_{max} = \frac{2N_{bot}}{3cb} = \frac{2N_{bot}}{3\left(\frac{a}{2} - e_0\right)b} \tag{11.39}$$

式中　N_{bot}——荷载值引起的作用于基础底面的总反力,等于柱传来的压力设计值 N 与基础自重设计值及其上部回填土自重标准值之和,即 $N_{bot} = N + G$;

e_0——荷载设计值引起的 N_{bot},对基底的偏心距,$e_0 = M_{bot}/N_{bot}$;

W——基础底面的截面抵抗矩,对矩形截面 $W = \dfrac{1}{6}a^2 b$,以 m^3 计;

M_{bot}——荷载设计值引起的作用于基底的总弯矩,等于柱传至基础顶面的弯矩 M 与相应的剪力 V 乘基础高度 h 之和,

即
$$M_{bot} = M \pm V \cdot h;$$

a——基底的长边;

b——基底的短边。

如果设置基础梁,在计算 N_{bot} 和 M_{bot} 时尚应考虑基础梁传来的荷载。

偏心荷载作用时基础底面积多为矩形,其确定步骤大致如下:

①先按轴心受压计算底面积,然后扩大 $1.2 \sim 1.4$ 估算偏心荷载作用时的基础底面积 $A = a \times b$,基础底面长短边之比 $a/b = 1.5 \sim 2.0$;

②验算基础底面压应力,要求:

$$P_{max} \leqslant 1.2f \tag{11.40}$$

$$P = \frac{P_{max} + P_{min}}{2} \leqslant f \tag{11.41}$$

③对基础底面压应力图形的要求:

A. 当地基承载力标准值 $f_k < 200\ kN/m^2$ 时,对吊车起重量 $Q \geqslant 750\ kN$ 的厂房柱基础,或吊车起重 $Q > 150\ kN$ 的露天栈桥柱基础,基础压应力图形为梯形,并要求 $P_{min}/P_{max} \geqslant 0.25$;

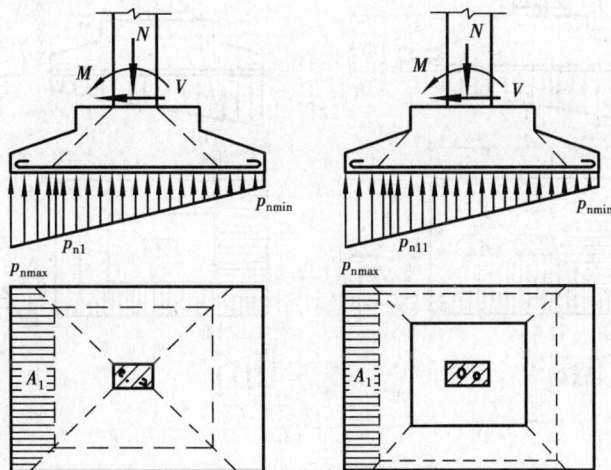

图 11.50　偏心受压基础沿柱边或变阶处的抗冲切计算简图

B. 除上列情况以外有吊车厂房柱基础,基础压应力图形允许为三角形,即 $P_{min} \geqslant 0$;

C. 对于仅有风载而无吊车荷,载的柱基,允许基础底面不完全与地基接触,但接触部分长度与基础长度之比 $3c/a \geqslant 0.75$;同时,还应验算基础底板受拉一边在底板自重及上部土重作用下的抗弯强度。

2)基础高度的确定

确定偏心受压基础的高度,其方法原则上与轴心受压基础相同,仍可按式(11.30)进行抗

冲切验算。不同的是,在式(11.27)中F_L应考虑基底反力不均匀分布的影响,此时,F_L可按下式计算:

$$F_L = P_{max} \cdot A_1 \qquad (11.42)$$

式中　P_{max}——在荷载设计值(不包括基础及其上回填土自重)作用下基底的最大净反力(图11.50);

　　　A_1——计算冲切荷载时所取用的基底面积,仍按式(11.28)、(11.29)计算。

变阶处的抗冲切验算可按上述方法进行,只需把基础上阶当做柱子考虑(图11.50)。

3)基础底面配筋计算

偏心受压基础基底配筋计算的方法原则上与轴心受压的相同,只是控制截面上的弯矩(M_I与M_{II})的计算略有不同,在式(11.35)、(11.36)中,土壤净反力P_n也应考虑不均匀分布的影响。在计算M_I时,式(11.35)中的地基净反力按下式计算:

$$P_n = \frac{P_{max} + P_{n1}}{2} \qquad (11.43)$$

式中　P_{n1}——截面(柱边)处的地基净反力(图11.51)

在计算M_I时,式(11.43)中的地基净反力可按下式计算:

$$P_n = P_{nm} = \frac{P_{nmax} + P_{nmin}}{2} \qquad (11.44)$$

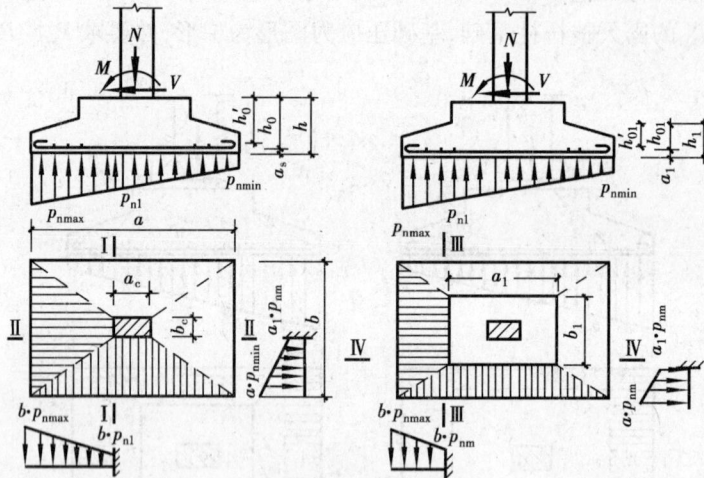

图11.51　偏心受压单独基础基底配筋计算简图

基础变阶处(图11.51)的配筋计算也与轴心受压基础相同,只是在计算M_I与M_{II}时,要分别用$(P_{nmax} + P_{n1})/2$和$(P_{nmax} + P_{nmin})/2$代替P_n。

本 章 小 结

1. 单层厂房进入施工图阶段结构设计的内容和步骤是:

1)结构选型和布置;

2）结构计算包括定简图、算荷载,内力分析组合及构件截面配筋计算等;

3）绘结构施工图(包括各种结构构件布置、模板及配筋图)。

2. 单层厂房结构布置包括屋面结构、柱及柱间支撑、吊车梁、过梁、圈梁、基础及基础梁等结构构件的布置。其中尤其要重视屋面支撑系统及柱间支撑系统的布置,它们不仅影响个别构件的承载力(如屋架上弦杆),而且与厂房的整体性和空间工作有关。

3. 单层厂房一般只按横向平面排架计算,当横向排架少于 7 榀或需考虑地震作用时,也应对纵向排架进行计算。横向平面排架根据屋盖的刚度、有无山墙(或横墙)、厂房的跨数和跨度等以及考虑受荷特点,在计算中可能遇到柱顶为不动铰支排架、可动铰支排架以及弹性铰支三种排架计算简图。第一种为厂房空间作用很大或承受对称竖向荷载时采用;第二种为厂房空间作用很小时采用;第三种为考虑厂房空间作用时采用。

4. 为保证结构的可靠性,排架柱应根据最不利荷载组合下的内力进行设计。荷载组合的原则是最不利又是可能的。考虑到屋面活荷载、吊车荷载与风荷载在使用期间不可能同时达到峰值。因此,对一般排架结构当活荷载与风载同时考虑时,除恒载外,均应乘以小于 1 的组合系数(0.85)。

5. 排架柱的设计内容包括在使用阶段排架平面内(偏心受压)、排架平面外(轴心受压)各控制截面的配筋计算,施工阶段的吊装验算以及牛腿的计算和构造,并绘制柱(包括牛腿)的模板图与配筋图。

6. 柱下单独基础的底面尺寸、基础高度(包括变阶处的高度)以及基底沿长边和短边两个方向的配筋应分别满足地基土承载力、基础抗冲切以及抗弯承载力的要求。此外,还应遵守有关构造要求。

7. 吊车梁、屋架也是厂房的主要承重构件,一般可选用标准图,但为处理这类构件工程事故或遇到特殊情况时,还应了解它们各自的受力特点及设计要点,在参考有关专著的基础上,掌握这类构件的计算和构造。

思 考 题

11.1 单层厂房结构设计在施工图阶段的内容和步骤是什么?

11.2 单层厂房横向承重结构有哪几种结构类型?它们各自的适用范围如何?

11.3 单层厂房结构布置的内容和要求是什么?结构布置的目的何在?

11.4 单层厂房中有哪些支撑?它们的作用是什么?

11.5 单层厂房的空间作用和受荷特点在内力计算时可能遇到哪几种排架计算简图?它们分别在什么情况下采用?

11.6 荷载组合的原则是什么?荷载组合中为什么要引入荷载组合系数?

11.7 排架柱的截面尺寸和配筋是怎样确定的?

11.8 牛腿可能发生哪几种破坏?牛腿的尺寸和配筋如何确定?

11.9 柱下单独基础的底面尺寸、基础高度包括变阶处的高度以及基底配筋是根据什么条件确定的?为什么在确定基底尺寸时要采用全部土壤反力值?而在确定基础高度和基底配筋时又采用土壤净反力不考虑基础及其台阶上回填土自重的设计值?

附表 11   单层厂房排架柱柱顶反力与位移

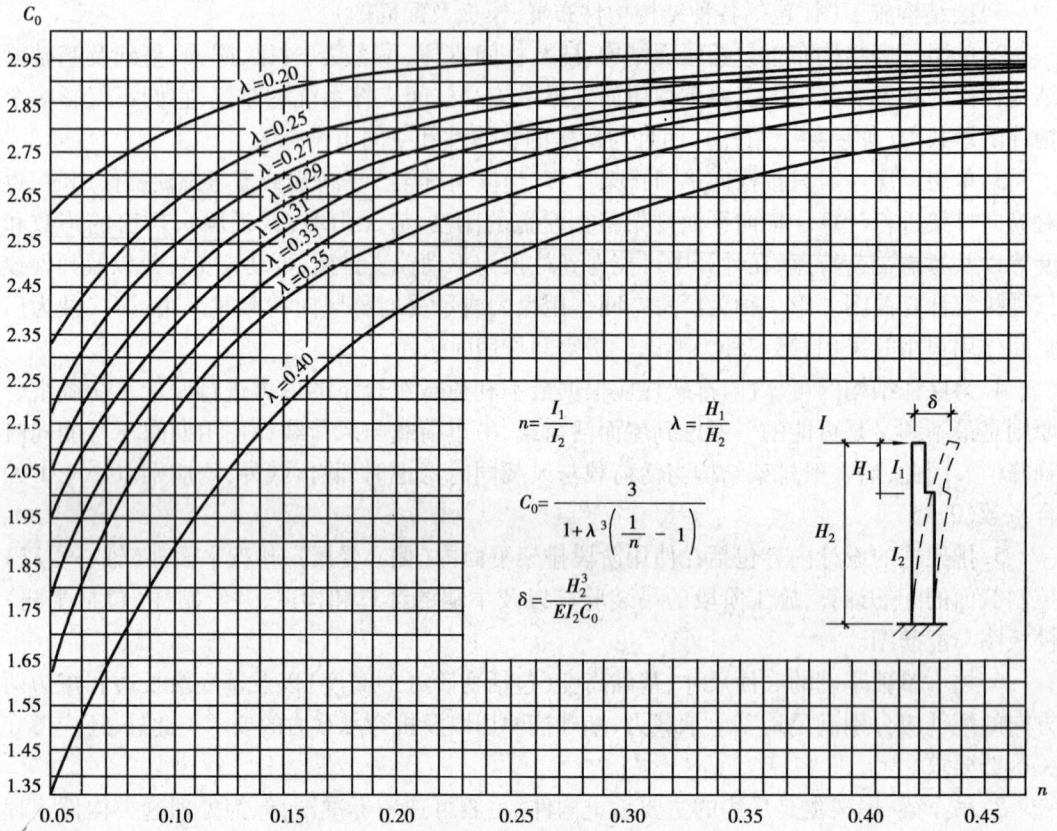

附表图 11.1   柱顶单位集中荷载作用下系数 C_0

$$n = \frac{I_1}{I_2} \qquad \lambda = \frac{H_1}{H_2}$$

$$C_0 = \frac{3}{1 + \lambda^3 \left(\frac{1}{n} - 1 \right)}$$

$$\delta = \frac{H_2^3}{EI_2 C_0}$$

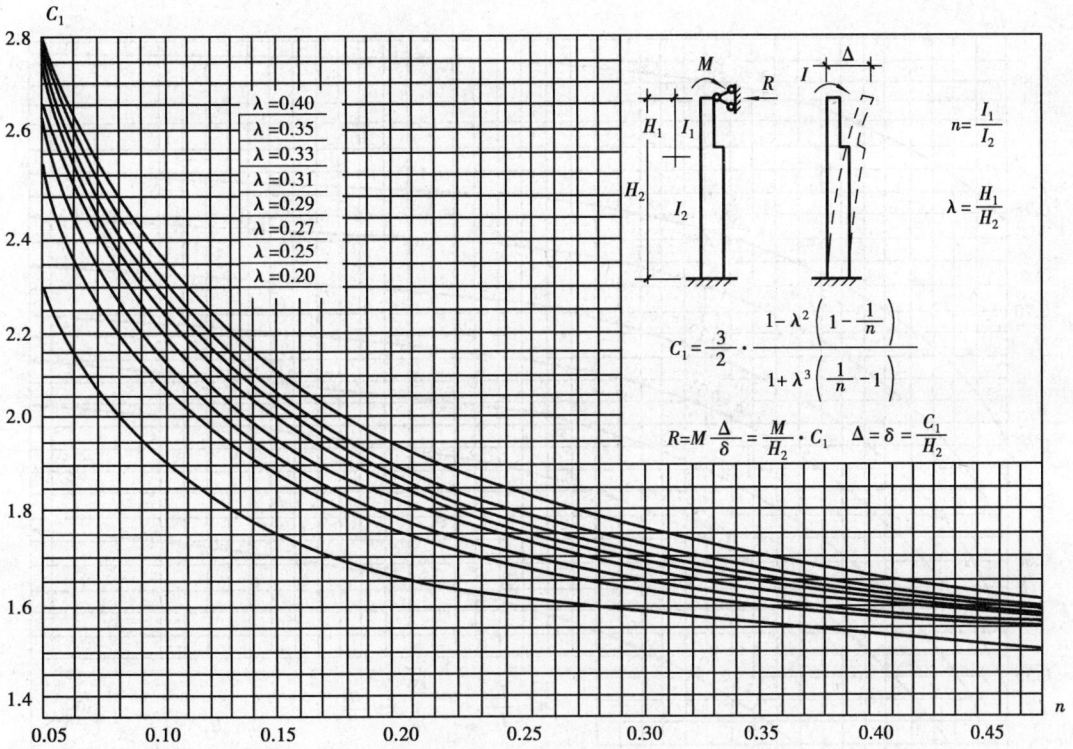

附表图 11.2 柱顶系数 C_1

公式（图中）：

$$n = \frac{I_1}{I_2}$$

$$\lambda = \frac{H_1}{H_2}$$

$$C_1 = \frac{3}{2} \cdot \frac{1 - \lambda^2 \left(1 - \frac{1}{n}\right)}{1 + \lambda^3 \left(\frac{1}{n} - 1\right)}$$

$$R = M \frac{\Delta}{\delta} = \frac{M}{H_2} \cdot C_1 \qquad \Delta = \delta = \frac{C_1}{H_2}$$

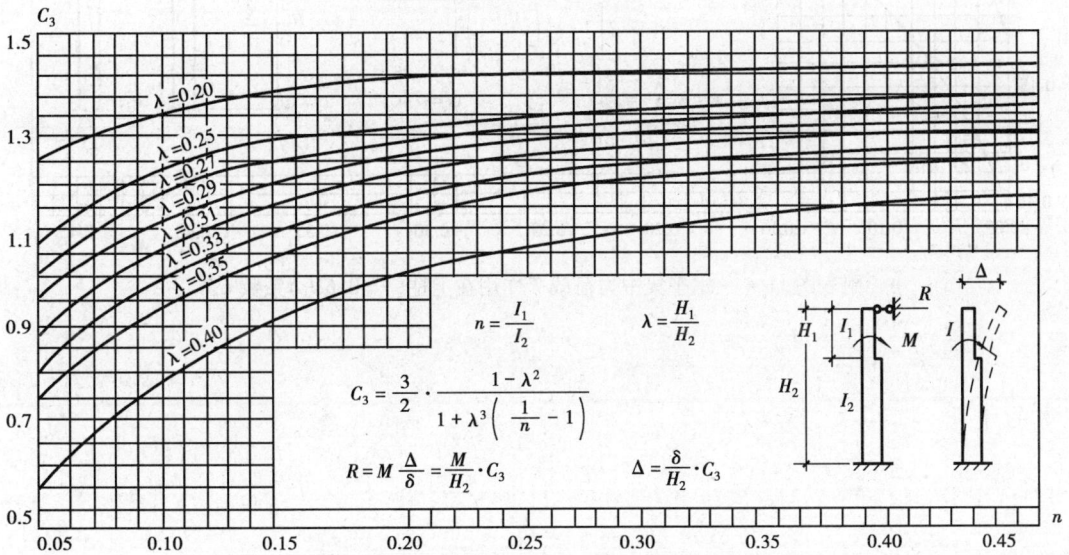

附表图 11.3 牛腿顶面处力矩 M 作用下系数 C_3

公式（图中）：

$$n = \frac{I_1}{I_2} \qquad \lambda = \frac{H_1}{H_2}$$

$$C_3 = \frac{3}{2} \cdot \frac{1 - \lambda^2}{1 + \lambda^3 \left(\frac{1}{n} - 1\right)}$$

$$R = M \frac{\Delta}{\delta} = \frac{M}{H_2} \cdot C_3 \qquad \Delta = \frac{\delta}{H_2} \cdot C_3$$

119

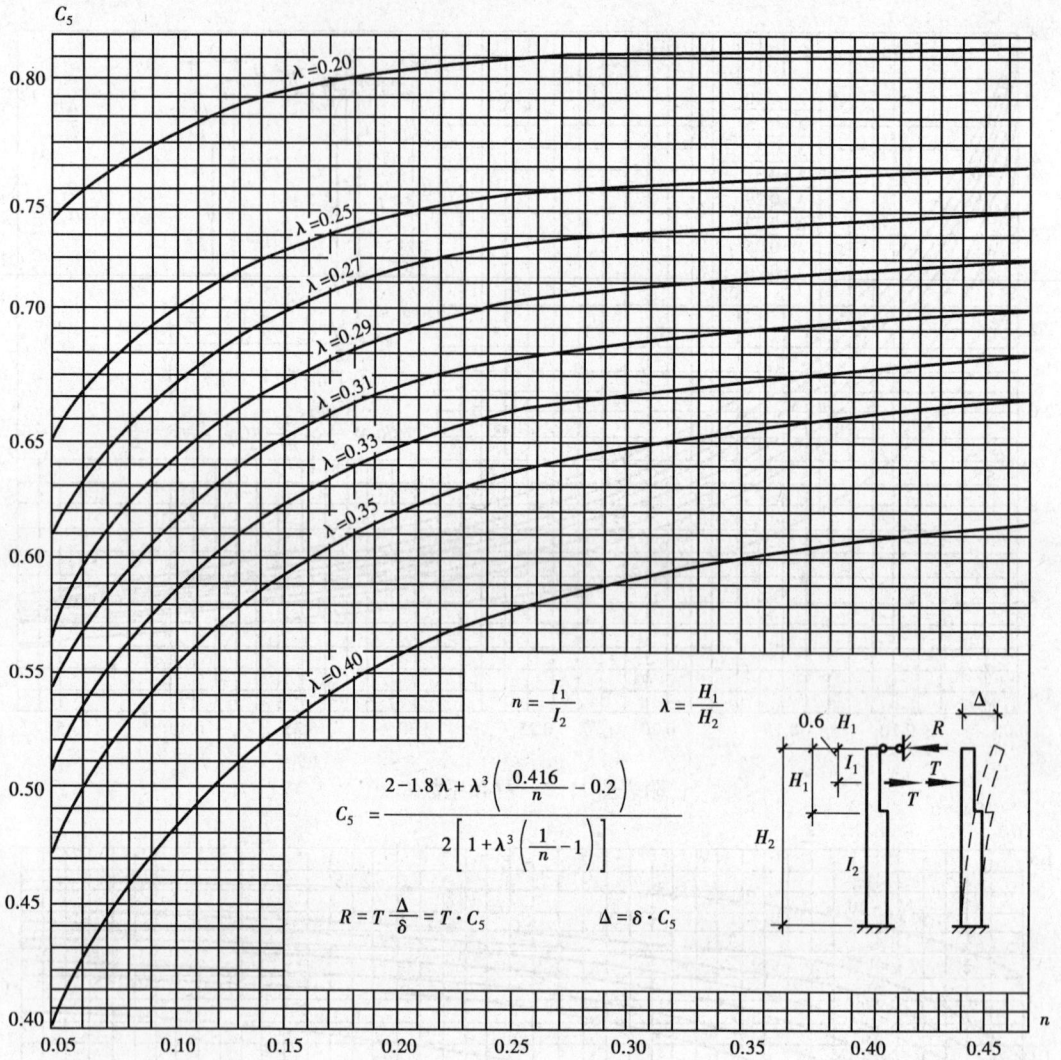

附表图 11.4　水平集中力荷载 T 作用在上柱($y = 0.6H_1$)系数 C_5

以下为图中公式部分：

$$n = \frac{I_1}{I_2} \qquad \lambda = \frac{H_1}{H_2}$$

$$C_5 = \frac{2 - 1.8\lambda + \lambda^3\left(\dfrac{0.416}{n} - 0.2\right)}{2\left[1 + \lambda^3\left(\dfrac{1}{n} - 1\right)\right]}$$

$$R = T\frac{\Delta}{\delta} = T \cdot C_5 \qquad \Delta = \delta \cdot C_5$$

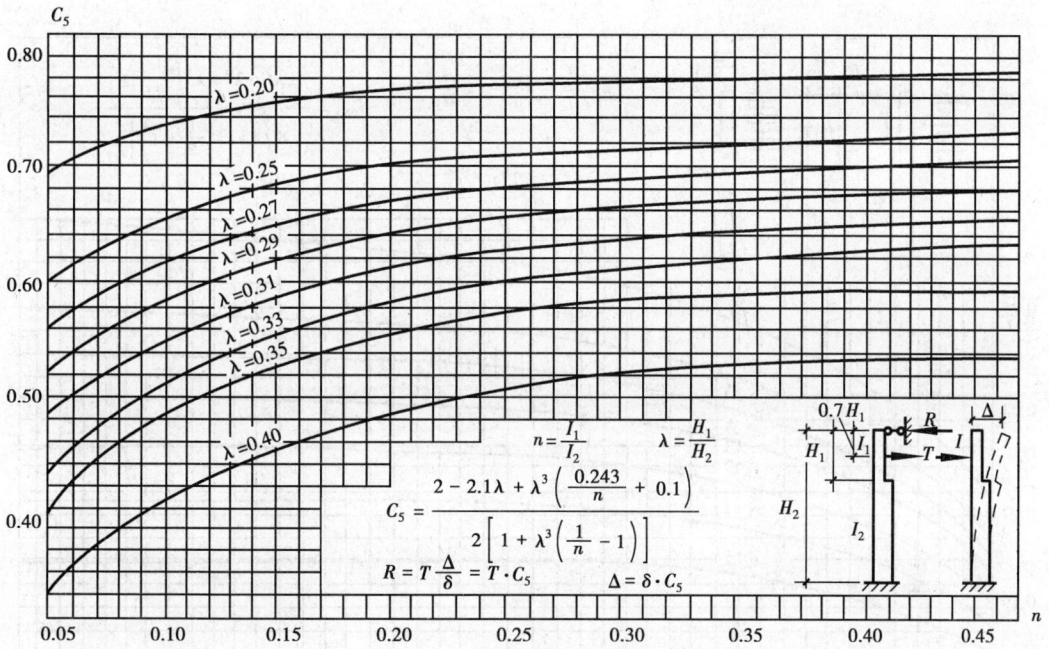

附表图 11.5　水平集中力荷载 T 作用在上柱($y = 0.7H_1$)系数 C_5

$$n = \frac{I_1}{I_2} \qquad \lambda = \frac{H_1}{H_2}$$

$$C_5 = \frac{2 - 2.1\lambda + \lambda^3 \left(\dfrac{0.243}{n} + 0.1 \right)}{2 \left[1 + \lambda^3 \left(\dfrac{1}{n} - 1 \right) \right]}$$

$$R = T\frac{\Delta}{\delta} = T \cdot C_5 \qquad \Delta = \delta \cdot C_5$$

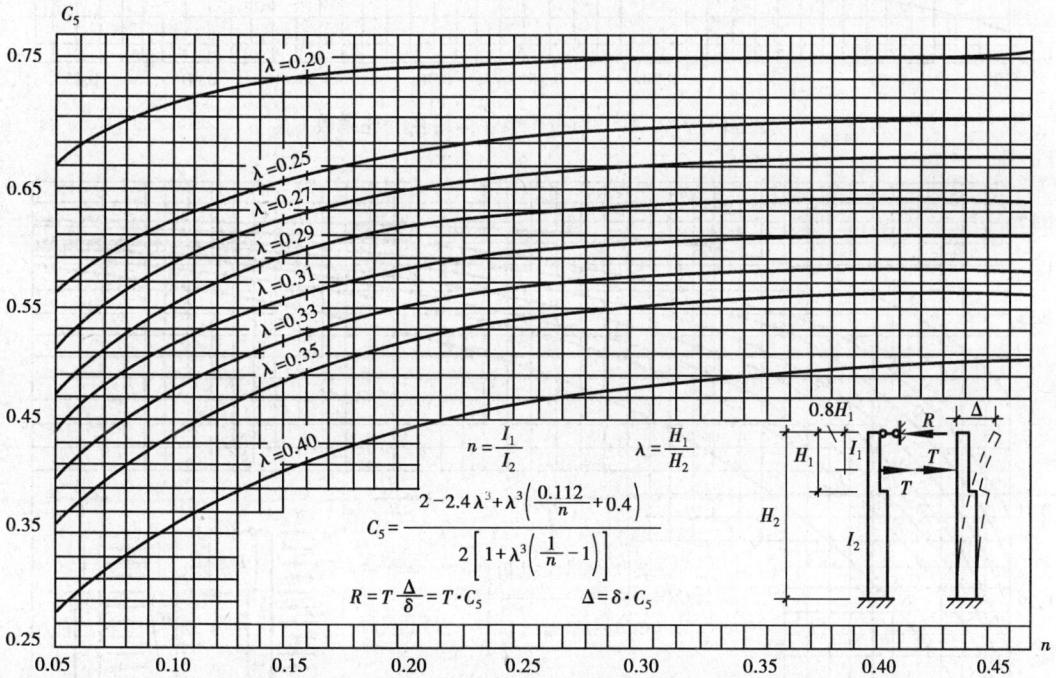

附表图 11.6　水平集中力荷载 T 作用在上柱($y = 0.8H_1$)系数 C_5

$$n = \frac{I_1}{I_2} \qquad \lambda = \frac{H_1}{H_2}$$

$$C_5 = \frac{2 - 2.4\lambda^3 + \lambda^3 \left(\dfrac{0.112}{n} + 0.4 \right)}{2 \left[1 + \lambda^3 \left(\dfrac{1}{n} - 1 \right) \right]}$$

$$R = T\frac{\Delta}{\delta} = T \cdot C_5 \qquad \Delta = \delta \cdot C_5$$

121

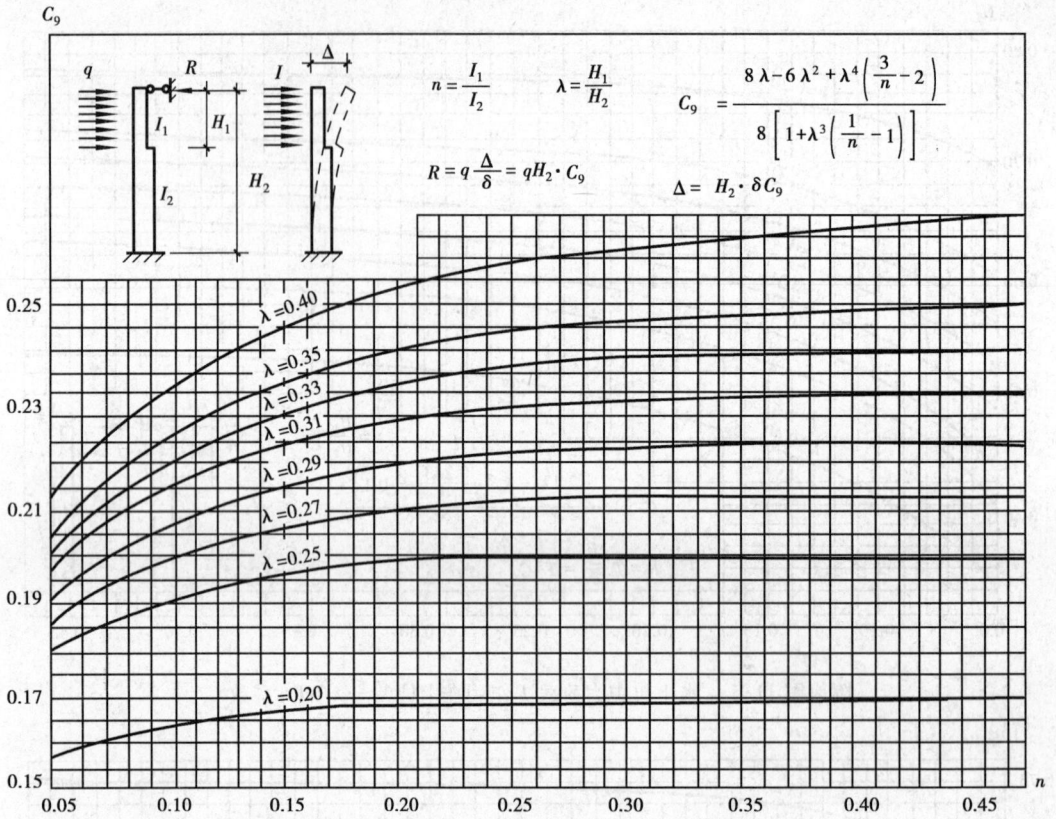

附表图 11.7　水平均布荷载 q 作用在上柱系数 C_9

$$n = \frac{I_1}{I_2} \qquad \lambda = \frac{H_1}{H_2}$$

$$C_9 = \frac{8\lambda - 6\lambda^2 + \lambda^4\left(\dfrac{3}{n} - 2\right)}{8\left[1 + \lambda^3\left(\dfrac{1}{n} - 1\right)\right]}$$

$$R = q\frac{\Delta}{\delta} = qH_2 \cdot C_9 \qquad \Delta = H_2 \cdot \delta C_9$$

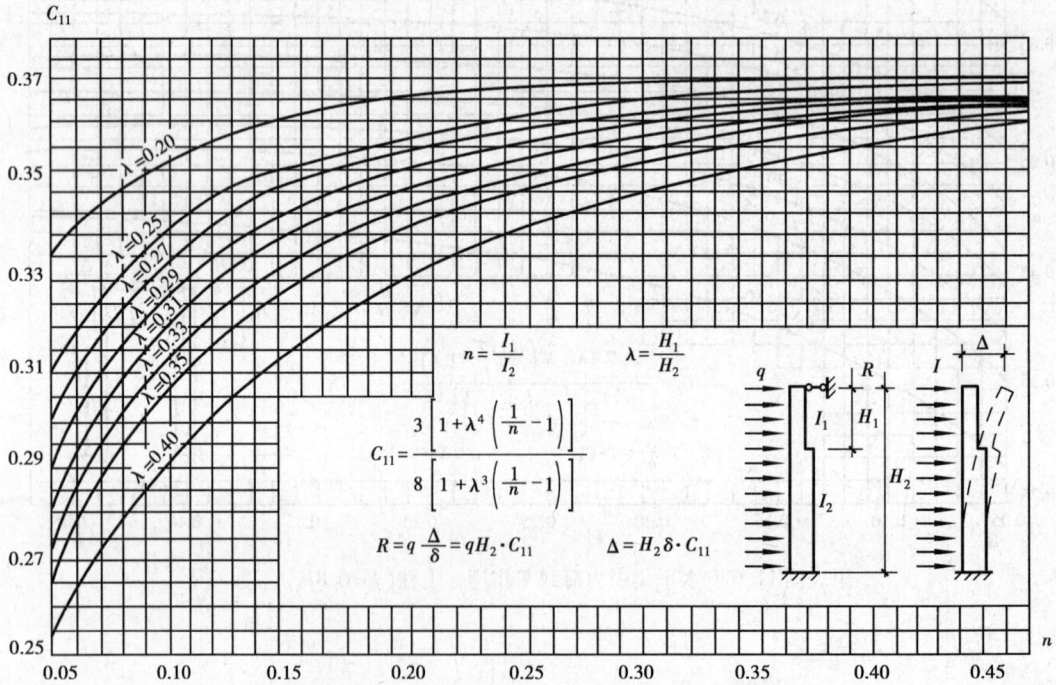

附表图 11.8　水平均布荷载 q 作用在全柱系数 C_{11}

$$n = \frac{I_1}{I_2} \qquad \lambda = \frac{H_1}{H_2}$$

$$C_{11} = \frac{3\left[1 + \lambda^4\left(\dfrac{1}{n} - 1\right)\right]}{8\left[1 + \lambda^3\left(\dfrac{1}{n} - 1\right)\right]}$$

$$R = q\frac{\Delta}{\delta} = qH_2 \cdot C_{11} \qquad \Delta = H_2\delta \cdot C_{11}$$

第 *12* 章
多层框架结构房屋

学习要求:本章主要讲述多层框架结构的类型、荷载、布置、内力分析及节点构造等。通过学习,应掌握:框架结构按承重体系划分的原则;框架结构的设计步骤、作用在框架上的荷载,地震区考虑地震作用;在竖向荷载作用下,可用弯矩二次分配法求解内力;水平荷载作用下可采用 D 值法和修正的反弯点法求解内力。内力分析后要进行组合,求出构件控制截面的最不利内力,以确定截面的配筋,满足规范规定的构造要求。

12.1 概 述

随着国民经济的发展,为节约用地,在我国的工业或民用建筑中,多层房屋和高层房屋日渐增多。

在我国《高层建筑混凝土结构技术规程》(JGJ 3—2002)中把 10 层及 10 层以上或房屋高度大于 28 m 的建筑定义为高层建筑。

多层房屋及高层房屋可以采用砖混结构、钢筋混凝土结构及钢结构等,由于砖砌体的强度低、体积及自重大,所以砖混结构一般只用于多层房屋。钢筋混凝土结构和钢结构建造的多层房屋及高层房屋,具有较高的强度、较好的延性和抗震性能,由于钢结构造价较高,目前,在许多国家中高层建筑多采用钢筋混凝土结构。本章着重介绍现浇钢筋混凝土多层框架结构设计(非抗震设防)。

钢筋混凝土多层房屋及高层房屋随其层数及总高度的不同,有以下几种主要的结构体系。

1)框架结构体系(图 12.1(a))。这种体系是以由梁、柱组成的框架作为竖向承重和抗水平作用的结构体系。框架结构可为建筑提供灵活布置的室内空间,因而很适合于多层工业厂房以及民用建筑中的多高层办公楼、旅馆、医院、学校、商店和住宅建筑。

框架结构在水平荷载作用下则表现出刚度小,水平位移大的特点,故亦称柔性结构。由于它的构件截面小,抗震性能较差,所以高度受限制。非抗震设防区,其高度也不宜超过 60 m。

2)剪力墙结构体系(图 12.1(b))。这种体系由钢筋混凝土墙体承受全部水平和竖向荷载。它刚度大,整体性能好,抗震性能好,故能适用于较高建筑。但剪力墙结构由于墙的间距密,建筑平面的空间小,使用受到限制。

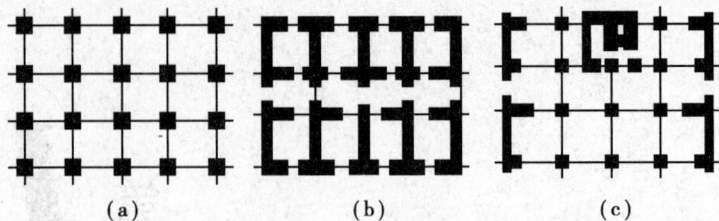

图 12.1　三大常规结构体系

3)框架—剪力墙结构体系(图 12.1(c))。在框架结构中设置适量的剪力墙,即组成框架—剪力墙结构体系。这种体系结合了两个体系的各自优点,因而广泛地应用于高层办公楼及宾馆等建筑。

4)筒体结构体系(图 12.2)。这种体系是由剪力墙构成空间薄壁筒体成为竖向悬臂箱形梁,或由加密柱和刚度较大的裙梁形成框架筒,以一个或多个筒体为主要抗侧力构件的结构。它与剪力墙结构相比较,具有更大的空间刚度,更好的抗震性能,适合于更高的建筑。

筒体结构通常有:框架—筒体结构(图 12.2(a))、筒中筒结构(图 12.2(b))、多重筒结构(图 12.2(c))等。

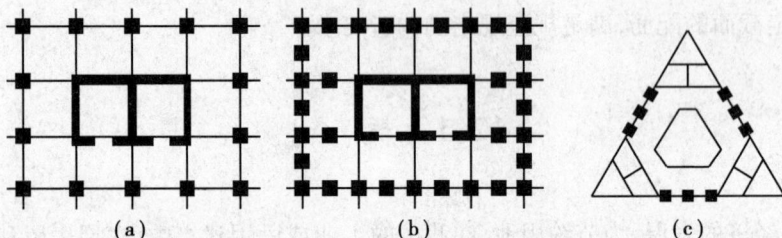

图 12.2　筒体结构的类型

现浇钢筋混凝土房屋的结构体系和最大高度应符合表 12.1 的要求(《建筑抗震设计规范》GB 50011—2001)。

表 12.1　现浇钢筋混凝土房屋适用的最大高度/m

结构体系	非抗震设计	地　震　烈　度			
		6	7	8	9
框　架	60	60	55	45	25
框架—剪力墙	130	130	120	100	50
剪力墙	140	140	120	100	60
部分框支剪力墙	120	120	100	80	不采用
框架—核心筒	150	150	130	100	70
筒中筒	180	180	150	120	80
板柱—剪力墙	40	40	35	30	不采用

当房屋高度超过表 12.1 规定值时,设计应有可靠依据并采取有效措施。

12.2　多层房屋的结构类型

多层房屋的结构类型主要有混合结构和框架结构两大类型。框架结构的类型有以下几种。

12.2.1　全框架结构

全框架结构是房屋的竖向荷载全部由框架承担,内、外墙仅起填充和维护作用。按施工方法分,有现浇整体式框架、装配式框架、装配整体式框架三种类型。

(1)现浇整体式框架

这种框架的全部承重的梁、板、柱构件均在现场现浇成整体。

它的优点是:整体性及抗震性好,建筑平面布置灵活。

缺点是:现场工程量大,模板耗费多,工期较长。近年来,随着施工工艺及技术水平的发展和提高,如定型钢模板、商品混凝土、泵送混凝土、早强混凝土等工艺和措施,逐步克服了现浇框架的不足之处。

(2)装配式框架

这种框架的构件由预制厂预制,在现场进行装配。具有节约模板、工期短、便于机械化施工,改善劳动条件等优点。缺点是:构件预埋件多,用钢量大,房屋整体性差,不利抗震。在抗震设防地区不宜采用。

(3)装配整体式框架

装配整体式框架的做法是:将预制的梁、板、柱安装就位后,再在梁、柱节点处以及板上现浇混凝土面层,使之结合成整体,故兼有现浇式和装配式框架的一些优点,应用较为广泛。

12.2.2　内框架结构

房屋内部由梁、柱组成的框架承重,外部由砖墙承重,楼(屋)面荷载由框架与砖墙共同承担。这种框架称内框架或半框架,也称多层内框架砖房。这种房屋由于钢筋混凝土与砖两种不同材料的弹性模量不同,两者刚度不协调,所以房屋整体性和总体刚度都比较差,抗震性能差,震害比多层砖砌体房屋重。

12.2.3　底层框架砖房

底层框架砖房是指底层为框架结构,上层为承重砖墙和钢筋混凝土楼板的混合结构房屋。这种结构是因为底层建筑需要较大平面空间而采用框架结构,上层为节省造价,仍用混合结构。这类房屋上刚下柔,抗震性能差。

以上两种结构,《抗震规范》对其总高度和层数限值作了规定,见表 12.2。

表 12.2　房屋的层数和总高度限值/m

房屋类别		最小墙厚度/mm	地 震 烈 度							
			6		7		8		9	
			高度	层数	高度	层数	高度	层数	高度	层数
多层房屋	普通砖	240	24	8	21	7	18	6	12	4
	多孔砖	840	21	7	21	7	18	6	12	4
	多孔砖	190	21	7	18	6	15	5		
	小砌块	190	21	7	21	7	18	6		
底部框架—抗震墙		240	22	7	22	7	19	6		
多排柱内框架		240	16	5	16	5	13	4		

注:①房屋的总高度指室外地面到主要屋面板板顶或檐口的高度,半地下室从地下室室内地面算起,全地下室和嵌固条件好的半地下室应允许从室外地面算起,对带阁楼的坡屋面应算到山尖墙的1/2高度处。
②室内外高差大于0.6 m时,房屋总高度应允许比表中数据适当增加,但不应多于1 m。
③本表小砌块砌体房屋不包括钢筋混凝土小型空心砌块砌体房屋。

12.3　多层房屋结构的荷载

作用于多层房屋的荷载有竖向荷载和水平荷载两种。竖向荷载包括:结构自重、楼(屋)面活荷载、雪荷载等,一般为分布荷载和集中荷载;水平荷载包括:风荷载,地震作用等,一般简化为节点水平集中力。

12.3.1　竖向荷载

(1)恒荷载
恒荷载即结构自重及建筑装饰材料自重等,可按构件的设计尺寸与材料自重计算。常用材料和构件的自重可查《荷载规范》附录 A 采用。

(2)屋面活荷载
屋面活荷载指屋面均布活荷载与雪荷载。《荷载规范》规定:屋面均布活荷载不应与雪荷载同时考虑。设计计算时,取两者中较大值。

屋面均布活荷载分上人屋面和不上人屋面两种情况,其标准值为:

不上人屋面(包括挑檐和雨篷)取 0.5 kN/m²,但当施工荷载较大时,应按实际情况采用;

上人屋面取 2.0 kN/m²,但当兼作其他用途时,应按相应楼面活荷载采用。若为屋顶花园时,取 4.0~5.0 kN/m²。

雪荷载,北方部分地区雪荷载较大,应与屋面均布活荷载(当不上人时)比较取用。计算方法详见《荷载规范》。

(3)楼面活荷载
楼面活荷载取值方法工业与民用建筑有所区别。

1)民用建筑楼面均布活荷载的标准值按《荷载规范》(GB 50009—2001)中表 4.1.1 的规定采用。并在设计楼面梁、墙、柱及基础时,按《荷载规范》第 4.1.2 条规定的折减系数予以折减。如以住宅、宿舍、旅馆、办公楼、医院病房、托儿所、幼儿园等建筑为例,当梁的从属面积(指梁两侧各延伸 1/2 梁间距范围内的实际面积)超过 25 m² 时,楼面活荷载折减系数为 0.9。

对楼面活荷载进行折减,是因为构件的负荷面积越大(或负荷层数越多),楼面活荷载在全部负荷面上同时达到其标准值的概率越小。

根据设计经验,民用建筑多层框架结构的竖向荷载标准值(恒 + 活)平均为 14 kN/m² 左右。对于住宅(轻质墙体)一般为 14 ~ 15 kN/m²,墙体较少的其他民用建筑一般为 13 ~ 14 kN/m²。这些经验数据,可作为初步设计阶段估算墙、柱及基础荷载,初定构件截面尺寸的依据。

一般民用建筑,如住宅楼、办公楼等,其楼面活荷载标准值较小(2.0 kN/m²),仅占总竖向荷载 10% ~ 15%。故为简化起见,在设计中往往不考虑活载的折减,偏安全地取满载分析计算。

2)工业建筑楼面活荷载在生产使用或安装检修时,由设备、管道、运输工具及可能拆移的隔墙产生的局部荷载,均应按实际情况考虑,可采用等效均布活荷载代替。具体规定详见《荷载规范》规定。

12.3.2　风荷载

垂直于建筑物表面上的风荷载标准值 w_k,应按下式计算

$$w_k = w_0 \beta_z \mu_s \mu_z \tag{12.1}$$

式中　w_k——风荷载标准值(kN/m²);

　　　β_z——z 高度处的风振系数,是考虑脉动风压对结构的不利影响,对于房屋高度低于 30 m 或高宽比(H/B)小于 1.5 的房屋结构,可不考虑此影响,即取 $\beta_z = 1.0$,多层房屋其高度一般均低于 30 m,故一般 $\beta_z = 1.0$;

　　　μ_s——风荷载体型系数,对于矩形平面的多层房屋,迎风面为 + 0.8(压),背风面为 − 0.5(吸),其他平面详见《荷载规范》;

　　　μ_z——风压高度变化系数,应根据地面粗糙度类别按表 12.3 确定,地面粗糙度分 A、B、C、D 四类:A 类指近海海面和海岛、海岸、湖岸及沙漠地区;B 类指田野、乡村、丛林、丘陵以及房屋比较稀疏的乡镇和城市郊区;C 类指有密集建筑群的城市市区;D 类指有密集建筑群且房屋较高的城市市区;

　　　w_0——基本风压(kN/m²),按《荷载规范》给出的全国基本风压分布图采用,但不得小于 0.30 kN/m²;山区及海岛等特殊地形地区,应乘以相应的调整系数。

表 12.3　风压高度变化系数

离地面或海平面高度/m	地面粗糙类别			
	A	B	C	D
5	1.17	1.00	0.74	0.62
10	1.38	1.00	0.74	0.62
15	1.52	1.14	0.74	0.62
20	1.63	1.25	0.84	0.62
30	1.80	1.42	1.00	0.62

注:超过 30 m 时,详见《荷载规范》

12.4　框架房屋的结构布置与计算简图

12.4.1　框架结构布置的原则

框架结构布置主要是确定柱网尺寸,房屋结构布置是否合理,对结构的安全性、适用性、经济性影响很大。因此,结构设计者应根据房屋的高度、荷载情况以及建筑的使用和造型等要求,确定一个合理的结构布置方案。结构设计者可根据下述原则全面考虑:

1)尽可能减少开间、进深的类型;柱网应规则、整齐、间距合理,传力体系明确。

2)房屋平面宜尽可能规整、均匀对称,体型力求简单,以使结构受力合理。

3)提高结构总体刚度,减小位移。房屋高宽比不宜过大,一般不宜超过 5。

4)应考虑地基不均匀沉降、温度变化和混凝土收缩等影响:

①对于装配式框架,当房屋长度超过 75 m;现浇整体式框架,房屋长度超过 55 m 时,宜设置伸缩缝,将房屋划分为两段或若干段。

设置伸缩缝往往给结构处理(如抗震设防区,则缝宽要按防震缝要求设置)和建筑构造带来困难。因此,对房屋长度超过允许值不多时,尽量避免设缝,但要采取必要的措施,如:在温度影响较大部位加配钢筋;屋顶设置隔热保温层;顶层可以局部改变为刚度较小的形式或划分为长度较小几段;施工中留后浇带等。

②当同一建筑物中,因基础类型、埋深不一致或土层变化很大,以及房屋层数、荷载相差悬殊时,应设沉降缝将相邻部分分开。

但是,设沉降缝后也给结构和建筑处理带来一些问题。因此,宜采用相应的施工、结构措施来减小基础不均匀沉降,尽可能不设缝。

12.4.2　框架的布置

框架结构体系是由若干平面框架通过连系梁连接形成的空间结构体系。通常在框架结构设计中按照平面结构的受力假定来简化框架计算;将空间框架分解成纵向框架和横向框架。

如果将主要承受楼板自重的框架称为承重框架,则根据楼板布置方式不同,承重框架布置方案有以下三种：

(1)横向框架承重

这种方案特点是楼板搁在横向框架梁上,竖向荷载主要由横向框架承担,用纵向连系梁连接各榀横向框架,如图 12.3(a)所示。

在非地震区,多采用此种方案。因为房屋横向宽度小,每榀横向框架柱子也少,则房屋横向刚度一般较弱。若由横梁承受主要竖向荷载,梁的截面加大后可增加横向框架的刚度,有利于抵抗横向水平风力。

(2)纵向框架承重

这种方案特点是楼板搁在纵向框架梁上,房屋的横向布置连系梁。当为大开间柱网时(进深相对小),可考虑采用此方案,如图 12.3(b)所示。这种布置方案的优点是:通风、采光好,有利于楼层净高的有效利用。如对有集中通风要求的厂房,通风管道往往需要很大的空间,为了减小层高以降低工程造价,常常采用这种方案,此外,这种方案在房间布置上也比较灵活。但因其横向刚度较差,一般仅用于层数不多的对无抗震设防要求的厂房;民用建筑采用较少。采用该方案时,横向连系梁须与柱子刚接,且截面不能太小,以保证房屋横向刚度。

(3)纵横向框架承重

该方案两个方向的梁均要承担楼板传来的竖向荷载,梁的截面均较大,房屋双向刚度均较大。故下列情况时宜采用:当房屋柱网平面尺寸接近正方形;两个方向柱列数接近时。此时楼盖采用现浇双向板或井字梁楼盖,如图 12.3(c)所示。

此外,对有抗震设防要求的房屋,宜采用此方案。因为沿房屋两个方向的地震作用大体相同,要求房屋在两个方向都要具有较大的抗侧移刚度和抗震承载力。

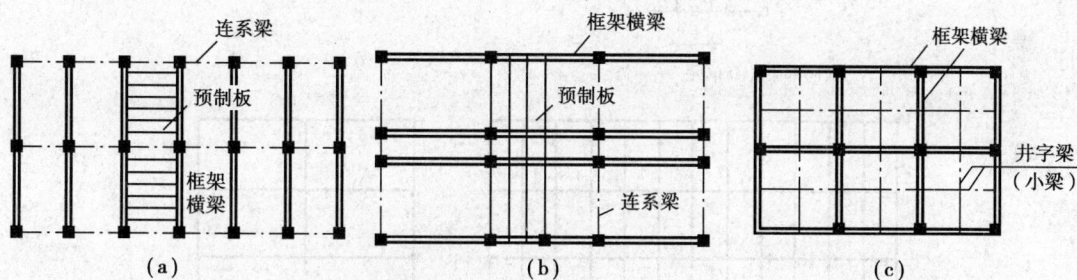

图 12.3　框架房屋的结构布置

12.4.3　框架梁、柱截面尺寸

(1)梁的截面尺寸

1)梁截面高度 h_b

现浇式　　　　　　　$h_b = (\frac{1}{10} \sim \frac{1}{12})l$　　　　(l 为梁的跨度)

装配式　　　　　　　$h_b = (\frac{1}{8} \sim \frac{1}{10})l$

2)梁截面宽度 b_b

$$b_b = (\frac{1}{2} \sim \frac{1}{3})h_b　　　　且宜 \geqslant 200 \text{ mm}。$$

(2)柱的截面尺寸

柱截面尺寸 A 的确定方法,一般是根据柱的轴向压力设计值估算,建议

$$\frac{N}{Af_c} \leq 0.9 \sim 0.95 \tag{12.2}$$

式中　A——柱的截面面积;

　　　f_c——混凝土轴心抗压强度设计值;

　　　N——柱轴压力设计值,可按该柱负荷面积大小,根据竖向荷载的经验数据估算。

柱截面可做成矩形或方形。柱截面高度 h_c 可取为 $(1/15 \sim 1/10)$ 柱高,柱截面宽度 b_c 可取为 $(1/1.5 \sim 1)h_c$。一般要求:h_c 不宜小于 400 mm;b_c 不宜小于 300 mm。

12.4.4　计算简图

(1)计算单元选取

在一般工程设计中,通常是将结构简化为一系列平面框架进行内力分析和侧移计算。即在各榀框架中选取若干榀有代表性的框架进行计算,不考虑空间工作影响,按平面框架分析,计算单元宽度取相邻开间各一半(图 12.4)。

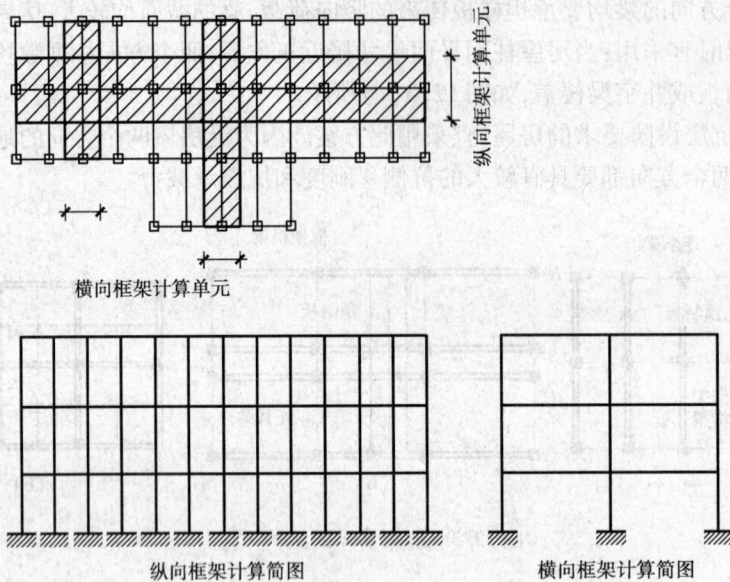

图 12.4　平面框架的计算单元

(2)计算模型的确定

在计算简图中,框架的杆件一般用其截面形心轴线表示;杆件之间的连接用节点表示,对于现浇整体式框架各节点视为刚接点;杆件的长度用节点间的距离表示;对于变截面杆件应以该杆最小截面的形心轴线表示;认为框架柱在基础顶面处为固接(图 12.5)。

通常处理的方法为:

1)框架跨度取柱轴线间距。当框架的上下层柱截面不同时,一般取顶层柱的形心线为柱的轴线。但必须注意的是,按此计算简图算出的内力是计算简图轴线上的内力,下柱配筋计算时,应将其转化为下柱截面形心处的内力。

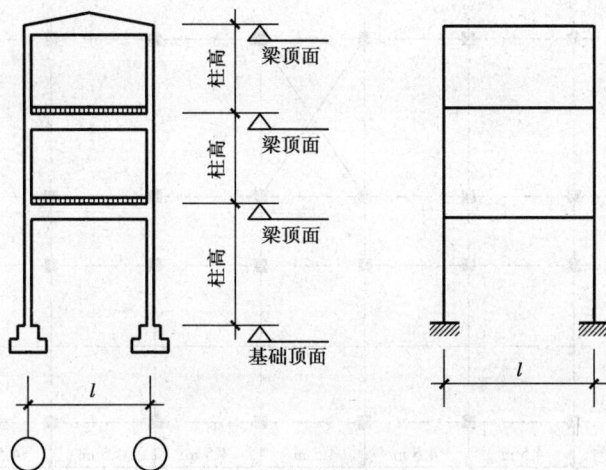

图 12.5　框架计算模型

2) 框架层高:楼层即取层高。对于底层偏安全地取基础顶面到二层梁面间的距离,当基底标高未能确定时,可近似取底层的层高加 1.0 m。

3) 为简化起见,对于各跨跨度相差不超过 10% 时,可当作具有平均跨度的等跨框架;对于斜梁或折线形横梁,当其倾斜度不超过 1/8 时,也可作水平横梁;当基础顶面标高相差小于 1.0 m 时,底柱可按平均高度计算;当个别横梁高差小于 1.0 m 时,也按同标高处理。

4) 各杆件的线刚度

梁、柱的线刚度分别为 $i_b = EI_b/l$ 和 $i_c = EI_c/h$,此处 I_b,I_c 各为梁、柱的截面惯性矩;l、h 各为梁的跨度和柱高。

柱的 I_c 按实际截面计算:而梁的 I_b 应根据梁与板的连接方式而定:

对于现浇整体式框架梁:

中框架梁 $I_b = 2.0I_0$　　　　边框架梁 $I_b = 1.5I_0$

对于装配整体式框架梁:

中框架梁 $I_b = 1.5I_0$　　　　边框架梁 $I_b = 1.2I_0$

其中 I_0 为按矩形截面计算的惯性矩。

5) 当框架梁为带斜腋的变截面梁时,若 $h_b'/h_b < 1.6$ 时,可不考虑斜腋的影响,按等截面梁进行内力计算(h_b' 为梁端带腋截面的高度,h_b 为跨中截面高度)。

(3) 荷载的简化

1) 水平风荷载可化成作用于框架节点处的水平集中荷载,并合并于迎风面一侧:

2) 作用框架上的次要荷载可以简化为与主要荷载相同的荷载形式。

例 12.1　某教学楼,如图 12.6 所示平面。4 层,层高 4.2 m,设基础顶面标高为 -1.0 m,室内外高差为 0.3 m,基本风压 $w_0 = 0.75$ kN/m²(按 B 类地区考虑)。要求:

(1) 结构布置(现浇整体式);

(2) 确定梁、柱截面尺寸;

(3) 确定横向框架在风荷载作用下的计算简图(取框架一榀)。(地面粗糙类别 B)

解　(1) 结构布置

采用横向框架承重方案,梁、柱布置图 12.6 所示。

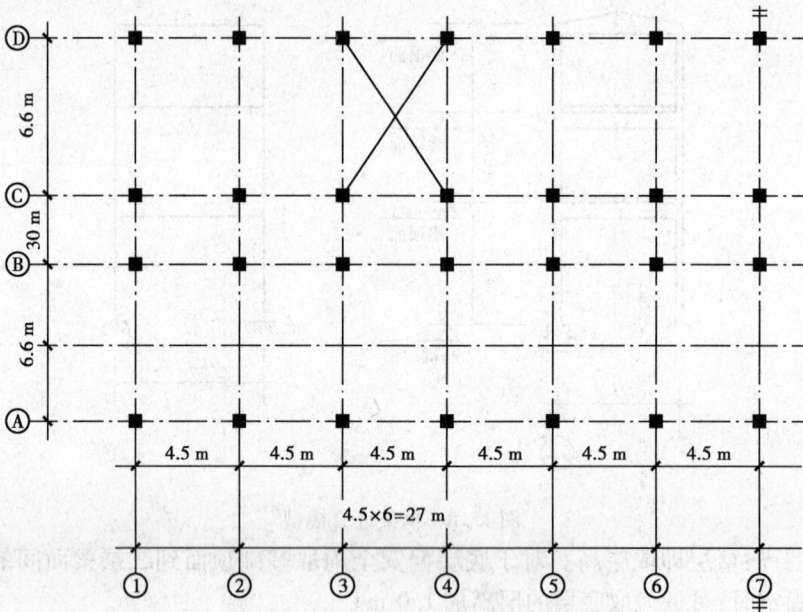

图 12.6　教学楼平面示意图

(2)确定梁、柱截面尺寸

取 C20 混凝土　$f_c = 9.6 \text{ N/mm}^2$

①柱截面尺寸

取竖向荷载标准值为 13 kN/m²,恒荷载、活荷载综合分项系数为 1.25,则底层内中柱轴力设计值 N 估为:

$$N = 1.25 \times 13 \times 4.5 \times (6.6 + 3.0)/2 \times 4 = 1404 \text{ kN}$$

$$A = 1.1 \times N/f_c = 1.1 \times 1404 \times 10^3/9.6 = 160875 \text{ mm}^2$$

采用方形截面,则 $h_c = b_c = \sqrt{A} = 401 \text{ mm}$

取 450 mm × 450 mm

②梁截面尺寸

横向框架梁:

边跨(6.6 m)　　　　$h = (1/12 - 1/10)L = 550 \sim 660 \text{ mm}$　　　取 $h = 650 \text{ mm}$

$b = (1/2 \sim 1/3)h$　　　　　　　　$b = 217 \sim 325 \text{ mm}$　　　取 $b = 250 \text{ mm}$

中跨(3.0 m)　　　　取 250 mm × 450 mm

纵向框架梁:(连系梁)　　　取 200 mm × 400 mm

(3)横向水平风荷载计算(⑥轴框架)

$$w_0 = 0.75 \text{ kN/m}^2;　　　H = 5.2 + 4.2 \times 3 = 17.8 \text{ m} < 30 \text{ m}, \text{ 故}$$

$\beta_z = 1.0$;风压体型系数,查《荷载规范》$\mu_s = 0.8 + 0.5 = 1.3$;风压高度变化系数 μ_z 计算如下;(查表 12.3,用内查法计算)。

$H = 5.2,　　\mu_z = 1.00$

$H = 9.4,　　\mu_z = 1.00$

$H = 13.6,　　\mu_z = 1 + (1.14 - 1.00)/(15 - 10) \times (13.6 - 1 + 0.3 - 10) = 1.08$

$H = 17.8$ m,　$\mu_z = 1.14 + (1.25 - 1.14)/(20 - 15) \times (17.8 - 1 + 0.3 - 15) = 1.19$

则：

各节点处(各层标高处)的集中水平风力为：

$$w_k = w_0 \beta_z \mu_s \mu_z = 0.75 \times 1.00 \times 1.3 \times \mu_z = 0.975\mu_z \ \text{kN/m}^2$$

$$W_i = w_k \times 4.5 \times (h_i + h_{i+1})/2 = 2.19\mu_z(h_i + h_{i+1})$$

则：

$W_4 = 2.19 \times (4.2 + 0.0) \times 1.19 = 10.94$ kN

$W_3 = 2.19 \times (4.2 + 4.2) \times 1.08 = 19.87$ kN

$W_2 = 2.19 \times (4.2 + 4.2) \times 1.00 = 18.40$ kN

$W_1 = 2.19 \times (5.2 + 4.2) \times 1.00 = 20.59$ kN

风荷载分布图见图 12.7。

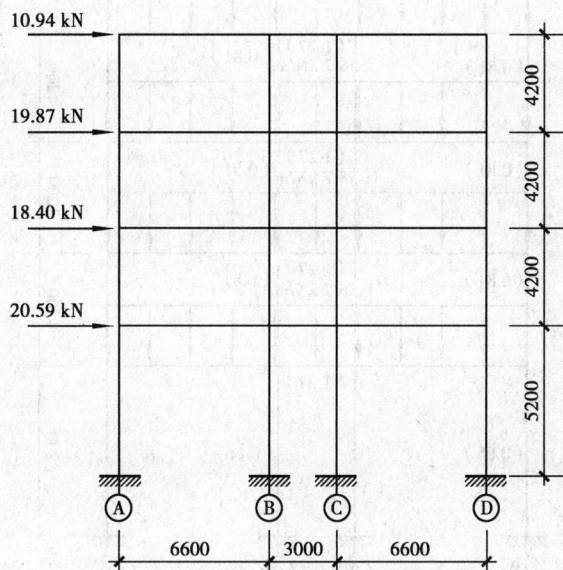

左风作用下框架计算简图

图 12.7

12.5　框架结构的内力分析及侧移验算

多层框架的内力和侧移计算,可采用电算求解或手工计算来完成。目前已有多种应用程序(如 PK 程序)进行结构的设计及计算,并可直接绘制结构施工图。

如用手工计算,一般采用近似方法。现有多种近似方法,下面主要介绍弯矩二次分配法、反弯点法及 D 值法(改进反弯点法)。

12.5.1　竖向荷载作用下的内力近似计算——弯矩二次分配法

多层框架在竖向荷载作用下,其节点侧移一般都很小,若忽略不计,则可采用弯矩分配法近似求解内力。

弯矩二次分配法是对弯矩分配法的进一步简化。这个方法就是将各节点的不平衡弯矩同时进行分配和传递，并以二次分配为限。具体步骤如下：

1）计算每一节点的分配系数；

2）计算每一跨梁在竖向荷载作用下的固端弯矩；

3）计算节点的不平衡弯矩；

4）将各节点处的不平衡力矩同时进行分配并向远端传递后，再在各节点分配一次，即结束。

例 12.2　试用弯矩二次分配法计算[例 12.1]的框架弯矩。其中屋面框架梁所受竖向荷载设计值为 44 kN/m，其余各层框架梁所受竖向荷载设计值为 58 kN/m。

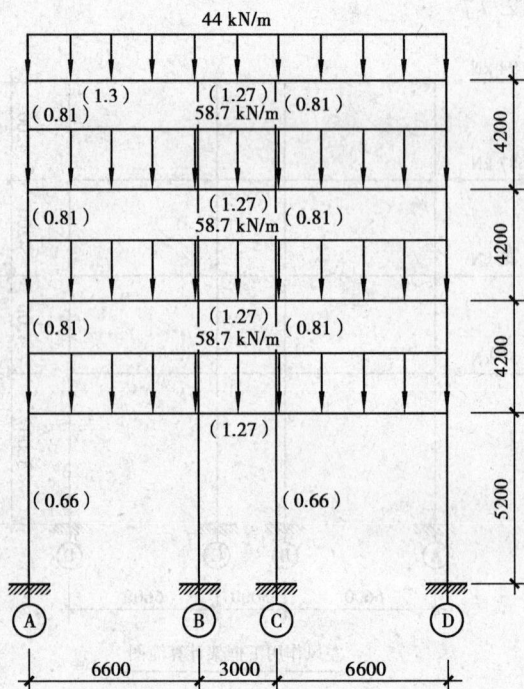

图 12.8　例题 12.2 附图

解　（1）杆件相对线刚度计算

①梁

边跨　$I_0 = 0.25 \times 0.65^3/12 = 5.72 \times 10^{-3}$ m⁴

$I_b = 1.5I_0 = 8.58 \times 10^{-3}$ m⁴

相对线刚度为　　$8.58/6.6 = 1.30$

中跨　$I_0 = 0.25 \times 0.45^3/12 = 1.9 \times 10^{-3}$ m⁴

$I_b = 2.0I_0 = 3.80 \times 10^{-3}$ m⁴

相对线刚度为　　$3.80/3 = 1.27$

②柱

$I_c = 0.45 \times 0.45^3/12 = 3.42 \times 10^{-3}$ m^4

1 层柱相对线刚度为　　　$3.42/5.2 = 0.66$

其他层柱相对线刚度为　　$3.42/4.2 = 0.81$

（2）分配系数计算

本框架结构对称,荷载对称,可利用对称性原理仅计算其一半(0.64),即将中跨梁的相对线刚度乘以线刚度修正系数 1/2 即可。分配系数计算如下:

结点 E:　　$\mu_{EJ} = 1.30/(1.30 + 0.81) = 0.62$

　　　　　　$\mu_{ED} = 1 - 0.62 = 0.38$

结点 D:　　$\mu_{DE} = 0.81/(1.30 + 0.81 + 0.81) = 0.28$

　　　　　　$\mu_{DI} = 1.30/(1.30 + 0.81 + 0.81) = 0.44$

　　　　　　$\mu_{DC} = 1 - 0.28 - 0.44 = 0.28$

其他节点的分配系数计算从略,图 12.9。

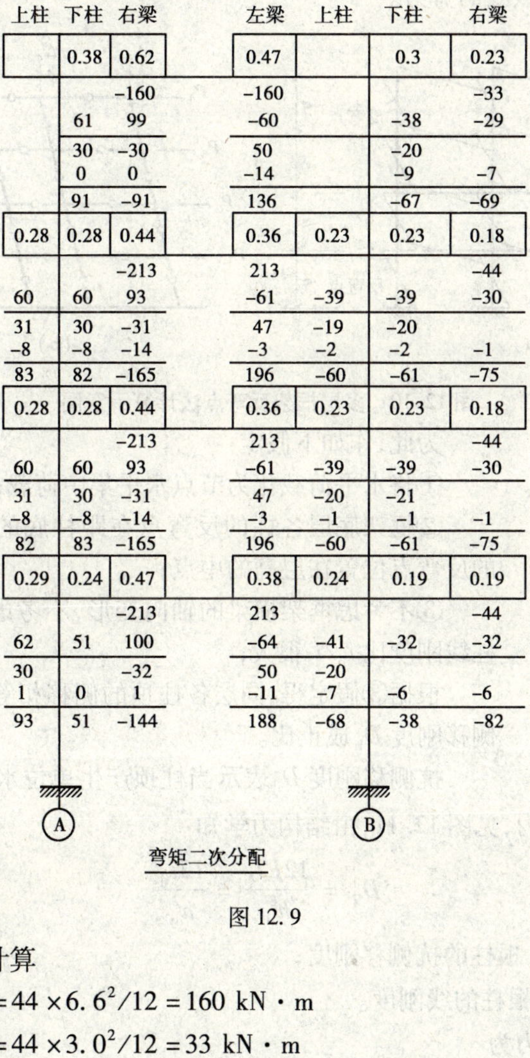

上柱	下柱	右梁		左梁	上柱	下柱	右梁
	0.38	0.62		0.47		0.3	0.23
		-160		-160			-33
	61	99		-60		-38	-29
	30	-30		50		-20	
	0	0		-14		-9	-7
	91	-91		136		-67	-69
0.28	0.28	0.44		0.36	0.23	0.23	0.18
		-213		213			-44
60	60	93		-61	-39	-39	-30
31	30	-31		47	-19	-20	
-8	-8	-14		-3	-2	-2	-1
83	82	-165		196	-60	-61	-75
0.28	0.28	0.44		0.36	0.23	0.23	0.18
		-213		213			-44
60	60	93		-61	-39	-39	-30
31	30	-31		47	-20	-21	
-8	-8	-14		-3	-1	-1	-1
82	83	-165		196	-60	-61	-75
0.29	0.24	0.47		0.38	0.24	0.19	0.19
		-213		213			-44
62	51	100		-64	-41	-32	-32
30		-32		50	-20		
1	0	1		-11	-7	-6	-6
93	51	-144		188	-68	-38	-82

Ⓐ　　　　　　　　　　　　Ⓑ

弯矩二次分配

图 12.9

（3）梁的固端弯矩计算

顶层:边跨梁　　$M = 44 \times 6.6^2/12 = 160$ kN · m

　　　中跨梁　　$M = 44 \times 3.0^2/12 = 33$ kN · m

其他层:边跨梁 $M = 58.7 \times 6.6^2/12 = 213 \text{ kN·m}$

中跨梁 $M = 58.7 \times 3.0^2/12 = 44 \text{ kN·m}$

(4)弯矩分配

弯矩分配过程见图 12.9。首先将各节点的分配系数填写在相应方框内,将梁的固端弯矩填写在横梁相应位置上,然后将各节点放松,将各节点不平衡弯矩同时进行分配,再假定远端为固定同时进行传递,即右(左)梁分配弯矩向左(右)梁传递,上(下)柱分配弯矩向下(上)柱传递(传递系数均为 1/2),第一次分配弯矩传递后,再进行第二次弯矩分配,而不再传递。

12.5.2　水平荷载作用下的内力近似计算方法(一)——反弯点法

为简化计算,一般将作用于框架上的水平风荷载化为节点水平集中力,其弯矩如图 12.10 所示。显然,若能确定各柱反弯点的位置及其剪力(图 12.10),则框架内力也易求得。因此,多层框架在水平荷载作用下内力分析的主要任务是:

1)确定各柱中反弯点的位置;

2)确定各柱中反弯点处的剪力。

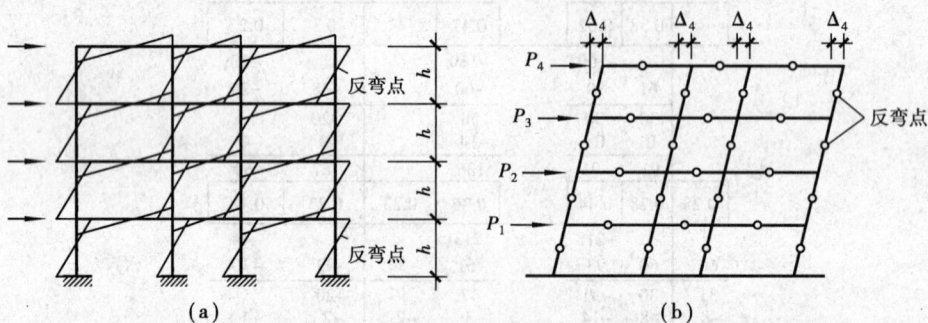

图 12.10　多层框架反弯点法计算示意图

为此,作如下假定:

①将水平荷载化为节点水平集中荷载;

②框架底层各柱的反弯点在距柱底的 2/3 高度处,上层各柱的反弯点位置在层高的中点;

③不考虑框架横梁的轴向变形,不考虑节点的转角。认为梁、柱线刚度比 i_b/i_c 很大;

根据③假定得:同层各柱顶的侧移相等,则各柱剪力与柱的抗侧移刚度 D_{ij} 成正比。

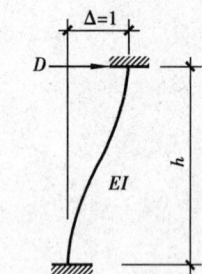

图 12.11　抗侧移刚度

抗侧移刚度 D_{ij} 表示当柱顶产生单位水平侧移时($\Delta = 1$),在柱顶所需施加的水平集中力,见图 12.11,由结构力学知

$$D_{ij} = \frac{12EI_c}{h_{ij}^3} = \frac{12i_{ij}}{h_{ij}^2} \tag{12.3}$$

式中　D_{ij}——第 i 层第 j 根柱的抗侧移刚度;

i_{ij}——第 i 层第 j 根柱的线刚度。

则各柱所分配的剪力为

$$V_{ij} = \frac{D_{ij}}{\sum\limits_{j=1}^{m} D_{ij}} V_i \tag{12.4}$$

$$V_i = \sum\limits_{i=1}^{n} F_i$$

式中　F_i——作用第 i 层顶节点的水平集中荷载；

　　　V_i——第 i 层楼层剪力。

反弯点法计算步骤如下：

1）求各柱剪力 V_{ij}

$$V_{ij} = \frac{D_{ij}}{\sum\limits_{j=1}^{m} D_{ij}} V_i \tag{12.5}$$

当同一层内各柱高度 $h_{ij} = h_i$（等高）时

$$V_{ij} = \frac{i_{ij}}{\sum\limits_{j=1}^{m} i_{ij}} V_i \tag{12.6}$$

当同一层内各柱高度、截面均相同（i_{ij} 相同）时

$$V_{ij} = \frac{1}{m} V_i \tag{12.7}$$

2）求柱端弯矩

底层，柱上端：
$$M = V_{ij} \times \frac{1}{3} h_{ij} \tag{12.8}$$

　　柱下端：
$$M = V_{ij} \times \frac{2}{3} h_{ij} \tag{12.9}$$

楼层，柱上、下端均为：
$$M = V_{ij} \times \frac{1}{2} h_{ij} \tag{12.10}$$

3）求梁端弯矩

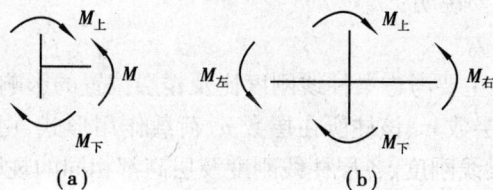

节点弯矩

图 12.12

边节点（图 12.12(a)）

$$M = M_{\text{上}} + M_{\text{下}} \tag{12.11}$$

中间节点（图 12.12(b)）

$$M_{\text{左}} = (M_{\text{上}} + M_{\text{下}}) \frac{i_{\text{左}}}{i_{\text{左}} + i_{\text{右}}}$$

$$\tag{12.12}$$

$$M_{\text{右}} = (M_{\text{上}} + M_{\text{下}}) \frac{i_{\text{右}}}{i_{\text{左}} + i_{\text{右}}}$$

反弯点法适用于梁、柱线刚度比较大($i_{梁} > 3i_{柱}$)的规则框架。误差较小。

12.5.3 水平荷载作用下的内力近似计算方法(二)——D值法

D值法,也称改进反弯点法。

该法是在反弯点法的基础上,近似地考虑了框架节点转动对柱的抗侧移刚度和反弯点高度位置的影响。精度高于反弯点法,适用于风荷载和水平地震作用下的多、高层框架内力简化计算。

(1)柱抗侧移刚度 D 值的修正

柱的侧移刚度主要受到柱本身的线刚度影响,还与上、下梁的线刚度及上下层柱的高度有关,计算时对柱的侧移刚度加以修正,则:

$$D = \alpha_c \frac{12i_c}{h^2} \tag{12.13}$$

式中 α_c——考虑节点转动时对柱抗侧移刚度的影响系数。

根据柱所在位置、支承条件及上下层梁的线刚度,查表12.4计算得到。

由表12.4求出 α_c 后,代入式(12.5)中,即可求得修正后的柱侧移刚度。

(2)柱的反弯点高度的修正

当横梁线刚度与柱线刚度之比不很大时,柱的两端转角较大,尤其是最上层和最下几层更是如此。因此柱的反弯点位置不一定在柱的中点,它取决于柱上下两端的转角。当上端转动大于下端时,反弯点偏于柱下端;反之,则偏于柱上端。

各层柱反弯点高度可用统一的公式计算,即

$$y_h = (y_0 + y_1 + y_2 + y_3)h \tag{12.14}$$

式中 y_h——反弯点高度比;

   y_0——标准反弯点高度比;

   y_1——考虑梁线刚度不同的修正;

   y_2、y_3——考虑层高变化的修正;

以下对 $y_0 \sim y_3$ 进行简要说明:

1)标准反弯点高度比 y_0

标准反弯点高度比 y_0 主要考虑梁柱线刚度比及楼层位置的影响,它可根据梁柱相对线刚度比(见表12.4)、框架总层数 m、该柱所在层数 n、荷载作用形式,由表12.5查得。y_h 称标准反弯点高度,它表示各层梁线刚度、各层柱线刚度及层高都相同的规则框架的反弯点位置。

2)上、下横梁线刚度不同时的修正值 y_1

某层柱上、下横梁的线刚度比不同时,反弯点位置将相对于标准反弯点发生移动,其修正值为 y_1h。y_1 可根据上、下层横梁线刚度比 I 及 $\overline{K}$ 由表12.6查得。对底层柱,当无基础梁时,可不考虑这项修正。

表 12.4 节点转动影响系数 α_c

位　置		简　图	$\overline{K}$	α_c
一般层		$\begin{matrix} i_1 & i_2 \\ & i_c \\ i_3 & i_4 \end{matrix}$	$\overline{K} = \dfrac{i_1 + i_2 + i_3 + i_4}{2i_c}$	$\alpha_c = \dfrac{\overline{K}}{2 + \overline{K}}$
底层	固接	$\begin{matrix} i_5 & i_6 \\ & i_c \end{matrix}$	$\overline{K} = \dfrac{i_5 + i_6}{i_c}$	$\alpha_c = \dfrac{0.5 + \overline{K}}{2 + \overline{K}}$

注：当为边柱时，取 i_1、i_3、i_5（或 i_2、i_4、i_6）为零。

表 12.5 规则框架承受均布水平力作用时标准反弯点的高度比 y_0

M	n \ $\overline{K}$	0.1	0.2	0.3	0.4	0.5	0.6	0.7	0.8	0.9	1.0	2.0	3.0	4.0	5.0
1	1	0.80	0.75	0.70	0.65	0.65	0.60	0.60	0.60	0.60	0.55	0.55	0.55	0.55	0.55
3	2	0.45	0.40	0.35	0.35	0.35	0.35	0.40	0.40	0.40	0.40	0.45	0.45	0.45	0.45
	1	0.95	0.80	0.75	0.70	0.65	0.65	0.65	0.60	0.60	0.60	0.55	0.55	0.55	0.50
3	3	0.15	0.20	0.20	0.25	0.30	0.30	0.30	0.35	0.35	0.35	0.40	0.45	0.45	0.45
	2	0.55	0.50	0.45	0.45	0.45	0.45	0.45	0.45	0.45	0.45	0.45	0.50	0.50	0.50
	1	1.00	0.85	0.80	0.75	0.70	0.70	0.65	0.65	0.65	0.60	0.55	0.55	0.55	0.55
4	4	-0.05	0.05	0.15	0.20	0.25	0.30	0.30	0.35	0.35	0.35	0.40	0.45	0.45	0.45
	3	0.25	0.30	0.30	0.35	0.35	0.40	0.40	0.40	0.40	0.45	0.45	0.50	0.50	0.50
	2	0.65	0.55	0.50	0.50	0.49	0.45	0.45	0.45	0.45	0.45	0.45	0.50	0.50	0.50
	1	1.10	0.90	0.80	0.75	0.70	0.70	0.65	0.65	0.65	0.60	0.55	0.55	0.55	0.55
5	5	-0.20	0.00	0.15	0.20	0.25	0.30	0.30	0.30	0.35	0.35	0.40	0.45	0.45	0.45
	4	0.10	0.20	0.25	0.30	0.35	0.35	0.40	0.40	0.40	0.40	0.45	0.45	0.50	0.50
	3	0.40	0.40	0.40	0.40	0.40	0.45	0.45	0.45	0.45	0.45	0.50	0.50	0.50	0.50
	2	0.65	0.55	0.50	0.50	0.50	0.50	0.50	0.50	0.50	0.50	0.50	0.50	0.50	0.50
	1	1.20	0.95	0.80	0.75	0.75	0.70	0.70	0.65	0.65	0.65	0.55	0.55	0.55	0.55
6	6	-0.30	0.00	0.10	0.20	0.25	0.25	0.30	0.30	0.35	0.35	0.40	0.45	0.45	0.45
	5	0.00	0.20	0.25	0.30	0.35	0.35	0.40	0.40	0.40	0.45	0.45	0.50	0.50	0.50
	4	0.20	0.30	0.35	0.35	0.40	0.40	0.40	0.45	0.45	0.45	0.45	0.50	0.50	0.50
	3	0.40	0.40	0.40	0.45	0.45	0.45	0.45	0.45	0.45	0.45	0.50	0.50	0.50	0.50
	2	0.70	0.60	0.55	0.50	0.50	0.50	0.50	0.50	0.50	0.50	0.50	0.50	0.50	0.50
	1	1.20	0.95	0.85	0.80	0.75	0.70	0.70	0.65	0.65	0.65	0.55	0.55	0.55	0.55

续表

M	n \ $\overline{K}$	0.1	0.2	0.3	0.4	0.5	0.6	0.7	0.8	0.9	1.0	2.0	3.0	4.0	5.0
7	7	−0.35	−0.05	0.10	0.20	0.20	0.25	0.30	0.30	0.35	0.35	0.40	0.45	0.45	0.45
	6	−0.10	0.15	0.25	0.30	0.35	0.35	0.35	0.40	0.40	0.40	0.45	0.45	0.50	0.50
	5	0.10	0.25	0.30	0.35	0.40	0.40	0.40	0.45	0.45	0.45	0.45	0.50	0.50	0.50
	4	0.30	0.35	0.40	0.40	0.40	0.45	0.45	0.45	0.45	0.45	0.50	0.50	0.50	0.50
	3	0.50	0.45	0.45	0.45	0.45	0.45	0.45	0.45	0.45	0.45	0.50	0.50	0.50	0.50
	2	0.75	0.60	0.55	0.50	0.50	0.50	0.50	0.50	0.50	0.50	0.50	0.50	0.50	0.50
	1	1.20	0.95	0.85	0.80	0.75	0.70	0.70	0.65	0.65	0.65	0.55	0.55	0.55	0.55
8	8	−0.35	−0.15	0.10	0.15	0.25	0.25	0.30	0.30	0.35	0.35	0.40	0.45	0.45	0.45
	7	−0.10	0.15	0.25	0.30	0.35	0.35	0.40	0.40	0.40	0.40	0.45	0.50	0.50	0.50
	6	0.05	0.25	0.30	0.35	0.40	0.40	0.40	0.45	0.45	0.45	0.45	0.50	0.50	0.50
	5	0.20	0.30	0.35	0.40	0.40	0.45	0.45	0.45	0.45	0.45	0.50	0.50	0.50	0.50
	4	0.35	0.40	0.40	0.45	0.45	0.45	0.45	0.45	0.45	0.45	0.50	0.50	0.50	0.50
	3	0.50	0.45	0.45	0.45	0.45	0.45	0.45	0.45	0.50	0.50	0.50	0.50	0.50	0.50
	2	0.75	0.60	0.55	0.55	0.50	0.50	0.50	0.50	0.50	0.50	0.50	0.50	0.50	0.50
	1	1.20	1.00	0.85	0.80	0.75	0.70	0.70	0.65	0.65	0.65	0.55	0.55	0.55	0.55
9	9	−0.40	−0.05	0.10	0.20	0.25	0.25	0.30	0.30	0.35	0.35	0.45	0.45	0.45	0.45
	8	−0.15	0.15	0.20	0.30	0.35	0.35	0.35	0.40	0.40	0.40	0.45	0.45	0.50	0.50
	7	0.05	0.25	0.30	0.35	0.40	0.40	0.40	0.45	0.45	0.45	0.45	0.50	0.50	0.50
	6	0.15	0.30	0.35	0.40	0.40	0.45	0.45	0.45	0.45	0.45	0.50	0.50	0.50	0.50
	5	0.25	0.35	0.40	0.40	0.45	0.45	0.45	0.45	0.45	0.45	0.50	0.50	0.50	0.50
	4	0.40	0.40	0.40	0.45	0.45	0.45	0.45	0.45	0.45	0.45	0.50	0.50	0.50	0.50
	3	0.55	0.45	0.45	0.45	0.45	0.45	0.45	0.45	0.50	0.50	0.50	0.50	0.50	0.50
	2	0.80	0.65	0.55	0.55	0.50	0.50	0.50	0.50	0.50	0.50	0.50	0.50	0.50	0.50
	1	1.20	1.00	0.85	0.80	0.75	0.70	0.70	0.65	0.65	0.65	0.55	0.55	0.55	0.55
10	10	−0.40	−0.05	0.10	0.20	0.25	0.30	0.30	0.30	0.35	0.35	0.40	0.45	0.45	0.45
	9	−0.15	0.15	0.25	0.30	0.35	0.35	0.40	0.40	0.40	0.40	0.45	0.45	0.50	0.50
	8	0.00	0.25	0.30	0.35	0.40	0.40	0.40	0.45	0.45	0.45	0.45	0.50	0.50	0.50
	7	0.10	0.30	0.35	0.40	0.40	0.45	0.45	0.45	0.45	0.45	0.50	0.50	0.50	0.50
	6	0.20	0.35	0.40	0.40	0.45	0.45	0.45	0.45	0.45	0.45	0.50	0.50	0.50	0.50
	5	0.30	0.40	0.40	0.45	0.45	0.45	0.45	0.45	0.45	0.45	0.50	0.50	0.50	0.50
	4	0.40	0.40	0.45	0.45	0.45	0.45	0.45	0.45	0.45	0.50	0.50	0.50	0.50	0.50
	3	0.55	0.50	0.45	0.45	0.45	0.50	0.50	0.50	0.50	0.50	0.50	0.50	0.50	0.50
	2	0.80	0.65	0.55	0.55	0.55	0.50	0.50	0.50	0.50	0.50	0.50	0.50	0.50	0.50
	1	1.30	1.00	0.85	0.80	0.75	0.70	0.70	0.65	0.65	0.65	0.60	0.55	0.55	0.55

M	n	$\overline{K}$ 0.1	0.2	0.3	0.4	0.5	0.6	0.7	0.8	0.9	1.0	2.0	3.0	4.0	5.0
	11	−0.40	0.05	0.10	0.20	0.25	0.30	0.30	0.30	0.35	0.35	0.40	0.45	0.45	0.45
	10	−0.15	0.15	0.25	0.30	0.35	0.35	0.40	0.40	0.40	0.40	0.45	0.45	0.50	0.50
	9	0.00	0.25	0.30	0.35	0.40	0.40	0.40	0.45	0.45	0.45	0.50	0.50	0.50	0.50
	8	0.10	0.30	0.35	0.40	0.40	0.45	0.45	0.45	0.45	0.45	0.50	0.50	0.50	0.50
	7	0.20	0.35	0.40	0.45	0.45	0.45	0.45	0.45	0.45	0.45	0.50	0.50	0.50	0.50
11	6	0.25	0.35	0.40	0.45	0.45	0.45	0.45	0.45	0.45	0.45	0.50	0.50	0.50	0.50
	5	0.35	0.40	0.40	0.45	0.45	0.45	0.45	0.45	0.45	0.50	0.50	0.50	0.50	0.50
	4	0.40	0.45	0.45	0.45	0.45	0.45	0.45	0.50	0.50	0.50	0.50	0.50	0.50	0.50
	3	0.55	0.50	0.50	0.50	0.50	0.50	0.50	0.50	0.50	0.50	0.50	0.50	0.50	0.50
	2	0.80	0.65	0.60	0.55	0.55	0.50	0.50	0.50	0.50	0.50	0.50	0.50	0.50	0.50
	1	1.30	1.00	0.85	0.80	0.75	0.70	0.70	0.65	0.65	0.65	0.60	0.55	0.55	0.55
	↓ 1	−0.40	−0.05	0.10	0.20	0.25	0.30	0.30	0.30	0.35	0.35	0.40	0.45	0.45	0.45
	9	−0.15	0.15	0.25	0.30	0.35	0.35	0.40	0.40	0.40	0.40	0.45	0.45	0.50	0.50
	3	0.00	0.25	0.30	0.35	0.40	0.40	0.40	0.45	0.45	0.45	0.50	0.50	0.50	0.50
	4	0.10	0.30	0.35	9.40	0.40	0.45	0.45	0.45	0.45	0.45	0.50	0.50	0.50	0.50
	5	0.20	0.35	0.40	0.40	0.45	0.45	0.45	0.45	0.45	0.45	0.50	0.50	0.50	0.50
12	6	0.25	0.35	0.40	0.45	0.45	0.45	0.45	0.45	0.45	0.45	0.50	0.50	0.50	0.50
以	7	0.30	0.40	0.40	0.45	0.45	0.45	0.45	0.45	0.50	0.50	0.50	0.50	0.50	0.50
上	8	0.35	0.40	0.45	0.45	0.45	0.45	0.50	0.50	0.50	0.50	0.50	0.50	0.50	0.50
	中间	0.40	0.40	0.45	0.45	0.45	0.50	0.50	0.50	0.50	0.50	0.50	0.50	0.50	0.50
	4	0.45	0.45	0.45	0.45	0.50	0.50	0.50	0.50	0.50	0.50	0.50	0.50	0.50	0.50
	3	0.60	0.50	0.50	0.50	0.50	0.50	0.50	0.50	0.50	0.50	0.50	0.50	0.50	0.50
	2	0.80	0.65	0.60	0.55	0.55	0.50	0.50	0.50	0.50	0.50	0.50	0.50	0.50	0.50
	↑ 1	1.30	1.00	0.85	0.80	0.75	0.70	0.70	0.65	0.65	0.65	0.55	0.55	0.55	0.55

注：

i_1	i_2
	i_c
i_3	i_4

$\overline{K} = (i_1 + i_2 = i_3 + i_4)/2i_c$

表 12.6　上下层横梁线刚度比对 y_0 的修正值 y_1

I	$\overline{K}$ 0.1	0.2	0.3	0.4	0.5	0.6	0.7	0.8	0.9	1.0	2.0	3.0	4.0	5.0
0.4	0.55	0.40	0.30	0.25	0.20	0.20	0.20	0.15	0.15	0.15	0.05	0.05	0.05	0.05
0.5	0.45	0.30	0.20	0.20	0.15	0.15	0.15	0.10	0.10	0.10	0.05	0.05	0.05	0.05
0.6	0.30	0.20	0.15	0.15	0.10	0.10	0.10	0.10	0.05	0.05	0.05	0.05	0	0

续表

I \ $\overline{K}$	0.1	0.2	0.3	0.4	0.5	0.6	0.7	0.8	0.9	1.0	2.0	3.0	4.0	5.0
0.7	0.20	0.15	0.10	0.10	0.10	0.10	0.05	0.05	0.05	0.05	0.05	0	0	0
0.8	0.15	0.10	0.05	0.05	0.05	0.05	0.05	0.05	0	0	0	0	0	0
0.9	0.05	0.5	0.5	0.5	0	0	0	0	0	0	0	0	0	0

注:

$$\overline{K} = (i_1 + i_2 + i_3 + i_4)/2i_c,$$
$$I = (i_1 + i_2)/(i_3 + i_4),$$

$i_1 + i_2 > i_3 + i_4$ 时 I 取倒数且 y_1 取负值。

3)层高变化的修正值 y_2 和 y_3

当柱所在楼层的上、下楼层高有变化时,反弯点也将偏移标准反弯点位置上层较高,反弯点将从标准反弯点上移 y_2h,若下层较高,反弯点则向下移动 y_3h(此时 y_3 为负值)y_2、y_3 可由表 12.7 查得

表 12.7　上下层高变化对 y_0 的修正值 y_2 和 y_3

α_2	α_3	0.1	0.2	0.3	0.4	0.5	0.6	0.7	0.8	0.9	1.0	2.0	3.0	4.0	5.0
2.0		0.25	0.15	0.15	0.10	0.10	0.10	0.10	0.10	0.05	0.05	0.05	0.05	0.0	0.0
1.8		0.20	0.15	0.10	0.10	0.10	0.05	0.05	0.05	0.05	0.05	0.05	0.0	0.0	0.0
1.6	0.4	0.15	0.10	0.10	0.05	0.05	0.05	0.05	0.05	0.05	0.05	0.0	0.0	0.0	0.0
1.4	0.6	0.10	0.05	0.05	0.05	0.05	0.05	0.05	0.05	0.05	0.0	0.0	0.0	0.0	0.0
1.2	0.8	0.05	0.05	0.05	0.0	0.0	0.0	0.0	0.0	0.0	0.0	0.0	0.0	0.0	0.0
1.0	1.0	0.0	0.0	0.0	0.0	0.0	0.0	0.0	0.0	0.0	0.0	0.0	0.0	0.0	0.0
0.8	1.2	-0.05	-0.05	-0.05	0.0	0.0	0.0	0.0	0.0	0.0	0.0	0.0	0.0	0.0	0.0
0.6	1.4	-0.10	-0.05	-0.05	-0.05	-0.05	-0.05	-0.05	0.0	0.0	0.0	0.0	0.0	0.0	0.0
0.4	1.6	-0.15	-0.10	-0.05	-0.05	-0.05	-0.05	-0.05	-0.05	0.0	0.0	0.0	0.0	0.0	0.0
	1.8	-0.20	-0.15	-0.10	-0.10	-0.05	-0.05	-0.05	-0.05	-0.05	0.0	0.0	0.0	0.0	0.0
	2.0	-0.25	-0.15	-0.15	-0.1	-0.10	-0.10	-0.10	-0.10	-0.05	-0.05	-0.05	-0.05	0.0	0.0

注:y_2 按照 $\overline{K}$ 及 α_2 求得,上层较高时为正值;

y_3 按照 $\overline{K}$ 及 α_3 求得。

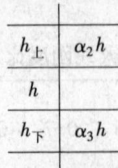

对顶层柱不考虑 y_2 的修正项,对底层柱不考虑 y_3 的修正项。

求得各层柱的反弯点位置 y_h 及柱的侧移刚度 D 后,框架在水平荷载作用下的内力计算与反弯点法完全相同。

例 12.3　用 D 值法求[例 12.1]框架的弯矩。

解　1)求出各柱的剪力值见表 12.8

表 12.8　各柱的剪力值

	A 轴	B 轴	C 轴	D 轴	$\sum D$
第四层	$\overline{K} = (1.3 + 1.3)/(2 \times 0.81)$ $= 1.605$ $\alpha_c = 1.605/(2 + 1.605)$ $= 0.445$ $D = 0.445 \times 0.81 \times (12/4.2^2)$ $= 0.3606 \times (12/4.2^2)$ $V = 10.94 \times 0.3606/1.7148$ $= 2.3 \text{ kN}$	$\overline{K} = (1.3 + 1.27) \times 2/(2 \times 0.81)$ $= 3.173$ $\alpha_c = 3.173/(2 + 3.173)$ $= 0.613$ $D = 0.613 \times 0.81 \times (12/4.2^2)$ $= 0.4968 \times (12/4.2^2)$ $V = 10.94 \times 0.4968/1.7148$ $= 3.2 \text{ kN}$	同 B 轴	同 A 轴	1.7148 $\times (12/4.2^2)$
第三层	$\overline{K} = 1.605$ $\alpha_c = 0.445$ $D = 0.3606 \times (12/4.2^2)$ $V = (10.94 + 19.87)$ $\times 0.3606/1.7148 = 6.5 \text{ kN}$	$\overline{K} = 3.173$ $\alpha_c = 0.613$ $D = 0.4968 \times (12/4.2^2)$ $V = (10.94 + 19.87)$ $\times 0.4968/1.7148 = 8.9 \text{ kN}$	同 B 轴	同 A 轴	1.7148 $\times (12/4.2^2)$
第二层	$\overline{K} = 1.605$ $\alpha_c = 0.445$ $D = 0.3606 \times (12/4.2^2)$ $V = (10.94 + 19.87 + 18.40)$ $\times 0.3606/1.7148$ $= 10.3 \text{ kN}$	$\overline{K} = 3.173$ $\alpha_c = 0.613$ $D = 0.4968 \times (12/4.2^2)$ $V = (10.94 + 19.87 + 18.40)$ $\times 0.4968/1.7148$ $= 14.3 \text{ kN}$	同 B 轴	同 A 轴	1.7148 $\times (12/4.2^2)$
	A 轴	B 轴	C 轴	D 轴	$\sum D$
第一层	$\overline{K} = 1.3/0.66 = 1.970$ $\alpha_c = (0.5 + 1.970)/(2 + 1.97)$ $= 0.622$ $D = 0.622 \times 0.66 \times (12/5.2^2)$ $= 0.4106 \times (12/5.2^2)$ $V = (10.94 + 19.87 + 18.4 + 20.59)$ $\times 0.4106/1.8059 = 15.9 \text{ kN}$	$\overline{K} = (1.3 + 1.27)/0.66 = 3.894$ $\alpha_c = (0.5 + 3.894)/(2 + 3.894)$ $= 0.746$ $D = 0.746 \times 0.66 \times (12/5.2^2)$ $= 0.4924 \times (12/5.2^2)$ $V = (10.94 + 19.87 + 18.4 + 20.59)$ $\times 0.4924/1.8059 = 19.0 \text{ kN}$	同 B 轴	同 A 轴	1.8059 $\times (12/5.2^2)$

2)求柱的反弯点高度见表12.9

表12.9 柱的反弯点高度

	A 轴	B 轴	C 轴	D 轴
第四层	$\overline{K} = 1.605$ $y_0 = 0.38$ $y_1 = 0$ $y_2 = 0$ $y_3 = 0$ $y = 0.38$ $yh = 0.38 \times 4.2 = 1.60$ m	$\overline{K} = 3.173$ $y_0 = 0.45$ $y_1 = 0$ $y_2 = 0$ $y_3 = 0$ $y = 0.45$ $yh = 0.45 \times 4.2 = 1.89$ m	同 B 轴	同 A 轴
第三层	$\overline{K} = 1.605$ $y_0 = 0.45; y_1 = 0$ $y_2 = 0; y_3 = 0$ $y = 0.45$ $yh = 0.45 \times 4.2 = 1.89$ m	$\overline{K} = 3.173$ $y_0 = 0.50; y_1 = 0$ $y_2 = 0; y_3 = 0$ $y = 0.50$ $yh = 0.50 \times 4.2 = 2.1$ m	同 B 轴	同 A 轴
第二层	$\overline{K} = 1.605$ $y_0 = 0.48$ $y_1 = 0; y_2 = 0$ $\alpha_3 = 5.2/4.2 = 1.238$ $y_3 = 0$ $y = 0.48$ $yh = 0.48 \times 4.2 = 2.02$ m	$\overline{K} = 3.173$ $y_0 = 0.50$ $y_1 = 0; y_2 = 0$ $\alpha_3 = 5.2/4.2 = 1.238$ $y_3 = 0$ $y = 0.50$ $yh = 0.50 \times 4.2 = 2.1$ m	同 B 轴	同 A 轴
第一层	$\overline{K} = 1.970$ $y_0 = 0.55$ $y_1 = 0; y_2 = 0$ $\alpha_2 = 4.2/5.2 = 0.808$ $y_2 = 0$ $y = 0.55$ $yh = 0.55 \times 5.2 = 2.86$ m	$\overline{K} = 3.894$ $y_0 = 0.55$ $y_1 = 0; y_2 = 0$ $\alpha_2 = 4.2/5.2 = 0.808$ $y_2 = 0$ $y = 0.55$ $yh = 0.55 \times 5.2 = 2.86$ m	同 B 轴	同 A 轴

3)求出各柱的柱端弯矩见表12.10

表12.10 各柱的柱端弯矩

	A 轴	B 轴	C 轴	D 轴
第四层	$V = 2.3$ kN $yh = 1.6$ m $M_{上} = 2.3 \times 4.2 - M_{下} = 5.98$ kN $M_{下} = 2.3 \times 1.6 = 3.68$ kN	$V = 3.2$ kN $yh = 1.89$ m $M_{上} = 3.2 \times 4.2 - M_{下} = 7.39$ kN $M_{下} = 1.89 \times 3.2 = 6.05$ kN	同 B 轴	同 A 轴

	A 轴	B 轴	C 轴	D 轴
第三层	$V = 6.5$ kN $yh = 1.89$ m $M_上 = 6.5 \times 4.2 - M_下 = 15.01$ kN $M_下 = 1.89 \times 6.5 = 12.29$ kN	$V = 8.9$ kN $yh = 2.1$ m $M_上 = 8.9 \times 4.2 - M_下 = 18.69$ kN $M_下 = 2.1 \times 8.9 = 18.69$ kN	同 B 轴	同 A 轴
第二层	$V = 10.3$ kN $yh = 2.02$ m $M_上 = 10.3 \times 4.2 - M_下 = 22.47$ kN $M_下 = 2.02 \times 10.3 = 20.81$ kN	$V = 14.3$ kN $yh = 2.1$ m $M_上 = 14.3 \times 4.2 - M_下 = 30.03$ kN $M_下 = 2.1 \times 14.3 = 30.03$ kN	同 B 轴	同 A 轴
第一层	$V = 15.9$ kN $yh = 2.86$ m $M_上 = 15.9 \times 5.2 - M_下 = 37.21$ kN $M_下 = 2.86 \times 15.9 = 45.47$ kN	$V = 19.0$ kN $yh = 2.86$ m $M_上 = 19.0 \times 5.2 - M_下 = 44.46$ kN $M_下 = 2.86 \times 19 = 54.34$ kN	同 B 轴	同 A 轴

4) 求出各横梁的梁端弯矩见表 12.11

表 12.11　各横梁的梁端弯矩

	AB	BC	CD	公式
第四层	$M_{AB} = 5.98$ kN $M_{BA} = 1.3/(1.3 + 1.27) \times 7.39 = 3.74$ kN	$M_{BC} = 7.39 - 3.74 = 3.65$ kN $M_{CB} = 3.65$ kN	$M_{CD} = 3.74$ kN $M_{DC} = 5.98$ kN	
第三层	$M_{AB} = 3.68 + 15.01 = 18.69$ kN $M_{BA} = 1.3/(1.3 + 1.27) \times (6.05 + 18.69)$ $= 12.51$ kN	$M_{BC} = (6.05 + 18.69) - 12.5$ $= 12.24$ kN $M_{CB} = 12.24$ kN	$M_{CD} = 12.51$ kN $M_{DC} = 18.69$ kN	边节点 $M = M_上 + M_下$ 中间节点 $M_左 = (M_上 + M_下)$ $\times i_左/(i_左 + i_右)$ $M_右 = (M_上 + M_下)$ $\times i_右/(i_左 + i_右)$
第二层	$M_{AB} = 12.29 + 22.47 = 34.76$ kN $M_{BA} = 1.3/(1.3 + 1.27) \times (18.69 + 30.03)$ $= 12.51$ kN	$M_{BC} = (18.69 + 30.03) - 12.51$ $= 36.21$ kN $M_{CB} = 36.21$ kN	$M_{CD} = 12.51$ kN $M_{DC} = 34.76$ kN	
第一层	$M_{AB} = 20.81 + 37.21 = 58.02$ kN $M_{BA} = 1.3/(1.3 + 1.27) \times (54.34 + 30.03)$ $= 42.68$ kN	$M_{BC} = (54.34 + 30.03) - 42.68$ $= 41.69$ kN $M_{CB} = 41.69$ kN	$M_{CD} = 42.68$ kN $M_{DC} = 58.02$ kN	

5) 框架弯矩图如图 12.13 所示

12.5.4　框架侧移的近似计算

框架结构在水平荷载作用下(图 12.14),其侧移由两部分变形组成:总体剪切变形和总体弯曲变形。

总体剪切变形是由于楼层剪力引起的梁、柱弯曲变形使框架侧移,侧移曲线与悬臂梁的剪切变形曲线相似,故称这种变形为总体剪切变形。

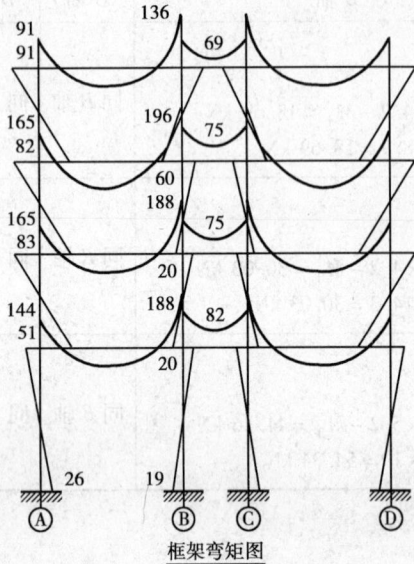

图 12.13

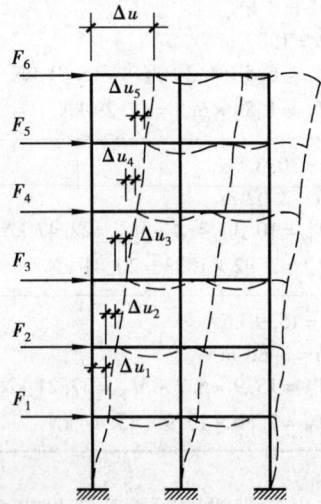

图 12.14　框架总体剪切变形

总体弯曲变形是由于框架两侧边柱的轴向力引起的柱子伸长或缩短引起框架变形,其侧移曲线与悬臂梁的弯曲变形曲线相似,故称为总体弯曲变形。

一般多层框架房屋,其侧移主要是由梁、柱弯曲变形所引起的。柱的轴向变形所引起的侧移值甚微,可忽略不计。因此,多层框架的侧移只需考虑梁、柱弯曲变形,可用 D 值法计算。

(1)用 D 值法计算框架在水平荷载作用下的侧移

用 D 值法计算水平荷载作用下的框架侧移时,需要算出任意柱的侧移刚度 D_{ij},则第 j 层各柱的侧移刚度之和为 $\sum\limits_{i=1}^{n} D_{ji}$。按照侧移刚度的定义,第 j 层框架上、下节点的相对侧移 Δu_{j} 为

$$\Delta u_{j} = \frac{\sum V}{\sum\limits_{i=1}^{n} D_{ji}} \qquad (12.15)$$

框架顶点的总侧移为各层相对侧移之和,即

$$\Delta u = \sum\limits_{j=1}^{m} \Delta u_{j} \qquad (12.16)$$

式中　n——计算层的总柱数;

$\qquad m$——框架总层数;

$\qquad \sum V$——计算层以上水平荷载标准值总和。

(2)弹性侧移限制值

根据《高层建筑混凝土结构技术规程》(JGJ 3—2002)规定,高度不大于 150 m 的高层建筑,按弹性方法计算的框架顶点的总侧移与总高度之比 $\Delta u/H \leqslant 1/550$。

12.6　框架结构的内力组合与构件设计

12.6.1　内力组合

框架结构内力组合的目的是为了求出构件的某些控制截面的最不利内力,以便确定构件截面的配筋。

（1）控制截面和最不利内力

1）框架梁:框架梁的控制截面是两端支座(柱内边)截面和跨中截面。跨中截面的最不利内力是:最大正弯矩和有可能出现的负弯矩;支座截面的最不利内力是:最大的负弯矩及最大的剪力或有可能出现的正弯矩。

在框架内力分析时,梁的支座弯矩是柱轴线处的弯矩值,截面配筋计算时应取控制截面(柱边)处的弯矩值。

2）框架柱:框架柱的控制截面取上、下两个端截面。其最不利内力为四种内力组合:

①最大正弯矩 $+M_{max}$ 及相应的 N、V;

②最大负弯矩 $-M_{max}$ 及相应的 N、V;

③最大轴向力 N_{max} 及相应的 M、V;

④最小轴向力 N_{min} 及相应的 M、V。

在最不利内力组合时,对风荷载应考虑左风和右风;对于活荷载原则上应考虑其最不利位置的布置。

（2）活荷载的布置

活荷载其作用位置是可变的,对于每一根构件的不同截面或同一截面的不同种类组合,相应有不同的活荷载最不利布置。为此,在工程设计中,有三种处理方法:

1）最不利活荷载位置法

这种方法类似于在楼盖连续梁、板计算中所采用的方法,即对于每一控制截面,直接由影响线确定其最不利的活荷载位置,然后进行内力分析。这种方法,虽然能直接求出某截面在活荷载作用下的最大内力,但计算工作量很大,一般不采用。

2）逐跨施荷法

这种方法是将活荷载逐跨单独地作用于各跨上,分别计算框架内力,然后根据所指定的控制截面,叠加不利内力。此法对各种活荷载作用情况下的框架内力计算简单、明了,计算工作量少于前者。目前,电算程序一般采用这一方法。但对于手算,仍较繁,很少采用。

3）满布荷载法

当活荷载产生的内力远小于恒载产生的内力时可采用满布荷载法。这种方法是将活荷载同时作用于框架梁上,不考虑活荷载的不利位置。这种简化计算与考虑活荷载不利位置计算比较表明,支座截面内力较为接近,精度一般能满足工程要求;但跨中弯矩却明显偏小,应予调整。为此,该法对跨中弯矩乘以 1.1～1.3 的调整系数,予以加大。手算通常采用满布荷载法进行计算。

(3)梁端弯矩调幅

钢筋混凝土结构,除了必须满足承载能力极限状态和正常使用极限状态的有关条件外,还应具备必要的塑性变形能力。在竖向荷载作用下宜考虑梁端塑性变形内力重分布,对梁端负弯矩进行调幅,将梁端负弯矩乘以调幅系数,可避免框架梁支座截面负弯矩钢筋配置过多不便于施工。

调幅系数如下:

装配整体式框架 $\quad \beta = 0.7 \sim 0.8$;

现浇整体式框架 $\quad \beta = 0.8 \sim 0.9$。

梁端负弯矩减少后,应按平衡条件计算调幅后的梁跨中弯矩。

由于水平荷载作用下产生的弯矩不参加调幅,因此,弯矩调幅应在内力组合前进行。

(4)荷载效应组合

作用在多层多跨框架上的各种荷载同时达到最大值的可能性不大,因此在计算各种荷载引起的结构最不利内力的组合时,可将某些荷载值适当降低。

对于一般框架结构,按荷载效应基本组合进行承载力计算时,其荷载效应组合设计值 S 可采用(规范)中的简化公式。对于非地震区无吊车荷载的多层框架,可有以下三种荷载组合形式:

1)恒荷载 + 活荷载;

2)恒荷载 + 风荷载;

3)恒荷载 + 0.85(活荷载 + 风荷载)。

12.6.2 柱的计算长度

对梁与柱为刚接的钢筋混凝土框架柱,其计算长度按下例规定采用:

1)一般多层房屋

现浇楼盖

底层柱 $\qquad l_0 = 1.0H$

其余各层柱 $\qquad l_0 = 1.25H$

2)装配式楼盖

底层柱 $\qquad l_0 = 1.25H$

其余各层柱 $\qquad l_0 = 1.5H$

3)可按无侧移考虑的钢筋混凝土框架结构,如其有非轻质隔墙的多层房屋,当为三跨及三跨以上或为两跨且房屋的总宽度不小于房屋的总高度的 1/3 时,其各层框架柱的计算长度为:

现浇楼盖 $\qquad l_0 = 0.7H$

装配式楼盖 $\qquad l_0 = 1.0H$

对底层柱, $\qquad H$ 取为基础顶面到一层楼盖梁顶面之间的距离;

其余各层柱, $\qquad H$ 取为上、下两层楼盖梁顶面之间的距离。

12.6.3 现浇框架的一般构造要求

（1）一般要求

1）钢筋混凝土框架的混凝土强度等级不低于 C20，纵向钢筋采用 HPB235 级钢和 HRB335 级钢筋，箍筋一般采用 HPB235 级钢筋。

2）梁柱混凝土保护层最小厚度应根据框架所处环境条件确定。

3）框架梁柱的截面尺寸（尤其是柱）最终应根据房屋的侧移验算是否满足规范要求来确定。按前述方法初估的梁柱截面尺寸，侧移验算一般能满足要求。

4）框架梁柱应分别满足受弯构件和受压构件的构造要求，地震区的框架还应满足抗震设计的要求。

5）框架柱一般采用对称配筋，柱中全部纵向受力钢筋的配筋率在有抗震设防要求时不宜超过 3%，无抗震设防要求时不应超过 5%，也不应小于 0.4%（按全截面面积计算）。

（2）钢筋的连接和锚固

构件连接是框架设计的一个重要组成部分。只有通过构件之间的相互连接，结构才能成为一个整体。现浇框架的连接，主要是梁与柱、柱与柱之间的连接问题。现浇框架的梁柱连接节点都做成刚性节点。在节点处，柱的纵向钢筋应连续穿过，梁的纵向钢筋应有足够的锚固长度。

1）受力钢筋的连接接头宜设置在构件受力较小部位；抗震设计时，宜避开梁端、柱端箍筋加密区范围。钢筋连接可采用机械连接、绑扎搭接或焊接。

2）非抗震设计时，受拉钢筋的最小锚固长度应取 l_a。受拉钢筋绑扎搭接的搭接长度，应根据位于同一连接区段内搭接钢筋截面面积的百分率按下式计算，且不应小于 300 mm。

$$l_1 = \zeta l_a$$

式中　l_1——受拉钢筋的搭接长度；

　　　l_a——受拉钢筋的锚固长度，应按现行国家标准《混凝土结构设计规范》GB 50010—2002 的有关规定采用；

　　　ζ——受拉钢筋搭接长度修正系数，应按表 12.12 采用。

表 12.12　受拉钢筋搭接长度修正系数

同一连接区段内搭接钢筋面积百分率（%）	≤25	50	100
受拉搭接长度修正系数 ζ	1.2	1.4	1.6

注：同一连接区段内搭接钢筋面积百分率取在同一连接区段内有搭接接头的受力钢筋与全部受力钢筋面积之比。

3）非抗震设计时，框架梁、柱的纵向钢筋在框架节点区的锚固和搭接，应符合下列要求（图 12.15）。

①顶层中节点柱纵向钢筋和边节点柱内侧纵向钢筋应伸至柱顶；当从梁底边计算的直线锚固长度不小于 l_a 时，可不必水平弯折，否则应向柱内或梁、板内水平弯折，当充分利用柱纵向钢筋的抗拉强度时，其锚固段弯折前的竖直投影长度不应小于 $0.5l_a$，弯折后的水平投影长度不宜小于 12 倍的柱纵向钢筋直径；

②顶层端节点处，在梁宽范围以内的柱外侧纵向钢筋可与梁上部纵向钢筋搭接，搭接长度

不应小于 $1.5l_a$;在梁宽范围以外的柱外侧纵向钢筋可伸入现浇板内,其伸入长度与伸入梁内的相同。当柱外侧纵向钢筋的配筋率大于 1.2% 时,伸入梁内的柱纵向钢筋宜分两批截断,其截断点之间的距离不宜小于 20 倍的柱纵向钢筋直径;

③梁上部纵向钢筋伸入端节点的锚固长度,直线锚固时不应小于 l_a,且伸过柱中心线的长度不宜小于 5 倍的梁纵向钢筋直径;当柱截面尺寸不足时,梁上部纵向钢筋应伸至节点对边并向下弯折,锚固段弯折前的水平投影长度不应小于 $0.4l_a$,弯折后的竖直投影长度应取 15 倍的梁纵向钢筋直径;

④当计算中不利用梁下部纵向钢筋的强度时,其伸入节点内的锚固长度应取不小于 12 倍的梁纵向钢筋直径。当计算中充分利用梁下部钢筋的抗拉强度时,梁下部纵向钢筋可采用直线方式或向上 90°弯折方式锚固于节点内,直线锚固时的锚固长度不应小于 l_a;弯折锚固时,锚固段的水平投影长度不应小于 $0.4l_a$,竖直投影长度应取 15 倍的梁纵向钢筋直径。

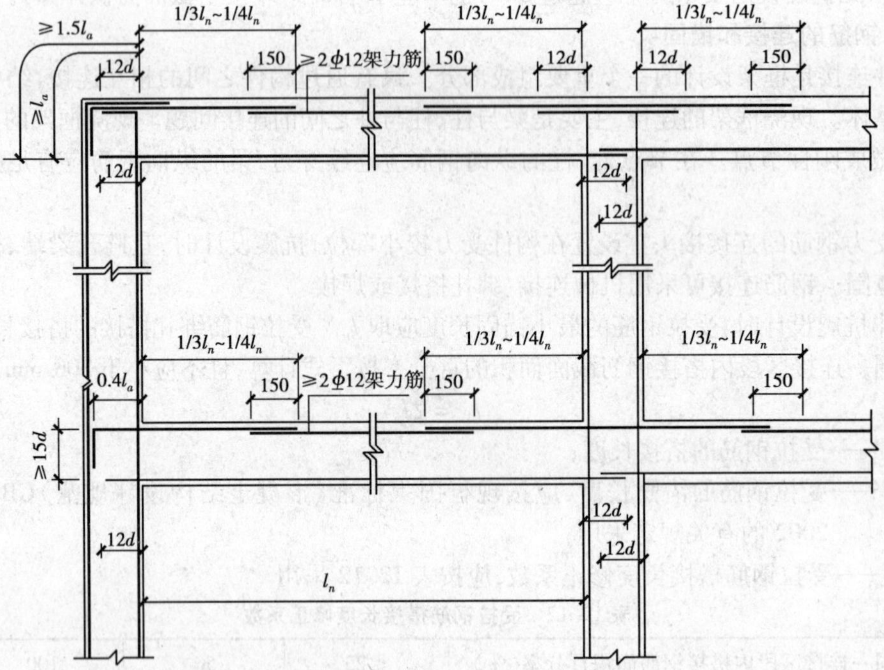

图 12.15 非抗震设计时,框架梁、柱的纵向钢筋在框架节点区的锚固和搭接要求

本 章 小 结

1. 框架结构按承重体系分为:横向框架承重;纵向框架承重;纵横向框架承重。
2. 框架结构的设计步骤是:
1) 选择框架结构方案;
2) 确定梁、柱截面尺寸和材料强度等级;
3) 计算框架内力和侧移;
4) 确定框架梁、柱控制截面的不利内力组合;

5)计算控制截面的配筋数量。

3. 根据房屋的高度、荷载以及建筑的使用和类型,确定一个合理的结构布置方案,结构布置的原则是:房屋平面宜规整,均匀对称,体型力求简单;尽可能减少开间、进深的类型,柱网规则、整齐,间距合理,传力明确;提高结构整体刚度,减少位移。

4. 框架上的荷载有,恒载、屋面及楼面荷载、风荷载,在地震区还应考虑地震力作用。在竖向荷载作用下,可用弯矩二次分配法分析内力;水平荷载作用下可采用 D 值法求解内力。

5. 修正的反弯点法的计算要点是:

1)计算水平荷载在框架中产生的层间剪力;

2)确定各柱的侧移刚度及其总和;

3)求各柱的分配剪力;

4)确定柱的反弯点高度;

5)求柱端截面弯矩;

6)按节点平衡条件计算梁端截面弯矩。

6. 弯矩二次分配法的计算要点是:

1)计算梁、柱转动刚度;

2)计算分配系数;

3)求杆的固端弯矩;

4)同时分配节点不平衡弯矩和传递弯矩,并以两次分配为限。

7. 内力分析后要进行组合,求出构件控制截面的最不利内力,以确定截面的配筋。框架梁的控制截面是梁端及跨中,柱的控制截面是柱的上、下两端。

8. 规范规定的构造要求是保证结构安全的重要措施,必须满足。

思 考 题

12.1　多层及高层建筑结构有哪几种主要结构体系? 简述各自特点及适宜的高度。

12.2　简述作用于多层房屋的荷载种类及计算方法。

12.3　框架结构的计算简图怎样确定?

12.4　框架结构房屋的承重(主)框架有哪几种布置形式? 各有什么特点?

12.5　多层框架梁、柱的截面怎样选取?

12.6　怎样计算水平荷载作用下框架的内力和侧移?

12.7　怎样计算竖向荷载作用下框架的内力?

12.8　试述 D 值法与反弯点法的异同?

12.9　多层框架在水平荷载作用下,其变形有何特点?

12.10　怎样考虑多层框架的内力组合? 怎样考虑楼面活荷载的最不利作用位置?

12.11　竖向荷载作用下,梁端负弯矩为何要进行调幅?

12.12　试述框架梁、柱节点配筋构造要求。

习　题

12.1　用反弯点法求例 12.3 的弯矩。

12.2　例 12.1 中,试用 D 值法计算该框架结构的侧移。

第 **13** 章
砌 体 结 构

学习要求:本章主要讲述砌体结构。砌体结构具有悠久的历史和广泛的应用范围。其结构设计我国目前按《砌体结构设计规范》(GB 50003—2001)执行。通过学习,了解砌体的种类、特点、选择及其相应的受力性能和变形性能,掌握砌体结构构件的受力特点、破坏形式及其承载力计算方法,掌握砌体结构房屋的结构布置方案和静力计算方案的种类及确定,掌握砌体结构房屋的墙体计算方法及墙、柱允许高厚比的确定和高厚比验算,了解过梁、墙梁、挑梁的受力特点、破坏形式及其相应的计算方法和构造要求,了解墙(柱)的构造、墙体的布置及圈梁的一般要求,了解墙体质量的影响因素及墙体开裂的原因和提高墙体质量的主要措施。

13.1 砌体材料及砌体的力学性能

13.1.1 砌体结构的优缺点、发展方向

砌体结构是指以砖、石或各种砌块为块材,用砂浆砌筑而成的结构。

砌体结构在我国具有悠久的历史,两千多年前砖瓦材料在我国就已很普及。当今由于砂浆种类的发展和性能的改善,砌体结构的应用更加广泛。

砌体结构具有以下优点:

1)材料来源广泛。砌体的原材料粘土、砂、石为天然材料,分布极广,取材方便,且砌体块材的制造工艺简单,易于生产。

2)具有优良的性能。砌体隔音、隔热、耐火性能好,故砌体在用作承重结构的同时还可起到围护、保温、隔断等作用。

3)施工简单。砌筑砌体结构不需支模、养护,在严寒地区冬季可采用冻结法施工;且施工工具简单,工艺易于掌握。

4)费用低廉。可大量节约木材、钢材及水泥,造价较低。

砌体结构也具有如下缺点:

1)强度较低。砌体的抗压强度比块材低,抗拉、弯、剪强度更低,因而抗震性能差。

2)自重较大。因强度较低,砌体结构墙、柱截面尺寸较大,材料用料较多,因而结构自

重大。

3)劳动量大。因采用手工方式砌筑,生产效率较低,运输、搬运材料时的损耗也大。

4)占用农田。采用粘土制砖,要占用大量农田,不但严重影响农业生产,也将破坏生态平衡。

正因为砌体结构有缺点,所以砌体结构需要不断地改革和发展。砌体结构的发展,一方面是材料的改革。大力发展节能、节地、利废的保温隔热新型墙体材料,逐步替代实心粘土砖,不仅可以改善建筑功能、提高住房建设质量和施工效率,满足住宅产业现代化的需要,还能达到节约能源、保护土地、有效利用资源、综合治理环境污染的目的,是促进我国经济、社会、环境、资源协调发展的大事,是实施我国可持续发展战略的一项重大举措。特别是研究和生产轻质、高强的砌块和砖以及高粘结强度的砂浆。当前,在我国要发展生产高强、承重、具有保温隔热、带装饰面等多功能的混凝土空心砌块,生产孔洞率高、孔型和结构分布合理的承重空心砖,以及利用工业废料的砖和砌块。以加快工程建设速度、减少繁重体力劳动,改善生活环境,不断提高生产工业化、施工机械化的水平。另一方面是,重视对砌体结构的破坏机理和受力性能的研究,使砌体结构的计算方法和设计理论更趋完善。如从理论上解决砌体结构各种受力构件的强度计算方法,以砌体结构的整体为研究对象,探讨其受力性能和设计方法等。为了扩大砌体结构的应用范围,加强对配筋砌体结构的研究也是十分必要的。我们相信,随着科学技术和经济建设的发展,砌体结构将会更充分发挥其重要作用。

13.1.2　砌体的材料及种类

(1)砌体的块材

块材是砌体的主要部分,目前我国常用的块材可以分为砖、砌块和石材三大类。

1)砖

砖的种类包括烧结普通砖、非烧结硅酸盐砖和烧结多孔砖。我国标准砖的尺寸为240 mm×115 mm×53 mm。块体的强度等级符号以"MU"表示,单位为MPa。

烧结多孔砖是指以粘土、页岩、煤矸石为主要原料,经焙烧而成。其孔洞率大于或等于15%。我国烧结多孔砖的规格尺寸为190 mm×190 mm×90 mm和240 mm×115 mm×90 mm。采用多孔砖对减轻建筑自重,提高砌筑效率,改善保温隔热性能等有重要作用。《砌体规范》将砖的强度等级分成五级:MU30、MU25、MU20、MU15、MU10。

划分砖的强度等级,一般根据标准试验方法所测得的抗压强度确定,对于某些砖,还应考虑其抗折强度的要求。

砖的质量除按强度等级区分外,还应满足抗冻性、吸水率和外观质量等要求。

2)砌块

常用的混凝土中、小型空心砌块及粉煤灰中型空心砌块的强度等级分为五级:MU20、MU15、MU10、MU7.5和MU5。砌块的强度等级是根据单个砌块的抗压破坏荷载,按毛截面计算的抗压强度确定的。

3)石材

天然石材一般多采用花岗岩、砂岩和石灰岩等几种。表观密度大于18 kN/m³者用于基础砌体为宜,而表观密度小于18 kN/m³者则用于墙体更为适宜。石材强度等级为七级:MU100、MU80、MU60、MU50、MU40、MU30、MU20。

石材的强度等级是根据边长为 70 mm 立方体试块测得的抗压强度确定的。如采用其他尺寸立方体作为试块,则应乘以规定的换算系数(参见规范 GB 50003—2001 附录 A)。

(2)砌体的砂浆

砂浆是由无机胶结料、细骨料和水组成的。胶结料一般有水泥、石灰和石膏等。砂浆的作用是将块材连接成整体而共同工作,保证砌体结构的整体性,还可找平块体接触面,使砌体受力均匀。此外,砂浆填满块体缝隙,减小了砌体的透气性,提高了砌体的隔热性。对砂浆的基本要求是:强度、流动性(可塑性)和保水性。

按组成材料的不同,砂浆可分为水泥砂浆、非水泥砂浆及混合砂浆。

1)水泥砂浆:由水泥、砂和水拌和而成。它具有强度高、硬化块、耐久性好的特点,但和易性差,水泥用量大。适用于砌筑受力较大或潮湿环境中的砌体。

2)非水泥砂浆:如石灰砂浆、石膏砂浆、粘土砂浆等。其强度低、耐久性差,只适用于强度要求不高的低层建筑、简易临时建筑。

3)混合砂浆:由水泥、石灰、砂和水拌和而成。它的保水性能和流动性比水泥砂浆好,便于施工而强度高于石灰砂浆,适用于砌筑一般墙、柱砌体。

砂浆的强度等级是以标准养护,龄期为 28 天的试块抗压强度确定的(应采用同类块体为砂浆强度试块底模)。砂浆的强度等级符号以"M"表示,单位为 MPa。《砌体规范》将砂浆强度等级分为五级:M15、M10、M7.5、M5、M2.5。

当验算施工阶段砂浆尚未硬化的新砌砌体承载力时,砂浆强度应取为零。

(3)块材及砂浆的选择

1)建筑物所采用的材料,除满足承载力要求外,尚需提出耐久性要求。耐久性不足时,在使用期间,因风化、冻融等会引起面部剥蚀,有时这种剥蚀相当严重,会影响建筑物的承载力。

2)砌体材料的选用应本着因地制宜、就地取材、充分利用工业废料的原则,并考虑建筑物耐久性要求、工作环境、受力特点、施工技术力量等各方面因素。

3)对六层及六层以上房屋的外墙、潮湿房间的墙,以及受振动或层高大于 6 m 的墙、柱所用材料的最低强度等级,应符合下列要求:①砖 MU10;②砌块 MU5;③石材 MU20;④砂浆M2.5。

4)对室内地面以下,室外散水坡顶面上的砌体内,应铺设防潮层。防潮层材料一般情况下宜采用防水水泥砂浆。勒脚部位应采用水泥砂浆粉刷。地面以下或防潮层以下砌体,所用材料最低强度等级应符合表 13.1 的要求。

表 13.1　地面以下或防潮层以下砌体所用材料的最低强度等级

地基土的潮湿程度	粘土砖		混凝土砌块	石　材	混合砂浆	水泥砂浆
	严寒地区	一般地区				
稍潮湿的	MU10	MU10	MU5	MU20	M5	M5
很潮湿的	MU15	MU10	MU7.5	MU20	—	M5
含水饱和的	MU20	MU15	MU7.5	MU30	—	M7.5

注:1. 石材的重力密度,不应低于 18 kN/m³。

2. 地面以下或防潮层以下的砌体,不宜采用空心砖。当采用混凝土中、小型空心砌块砌体时,其孔洞应采用强度等级不低于 C15 的混凝土灌实。

3. 各种硅酸盐材料及其他材料制作的块体,应根据相应材料标准的规定选择采用。

(4)砌体的种类

由不同尺寸和形状的块体用砂浆砌筑而成的墙、柱称为砌体。根据块体的类别和砌筑型式的不同,砌体主要分为以下几类。

1)砌体

由砖和砂浆砌筑而成的砌体称为砖砌体,它是采用最普遍的一种砌体。在房屋建筑中,砖砌体大量用作内外承重墙及隔墙。其厚度根据承载力及稳定性等要求确定,但外墙厚度还需考虑保温和隔热要求。承重墙一般多采用实心砌体。

实心砌体常采用一顺一丁、梅花丁和三顺一丁等砌筑方法(图 13.1)。当采用标准砖砌筑砖砌体时,墙体的厚度常采用 120 mm(半砖)、240 mm(1 砖)、370 mm(1 砖半)、490 mm(2 砖)等。有时为节约材料,还可结合侧砌做成 180 mm、300 mm、420 mm 等厚度。

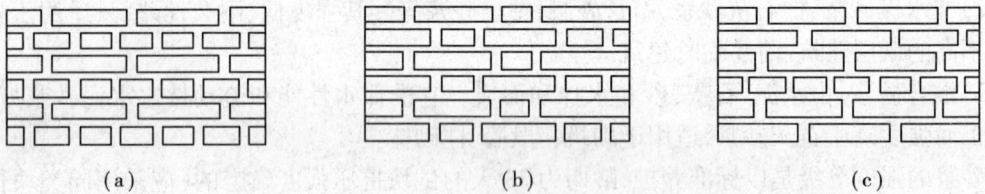

图 13.1　砖砌体的砌筑方法
(a)一顺一丁;(b)梅花丁;(c)三顺一丁

空斗砌体是将部分或全部砖立砌,中间留有空斗(洞)。砌筑方式常用一眠一斗、一眠多斗或无眠多斗等几种方式。空斗砌体具有节约砖和砂浆,减轻自重及降低造价的优点。但其抗剪能力差,因而在地震区一般不用(图 13.2)。

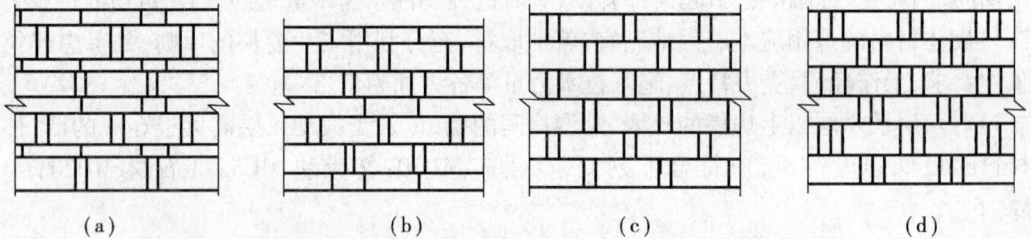

图 13.2　空斗砌体
(a)一眠一斗;(b)一眠多斗;(c)、(d)无眠斗墙

2)砌块砌体

由砌块和砂浆砌成的砌体称为砌块砌体(图 13.3)。我国目前采用较多的有混凝土中、小型空心砌块砌体,硅酸盐砌块和粉煤灰中型砌块砌体。砌块砌体,为建筑工厂化、机械化,提高劳动生产率,减轻结构自重开辟了新的途径。

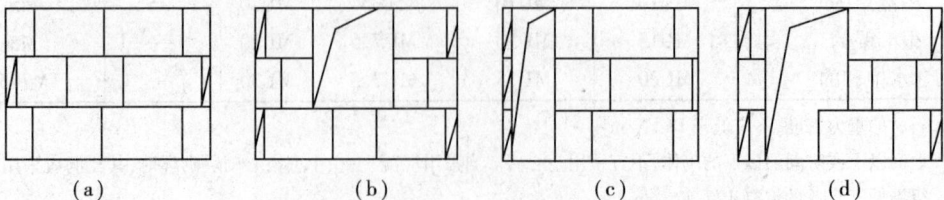

图 13.3　混凝土中型空心砌块砌体

3）天然石材砌体

由天然石材和砂浆砌筑的砌体称为石砌体（图13.4）。石砌体分为料石砌体、毛石砌体和毛石混凝土砌体。石材价格低廉，可就地取材，它常用于挡土墙、承重墙或基础。但石砌体自重大，隔热性能差，作外墙时厚度一般较大。

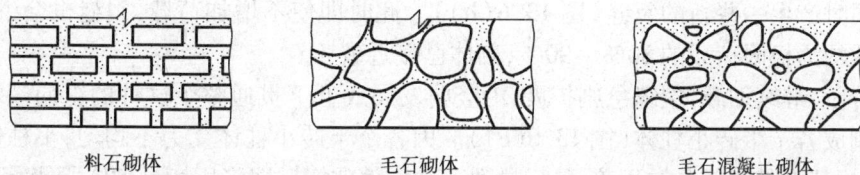

料石砌体　　　　　毛石砌体　　　　　毛石混凝土砌体

图13.4　石砌体

4）配筋砌体

为了提高砌体的承载力和减小构件的截面尺寸，可在砌体内配置适量的钢筋形成配筋砌体。配筋砌体有网状配筋砖砌体和组合砖砌体等。在砖柱或墙体的水平灰缝内配置一定数量的钢筋网，称为网状配筋砖砌体（图13.5）。在竖向灰缝内或在预留的竖槽内配置纵向钢筋和浇筑混凝土，形成组合砖砌体，也称为纵向配筋砌体（图13.5c、d）。这种砌体适用受偏心压力较大的墙和柱。

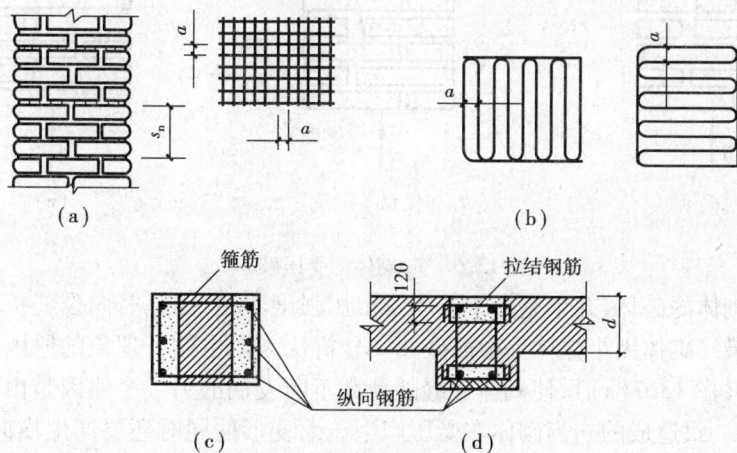

（a）　　　　　　　　　　　　　　（b）

箍筋　　　　　　　　　　　拉结钢筋

纵向钢筋

（c）　　　　　　　　（d）

图13.5　配筋砌体

（a）网状配筋砖砌体；（b）连弯网；（c）、（d）组合砖砌体

13.1.3　砌体的受压、受拉、受弯、受剪性能

（1）砌体的受压性能

1）砌体受压破坏机理

砌体是由两种性质不同的材料（块材和砂浆）粘结而成，它的受压破坏特征将不同于单一材料组成的构件。砌体在建筑物中主要用作承压构件，因此了解其受压破坏机理就显得十分重要。根据国内外对砌体所进行的大量试验研究得知，轴心受压砌体在短期荷载作用下的破坏过程大致经历了以下三个阶段。

第一阶段：从开始加载到极限荷载的50%～70%时，首先在单块砖中产生细小裂缝。以竖向短裂缝为主,也有个别斜向短裂缝(图13.6(a))。这些细小裂缝是因砖本身形状不规整或砖间砂浆层不均匀、不平,使单块砖受弯、剪产生的。如不增加荷载,这种单块砖内的裂缝不会继续发展。

第二阶段:随着外载增加,单块砖内的初始裂缝将向上、向下扩展,形成穿过若干匹砖的连续裂缝。同时产生一些新的裂缝(图13.6(b))。此时即使不增加荷载,裂缝也会继续发展。这时的荷载约为极限荷载的80%~90%,砌体已接近破坏。

第三阶段:继续加载,裂缝急剧扩展,沿竖向发展成上下贯通整个试件的纵向裂缝。裂缝将砌体分割成若干半砖小柱体(图13.6(c))。因各个半砖小柱体受力不均匀,小柱体将因失稳向外鼓出,其中某些部分被压碎,最后导致整个构件破坏。即将压坏时砌体所能承受的最大荷载即为极限荷载。

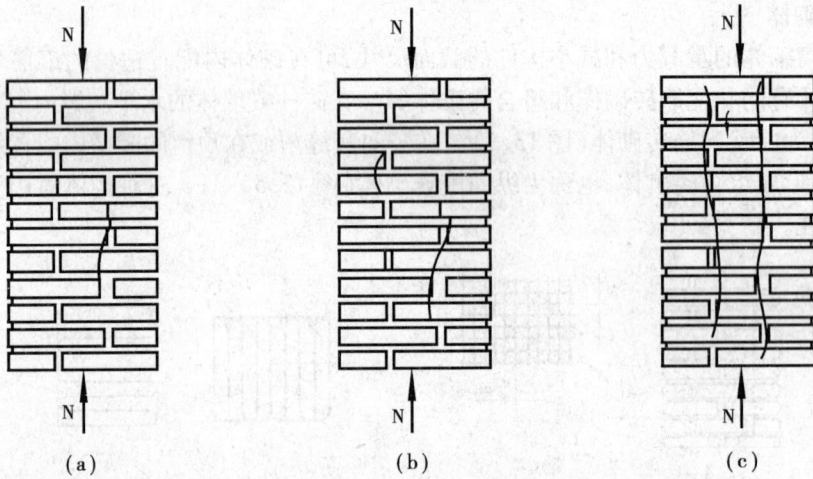

图13.6 砖砌体的受压破坏

试验表明,砌体的破坏,并不是由于砖本身抗压强度不足,而是竖向裂缝扩展连通使砌体分割成小柱体,最终砌体因小柱体失稳而破坏。分析认为产生这一现象的原因除前述单砖较早开裂的原因外(图13.7(a)),使砌体裂缝随荷载不断发展的另一个原因是由于砖与砂浆的受压变形性能不一致造成的。当砌体在受压产生压缩变形的同时还要产生横向变形,但在一般情况下砖的横向变形小于砂浆的横向变形,(因砖的弹性模量一般高于砂浆的弹性模量),又由于两者之间存在着粘结力和摩擦力,故砖将阻止砂浆的横向变形,使砂浆受到横向压力,但反过来砂浆将通过两者间的粘结力增大砖的横向变形,使砖受到横向拉力(图13.7(b))。砖内产生的附加横向拉应力将加快裂缝的出现和发展。另外砌体的竖向灰缝往往不饱满、不密实,这将造成砌体于竖向灰缝处的应力集中(图13.7(c)),也加快了砖的开裂,使砌体强度降低。

由此可见,砌体的破坏是由于单块砖受弯、剪、拉复杂应力作用,最后小柱体失稳或者小柱体被压碎引起的,砖块的抗压强度并没有真正发挥出来,故砌体的抗压强度总是远低于单块砖的抗压强度。

2)影响砌体抗压强度的主要因素

砌体是一种复合材料,又具有一定的塑性变形性质。它的抗压强度不仅与块体和砂浆材料的物理、力学性能有关,还受砌筑质量以及试验方法等多种因素的影响。

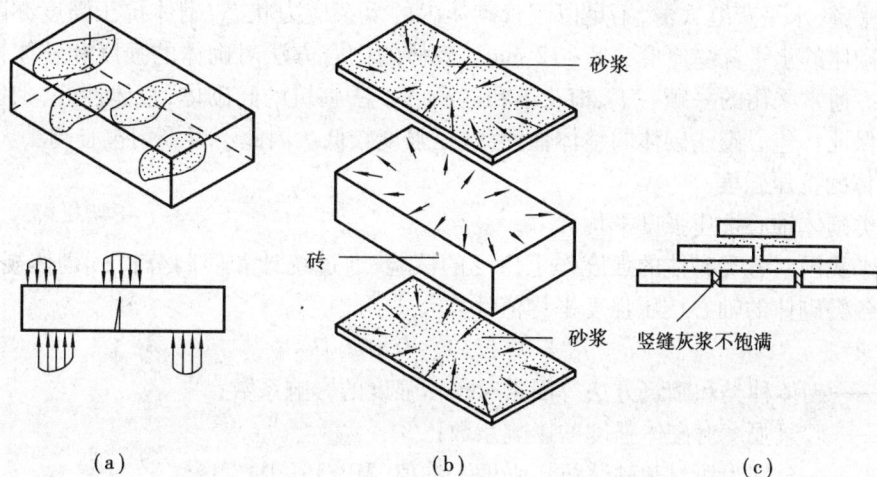

图 13.7　砌体内砖受力状态

①材料的物理、力学性能和几何尺寸的影响

块体和砂浆的强度是影响砌体抗压强度的主要因素。块体和砂浆的强度高,砌体的抗压强度亦高。试验证明,提高砖的强度等级比提高砂浆强度等级对增大砌体抗压强度的效果好。一般情况下的砖砌体,当砖强度等级不变,砂浆强度等级提高一级,砌体抗压强度只提高约15% ,而当砂浆强度等级不变,砖强度等级提高一级,砌体抗压强度可提高约20% 。由于砂浆强度等级提高后,水泥用量增多,因此,在砖的强度等级一定时,过高地提高砂浆强度等级并不适宜。但在毛石砌体中,提高砂浆强度等级对砌体抗压强度的影响较大。

块体的尺寸、几何形状及表面的平整程度对砌体的抗压强度也有较大的影响。高度大的砖,其抗弯、抗剪和抗拉的能力增大;长度大时,砖在砌体中引起的弯剪应力大。此外,砖的表面愈平整,灰缝的厚薄愈均匀,亦有利于砌体抗压强度的提高。

砂浆具有较明显的弹塑性性质,在砌体内采用变形率大的砂浆,单块砖内受到的弯、剪应力和横向拉应力增大,对砌体抗压强度产生不利影响。和易性好的砂浆,可以减小砖内产生的复杂应力,使砌体强度提高。试验表明,当采用水泥砂浆时,由于砂浆的保水性、和易性差,砌体抗压强度约降低 5% ~15% 。

②砌筑质量的影响

砌体砌筑时水平灰缝砂浆的饱满度、水平灰缝厚度、砖的含水率以及砌合方法等关系着砌体质量的优劣。由砌体的受压性能可知,砌筑质量对砌体抗压强度的影响,实质上是反映它对砌体内复杂应力作用的不利影响的程度。试验表明,水平灰缝砂浆愈饱满,砌体抗压强度愈高。当水平灰缝砂浆饱满度为73%时,砌体抗压强度可达到规定的强度指标。因此,砖石工程施工及验收规范中,要求水平灰缝砂浆饱满度大于80% 。砌筑砖砌体时,砖应提前浇水湿润。研究表明,砌体抗压强度随砖砌筑时的含水率的增大而提高,采用干砖和饱和砖砌筑的砌体与采用一般含水率的砖砌筑的砌体相比较,抗压强度分别降低 15% 和提高 10% 。但砖砌筑时的含水率对砌体抗剪强度的影响与此不同,在上述含水率时砌体抗剪强度均降低。此外,施工中砖浇水过湿,在操作上有一定困难,墙面也会因流浆而不能保持清洁。因此,作为正常施工质量的标准,要求控制砖的含水率为 10% ~15% 。砌体内水平灰缝愈厚,砂浆横向变形愈大,砖内横向拉应力亦愈大,砌体内的复杂应力状态亦随之加剧,砌体抗压强度亦降低。如砖的表面不平整,水平灰缝太薄,不足以改善砌体内的复杂应力状态,砌体抗压强度亦降低。通常要求砖砌体的水平灰缝厚度为 8 ~ 12 mm。砌体的砌合方法对砌体的强度和整体性的影响也很明显。通常采用的一顺一丁、梅花丁和三顺一丁法砌筑的砖砌体,整体性好,砌体抗压强度可得到保证。包心砌法砌体的整体性差,抗压强度较低。因此不得采用包心砌法。

3)砌体的抗压强度

①各类砌体轴心抗压强度平均 f_m

近年来我国对各类砌体的强度作了广泛的试验,通过统计和回归分析,《砌体规范》给出了适用于各类砌体的轴心抗压强度平均值计算公式:

$$f_\mathrm{m} = k_1 f_1^\alpha (1 + 0.07 f_2) k_2 \tag{13.1}$$

式中 k_1——砌体种类和砌筑方法等因素对砌体强度的影响系数;

k_2——砂浆强度对砌体强度的影响系数;

f_1、f_2——分别为块材和砂浆抗压强度平均值(MPa);

α——与砌体种类有关的系数。

k_1、k_2、α 三个系数可由表 13.2 查到。

表 13.2 轴心抗压强度平均值 f_m/MPa

序号	砌体种类	$f_\mathrm{m} = k_1 f_1^\alpha (1 + 0.07 f_2) k_2$		
		k_1	α	k_2
1	烧结普通砖、烧结多孔砖、蒸压灰砂砖、蒸压粉煤灰砖	0.78	0.5	当 $f_2 < 1$ 时,$k_2 = 0.6 + 0.4 f_2$
2	混凝土小砌块	0.46	0.9	当 $f_2 = 0$ 时,$k_2 = 0.8$
3	毛料石	0.79	0.5	当 $f_2 < 1$ 时,$k_2 = 0.6 + 0.4 f_2$
4	毛石	0.22	0.5	当 $f_2 < 2.5$ 时,$k_2 = 0.4 + 0.24 f_2$
5	砼中型砌块	0.47	1.0	当 $f_2 > 5$ 时,$k_2 = 1.15 - 0.03 f_2$
6	一砖厚空斗墙	0.13	1.0	当 $f_2 = 0$ 时, $k_2 = 0.8$

注:①k_2在表列条件以外时均等于 1。

②混凝土砌块砌体的轴心抗压强度平均值,当 $f_2 > 10$ MPa 时,应乘系数 $1.1 - 0.01 f_2$,MU20 的砌体应乘系数 0.95,且满足 $f_1 \geq f_2$,$f_1 \leq 20$ MPa。

②各类砌体的轴心抗压强度标准值 f_k

抗压强度标准值是表示各类砌体抗压强度的基本代表值。在砌体验收及砌体抗裂等验算中,需采用砌体强度标准值。砌体抗压强度的标准值是取具有 95% 保证率的抗压强度值。按下式计算:

$$f_\mathrm{k} = f_\mathrm{m} - 1.645 \sigma_\mathrm{f} \tag{13.2}$$

式中 σ_f——砌体强度的标准差。

各类砌体抗压强度标准值可由式(13.2)求出,也可查表 13.3 ~ 13.6

表13.3 砖砌体的抗压强度标准值 f_k/MPa

砖强度等级	砂浆强度等级					砂浆强度
	M15	M10	M7.5	M5	M2.5	0
MU30	6.30	5.23	4.69	4.15	3.61	1.84
MU25	5.75	4.77	4.28	3.79	3.30	1.68
MU20	5.15	4.27	3.83	3.39	2.95	1.50
MU15	4.46	3.70	3.32	2.94	2.56	1.30
MU10	3.64	3.02	2.71	2.40	2.09	1.07
MU7.5	—	2.59	2.32	2.06	1.79	0.91

表13.4 混凝土砌块砌体的抗压强度标准值 f_k/MPa

砌块强度等级	砂浆强度等级				砂浆强度
	M15	M10	M7.5	M5	0
MU20	9.08	7.93	7.11	6.30	3.73
MU15	7.38	6.44	5.78	5.12	3.03
MU10	—	4.47	4.01	3.55	2.10
MU7.5	—	—	3.01	2.74	1.62
MU5	—	—	—	1.90	1.13

表13.5 毛料石砌体的抗压强度标准值 f_k/MPa

料石强度等级	砂浆强度等级			砂浆强度
	M7.5	M5	M2.5	0
MU100	8.67	7.68	6.68	3.41
MU80	7.76	6.87	5.98	3.05
MU60	6.72	5.95	5.18	2.64
MU50	6.13	5.43	4.72	2.41
MU40	5.49	4.86	4.23	2.16
MU30	4.75	4.20	3.66	1.87
MU20	3.88	3.43	2.99	1.53

表 13.6　毛石砌体的抗压强度标准值 f_k/MPa

毛石强度等级	砂浆强度等级			砂浆强度
	M7.5	M5	M2.5	0
MU100	2.03	1.80	1.56	0.53
MU80	1.82	1.61	1.40	0.48
MU60	1.57	1.39	1.21	0.41
MU50	1.44	1.27	1.11	0.38
MU40	1.28	1.14	0.99	0.34
MU30	1.11	0.98	0.86	0.29
MU20	0.91	0.80	0.70	0.24

③各类砌体的轴心抗压强度设计值

对砌体进行承载力计算时,砌体强度应具有更大的可靠概率,需采用强度的设计值。砌体强度设计值 f 为砌体强度标准值除以砌体结构的材料性能分项系数 γ_f 即

$$f = f_k/\gamma_f \tag{13.3}$$

砌体结构的材料性能分项系数 γ_f,在一般情况下,宜按施工控制等级为 B 级考虑,取 $\gamma_f = 1.6$,当为 C 级时,取 $\gamma_f = 1.8$。由式(13.3)即可求出砌体抗压强度设计值,其值也可查表 13.7 ~ 13.12。

表 13.7　烧结普通砖和烧结多孔砖砌体的抗压强度设计值/MPa

砖强度等级	砂浆强度等级					砂浆强度
	M15	M10	M7.5	M5	M2.5	0
MU30	3.94	3.27	2.93	2.59	2.26	1.15
MU25	3.60	2.98	2.68	2.37	2.06	1.05
MU20	3.22	2.67	2.39	2.12	1.84	0.94
MU15	2.79	2.31	2.07	1.83	1.60	0.82
MU10	—	1.89	1.69	1.50	1.30	0.67

表 13.8　蒸压灰砂砖和粉煤灰砖砌体的抗压强度设计值/MPa

砖强度等级	砂浆强度等级				砂浆强度
	M15	M10	M7.5	M5	0
MU25	3.60	2.98	2.68	2.37	1.05
MU20	3.22	2.67	2.39	2.12	0.94
MU15	2.79	2.31	2.07	1.83	0.82
MU10	—	1.89	1.69	1.50	0.67

表13.9 单排孔混凝土和轻骨料混凝土砌块砌体的抗压强度设计值/MPa

砌块强度等级	砂浆强度等级				砂浆强度
	Mb15	Mb10	Mb7.5	Mb5	0
MU20	5.68	4.95	4.44	3.94	2.33
MU15	4.61	4.02	3.61	3.20	1.89
MU10	—	2.79	2.50	2.22	1.31
MU7.5			1.93	1.71	1.01
MU5	—	—		1.19	0.70

注:1. 对错孔砌筑的砌体,应按表中数值乘以0.8;

2. 对独立柱或厚度为双排组砌的砌块砌体,应按表中数值乘以0.7;

3. 对T形截面砌体,应按表中数值乘以0.85;

4. 表中轻骨料混凝土砌块为煤矸石和水泥煤渣混凝土砌块。

表13.10 轻骨料混凝土砌块砌体的抗压强度设计值/MPa

砌块强度等级	砂浆强度等级			砂浆强度
	Mb10	Mb7.5	Mb5	0
MU10	3.08	2.76	2.45	1.44
MU7.5	—	2.13	1.88	1.12
MU5	—	—	1.31	0.78

注:1. 表中的砌块为火山渣、浮石和陶粒轻骨料混凝土砌块;

2. 对厚度方向为双排组砌的轻骨料混凝土砌块砌体的抗压强度设计值,应按表中数值乘以0.8。

表13.11 毛料石砌体的抗压强度设计值/MPa

毛料石强度等级	砂浆强度等级			砂浆强度
	M7.5	M5	M2.5	0
MU100	5.42	4.80	4.18	2.13
MU80	4.85	4.29	3.73	1.19
MU60	4.20	3.71	3.23	1.65
MU50	3.83	3.39	2.95	1.51
MU40	3.43	3.04	2.64	1.35
MU30	2.97	2.63	2.29	1.17
MU20	2.42	2.15	1.87	0.95

注:对下列各类料石砌体,应按表中数值分别乘以系数

细料石砌体1.5 半细料石砌体1.3 粗料石砌体1.2 干砌勾缝石砌体0.8

表 13.12　毛石砌体的抗压强度设计值/MPa

毛石强度等级	砂浆强度等级			砂浆强度
	M7.5	M5	M2.5	0
MU100	1.27	1.12	0.98	0.34
MU80	1.13	1.00	0.87	0.30
MU60	0.98	0.87	0.76	0.26
MU50	0.90	0.80	0.69	0.23
MU40	0.80	0.71	0.62	0.21
MU30	0.69	0.61	0.53	0.18
MU20	0.56	0.51	0.44	0.15

④砌体强度设计值的调整

下列情况的各类砌体,其强度设计值应乘以调整系数 γ_a。

A. 有吊车房屋、跨度不小于 9 m 的梁下烧结砖砌体、跨度不小于 7.5 m 的梁下烧结多孔砖、蒸压灰砂砖、蒸压粉煤灰砖砌体混凝土和轻骨料混凝土砌体 $\gamma_a = 0.9$。

B. 对无筋砌体构件截面面积 A 小于 0.3 m^2 时,$\gamma_a = A + 0.7$(式中 A 以 m^2 为单位);对配筋砌体构件截面面积 A 小于 0.2 m^2 时,$\gamma_a = A + 0.8$。

C. 当用水泥砂浆砌筑时(若为配筋砌体,仅对其强度设计值调整),抗压强度设计值的调整系数 $\gamma_a = 0.9$;对于抗拉、抗弯、抗剪强度设计值,$\gamma_a = 0.8$。

D. 当验算施工中房屋的构件时,$\gamma_a = 1.1$。

E. 当施工质量控制等级为 C 级时,$\gamma_a = 0.89$。

4)砌体的抗拉、抗弯与抗剪强度

砌体的抗压强度比抗拉、抗弯、抗剪强度高得多,因此砌体大多用于受压构件,以充分利用其抗压性能。但实际工程中砌体除受压力外有时还承受拉力、弯矩、剪力的作用。例如圆形水池的池壁受到液体的压力,在池壁内引起环向拉力;挡土墙受到侧向土压力使墙壁承受弯矩作用;拱支座处受到剪力作用等(图 13.8)。

①砌体的轴心抗拉和弯曲抗拉强度

试验表明,砌体的抗拉、抗弯强度主要取决于灰缝与块材的粘结强度,即取决于砂浆的强度和块材的种类。一般情况下,破坏发生在砂浆和块材的界面上。砌体在受拉时,发生破坏有以下三种可能(图 13.9):沿齿缝截面破坏、沿通缝截面破坏及沿竖向灰缝和块体截面破坏。其中前两种破坏是在块体强度较高而砂浆强度较低时发生,而最后一种破坏是在砂浆强度较高而块体强度较低时发生。因为法向粘结强度,数值极低,且不易保证,故在工程中不应设计成利用法向粘结强度的轴心受拉构件(图 13.9(b))。砌体受弯也有三种破坏可能,与轴心受拉时类似(图 13.10(a)、(b)、(c))。

砌体轴心抗拉和弯曲抗拉强度标准值,见表 13.13,将强度标准值除以材料强度分项系数得出各强度的设计值,见表 13.14。

②砌体的抗剪强度

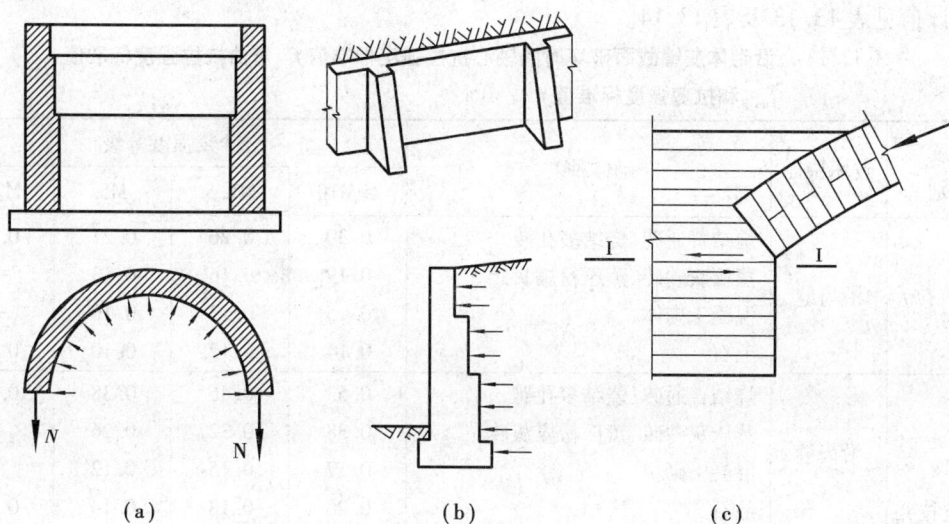

图 13.8　砌体受力形式

(a)水池池壁受拉;(b)挡土墙受弯;(c)砖拱下墙体的水平受剪

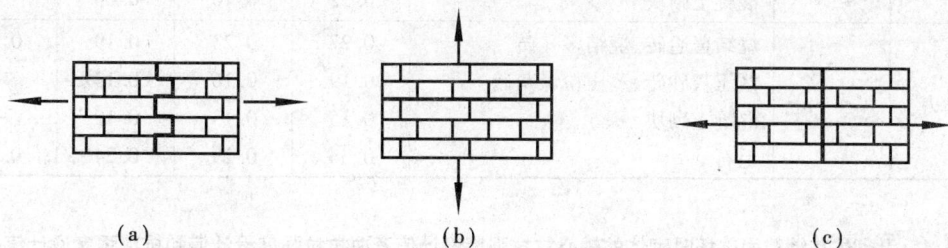

图 13.9　砌体轴心受拉破坏

(a)沿齿缝截面破坏;(b)沿通缝截面破坏;(c)沿块材和竖向灰缝截面破坏

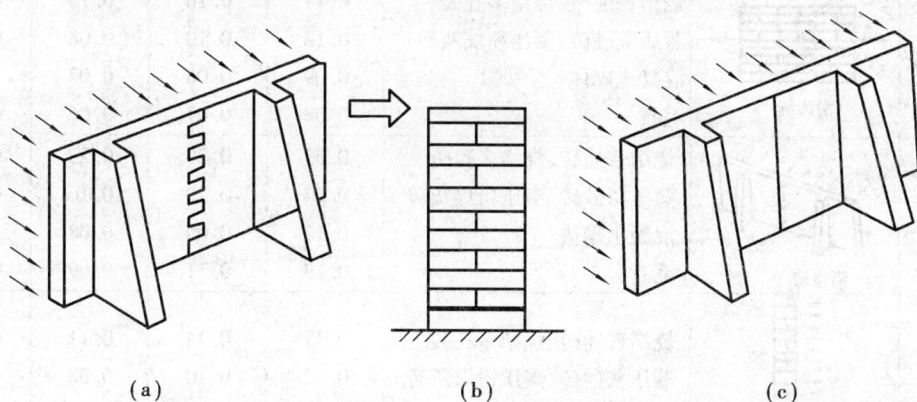

图 13.10　砌体受弯破坏

(a)沿齿缝破坏;(b)沿通缝破坏;(c)沿竖缝破坏

　　砌体的受剪是另一较为重要的性能。在实际工程中砌体受纯剪的情况几乎不存在,通常砌体截面上受到竖向压力和水平力的共同作用。砌体受剪时,既可能发生齿缝破坏,也可能发生通缝破坏。但根据试验结果,两种破坏情况可取一致的强度值。各类砌体的抗剪强度标准值、设计值见表 13.13 及表 13.14。

表 13.13　沿砌体灰缝截面破坏时的轴心抗拉强度标准值 $f_{t,k}$ 弯曲抗拉强度标准值 $f_{tm,k}$ 和抗剪强度标准值 $f_{v,k}$/MPa

强度类别	破坏特征	砌体种类	砂浆强度等级			
			≥M10	M7.5	M5	M2.5
轴心抗拉 f_t	沿齿缝	烧结普通砖、烧结多孔砖	0.30	0.26	0.21	0.15
		蒸压灰砂砖、蒸压粉煤灰砖	0.19	0.16	0.13	—
		混凝土砌体	0.15	0.13	0.10	
		毛石	0.14	0.12	0.10	0.07
弯曲抗拉 f_{tm}	沿齿缝	烧结普通砖、烧结多孔砖	0.53	0.46	0.38	0.27
		蒸压灰砂砖、蒸压粉煤灰砖	0.38	0.32	0.26	—
		混凝土砌块	0.17	0.15	0.12	
		毛石	0.20	0.18	0.14	0.10
	沿通缝	烧结普通砖、烧结多孔砖、	0.27	0.23	0.19	0.13
		蒸压灰砂砖、蒸压粉煤灰砖、	0.19	1.16	0.13	—
		混凝土砌块	0.12	0.10	0.08	
抗剪 f_v		烧结普通砖、烧结多孔砖	0.27	0.23	0.19	0.13
		蒸压灰砂砖、蒸压粉煤灰砖	0.19	0.16	0.13	—
		混凝土砌块	0.15	0.13	0.10	
		毛石	0.34	0.29	0.24	0.17

表 13.14　沿砌体灰缝截面破坏时砌体的轴心抗拉强度设计值弯曲抗拉强度设计值和抗剪强度设计值/MPa

强度类别	破坏特征砌体种类	砂浆强度等级			
		≥M10	M7.5	M5	M2.5
轴心抗拉	烧结普通砖、烧结多孔砖	0.19	0.16	0.13	0.09
	蒸压灰砂砖、蒸压粉煤灰砖	0.12	0.10	0.08	0.06
	混凝土砌体	0.09	0.08	0.07	
	沿齿缝 毛石	0.08	0.07	0.06	0.04
弯曲抗拉	烧结普通砖、烧结多孔砖	0.33	0.29	0.23	0.17
	蒸压灰砂砖、蒸压粉煤灰砖	0.24	0.20	0.16	0.12
	混凝土砌块	0.11	0.09	0.08	
	沿齿缝 毛石	0.13	0.11	0.09	0.07
	烧结普通砖、烧结多孔砖	0.17	0.14	0.11	0.08
	蒸压灰砂砖、蒸压粉煤灰砖	0.12	0.10	0.08	0.06
	沿齿缝 混凝土砌块	0.18	0.06	0.05	—
抗剪	烧结普通砖、烧结多孔砖	0.17	0.14	0.11	0.08
	蒸压灰砂砖、蒸压粉煤灰砖	0.12	0.10	0.08	0.06
	混凝土砌块	0.09	0.08	0.06	—
	毛石	0.21	0.19	0.16	0.11

注:①对于用形状规则的块体砌筑的砌体,当搭接长度与块体高度的比值小于 1 时,其轴心抗拉强度设计值 f_{t} 和弯曲抗拉强度设计值 f_{tm}, 应按表中数值乘以搭接长度与块体高度比后采用;

②对孔洞率不大于 35% 的双排孔或多排孔轻骨料混凝土砌块砌体的抗剪强度设计值,可按表中混凝土砌块砌体抗剪强度设计值乘以 1.1;

③对蒸压灰砂砖、蒸压粉煤灰砖砌体,当有可靠的试验数据时,表中强度设计值,允许作适当调整;

④对烧结页岩砖、烧结煤矸石砖、烧结粉煤灰砖砌体,当有可靠的试验数据时,表中强度设计值允许作适当调整。

13.1.4 砌体的弹性模量、摩擦系数和线膨胀系数

(1)砌体的弹性模量

当计算砌体结构的变形或计算超静定结构时,需要用到砌体的弹性模量。砖砌体为弹塑性材料,应力较小时,砌体基本上处于弹性阶段工作,随着应力的增加,其应变将逐渐加快,砌体进入弹塑性阶段。这样在不同的应力阶段,砌体具有不同的模量值。砌体在轴心压力作用下的应力—应变关系曲线如图 13.11。

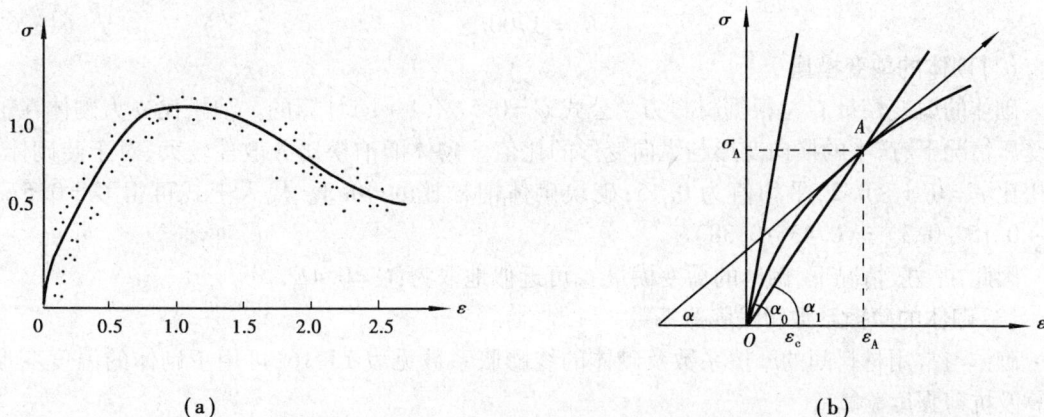

图 13.11 砌体受压时应力—应变曲线

①原点弹性模量 E_0:在应力—应变曲线原点作曲线的切线,该切线的斜率为原点弹性模量 E_0,也称初始弹性模量:

$$E_0 = \sigma_A / \varepsilon_c = \tan\alpha_0 \tag{13.4}$$

②切线模量与割线模量:当砌体在压应力作用下,描述其应变与应力间关系的模量有两种。一种是 σ-s 曲线在 A 点的切线的斜率,称切线模量,即 $E = \tan\alpha$,它不能描述砌体压应力与总应变的关系,故工程上常用 OA 连线的斜率来表示砌体压应力与总应变的关系,称割线模量,即:

$$E = \tan\alpha_1 \tag{13.5}$$

由于砌体在正常工作阶段的应力一般在 $\sigma_A = 0.4 f_m$ 左右,故《砌体规范》为方便使用,就定义应力 $\sigma_A = 0.43 f_m$ 的割线模量作为受压砌体的弹性模量。试验结果表明,砌体弹性特征值随砌块强度的增高和灰缝厚度的加大而降低,随块材厚度的增大和砂浆强度的提高而增大。《砌体规范》规定的各类砌体弹性模量 E_0 见表 13.15。

表 13.15　砌体的弹性模量/MPa

砌体种类	砂浆强度等级			
	$\geqslant$ M10	M7.5	M5	M2.5
烧结普通砖、烧结多孔砖砌体	1600f	1600f	1600f	1390f
蒸压灰砂砖、蒸压粉煤灰砖砌体	1060f	1060f	1060f	960f
混凝土砌块砌体	1700f	1600f	1500f	—
粗料石、毛料石、毛石砌体	7300	5650	4000	2250
细料石、半细料石砌体	22000	17000	12000	6750

注:轻骨料混凝土砌块砌体的弹性模量,可按表中混凝土砌块砌体的弹性模量采用。

对于单排孔且对孔砌筑的混凝土砌块灌孔砌体,由于芯柱混凝土参与工作,砂浆强度等级不同时,水平灰缝砂浆的变形对该砌体变形的影响不明显。《规范》规定按下式计算:

$$E = 1700f_g \tag{13.6}$$

(2)砌体的剪变模量

砌体的剪变模量 G 是根据材料力学公式 $G = 0.5E/(1+v)$ 计算的。泊松比 v 为砌体在轴心受压情况下,产生的横向变形与纵向变形的比值。砌体的泊松比分散性较大,对于砖砌体,泊松比 $v = 0.1 \sim 0.2$,平均值为 0.15;砌块砌体泊松比 $v = 0.3$。代入上式可得 $G = 0.5E/(1+0.15 \sim 0.3) = (0.43 \sim 0.38)E$

因此在一般情况下,砌体的剪变模量 G 可近似地取为:$G = 0.4E$

(3)砌体的摩擦系数和线膨胀系数

砌体与常用材料间的摩擦系数及砌体的线膨胀系数见表 13.16,可用于砌体的温度变形验算及抗剪强度验算等。

表 13.16　摩擦系数

序号	材料类别	摩擦面情况	
		干燥的	潮湿的
1	砌体沿砌体或混凝土滑动	0.70	0.60
2	木材沿砌体滑动	0.60	0.50
3	钢沿砌体滑动	0.45	0.35
4	砌体沿砂或卵石滑动	0.60	0.50
5	砌体沿砂质粘土滑动	0.55	0.40
6	砌体沿粘土滑动	0.50	0.30

表 13.17　砌体的线膨胀系数和收缩率

砌体类别	线膨胀系数 10^{-6}/℃	收缩率 mm/m
烧结粘土砖砌体	5	− 0.1
蒸压灰砂砖、蒸压粉煤灰砖砌体	8	− 0.2
混凝土砌块砌体	10	− 0.2
轻骨料混凝土砌块砌体	10	− 0.3
料石和毛石砌体	8	—

注:表中的收缩率系由达到收缩允许标准的块体砌筑 28d 的砌体收缩率,当地方有可靠的砌体收缩试验数据时,亦可采用当地的试验数据。

13.2　砌体结构构件的承载力计算

13.2.1　极限状态设计及承载力设计表达式

《砌体规范》采用了以概率理论为基础的极限状态设计方法。砌体结构极限状态设计表达式与混凝土结构类似,将砌体结构功能函数极限状态方程转化为以基本变量标准值和分项系数形式表达的极限状态设计表达式。

砌体结构除应按承载能力极限状态设计外,还应满足正常使用极限状态的要求。不过,在一般情况下,砌体结构正常使用极限状态的要求可以由相应的构造措施予以保证。

按承载能力极限状态设计的表达式为:

$$\gamma_0 S \leqslant R \tag{13.7}$$

砌体构件按承载能力极限状态设计时,应按下列公式中最不利组合进行计算:

$$\gamma_0 \left(1.2 S_{GK} + 1.4 S_{Q1K} + \sum_{i=2}^{n} \gamma_{Qi} \psi_{Ci} S_{QiK} \right) \leqslant R(f, \alpha_K \cdots) \tag{13.8}$$

$$\gamma_0 \left(1.35 S_{GK} + 1.4 \sum_{i=1}^{n} \psi_{Ci} S_{QiK} \right) \leqslant R(f, \alpha_K \cdots) \tag{13.9}$$

式中　γ_0——结构的重要性系数,对安全等级为一级或设计使用年限为 50 年以上的结构构件,不应小于 1.1;对安全等级为二级或设计使用年限为 50 年的结构构件,不应小于 1.0;对安全等级为三级或设计使用年限为 1～5 年的结构构件,不应小于 0.9;

　　S_{GK}——永久荷载标准值的效应;

　　S_{Q1K}——在基本组合中起控制作用的一个可变荷载标准值的效应;

　　S_{QiK}——第 i 个可变荷载标准值的效应;

　　$R(\ \ )$——结构构件的抗力函数;

　　γ_{Qi}——第 i 个可变荷载的分项系数;

　　ψ_{Ci}——第 i 个可变荷载的组合值系数,一般情况下应取 0.7,对书库、档案库、储藏室或通风机房、电梯机房应取 0.9;

f——砌体的强度设计值,$f=f_K/\gamma_f$;

f_K——砌体的强度标准值,$f_K=f_m-1.645\sigma_f$;

γ_f——砌体结构的材料性能分项系数,一般情况下,宜按施工控制等级为 B 级考虑,取 $\gamma_f=1.6$,当为 C 级时,取 $\gamma_f=1.8$;

f_m——砌体的强度平均值;

σ_f——砌体强度的标准差;

α_K——几何参数标准值。

当楼面活荷载标准值大于 $4\ kN/m^2$ 时,式(13.10)、(13.11)中的系数 1.4 应为 1.3。

13.2.2 受压构件

(1)受压构件的受力状态

在实际工程中,无筋砌体大都被用作受压构件。试验表明,当构件的高厚比小于 3 时,砌体破坏时材料强度可以得到充分发挥,不会因整体失去稳定影响其抗压能力。将高厚比 $\beta\leqslant3$ 的柱划为短柱。受压砌体可以分为轴压和偏压两种情况。

受压短柱的受力状态有以下特点:

在轴心压力作用下,砌体截面上应力分布是均匀的,当截面内应力达到轴心抗压强度时,截面达到最大承载能力(图 13.12(a))。在小偏心受压时,截面虽仍然全部受压,但应力分布已不均匀,破坏将首先发生在压应力较大一侧。破坏时该侧压应力比轴心抗压强度略大(图 13.12(b))。当偏心距增大时,受力较小边缘的压应力向拉力过渡。此时,受拉一侧如没有达到砌体通缝抗拉强度,则破坏仍是压力大的一侧先压坏(图 13.12(c))。当偏心距再大时,受拉区已形成通缝开裂,但受压区压应力的合力仍与偏心压力保持平衡。由几种情况的对比可见偏心距越大,受压面越小(图 13.12(d)),构件承载力也就越小。即:$e_{03}>e_{02}>e_{01}>$ 时,$\sigma_3>\sigma_2>\sigma_1>f$,$N_0>N_1>N_2>N_3$。

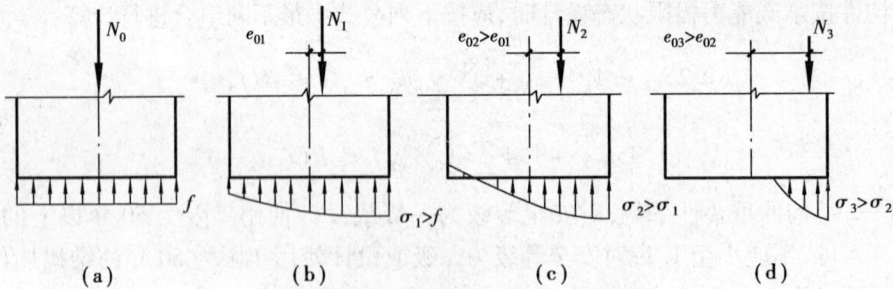

图 13.12　砌体受压时截面应力变化

(2)受压构件的计算公式

砌体虽然是一个整体,但由于有水平砂浆层且灰缝数量较多,使砌体的整体性受到影响,因而砖砌体构件受压时,纵向弯曲对构件承载力的影响较其他整体构件(如素混凝土构件)显著。此外,对于偏心受压构件,还必须考虑在偏心压力作用下附加偏心距的增大和截面塑性变形等因素的影响。规范在试验研究的基础上,确定把轴向力偏心距和构件的高厚比对受压构件承载力的影响采用同一系数 φ 来考虑,同时,轴心受压构件可视为偏心受压构件的特例,即视轴心受压构件为偏心距 $e=0$ 的偏心受压构件,因此砌体受压构件的承载力(包括轴心受压

与偏心受压)即可按下式计算:

$$N \leqslant N_u = \varphi f A \tag{13.10}$$

式中　N——轴向力设计值;

　　　　φ——高厚比 β 和轴向力的偏心距 e 对受压构件承载力的影响系数,φ 查表 13.19 ~ 表 13.21;

　　　　f——砌体的抗压强度设计值,按表 13.7 ~ 表 13.12 规定采用;

　　　　β——高厚比 $\beta = H_0/h$,h 矩形截面轴向力偏心方向的边长。对非矩形截面,可用折算厚度 $h_T = \sqrt{12}i \approx 3.5i$ 代表 h 进行计算。H_0 为受压砌体的计算高度;

　　　　i——砌体的回转半径 $i = \sqrt{\dfrac{I}{A}}$(I 和 A 分别为截面的惯性矩和截面面积);

　　　　e——轴向力偏心距,$e = M/N$;

　　　　A——截面面积,对各类砌体均应按毛截面计算,对带壁柱墙,其翼缘宽度的取值可按照 4.3.2.2 中的规定采用。

应用公式(13.12)时,需注意下列问题:

1)确定 φ 应按偏心荷载所作用方向的截面尺寸或相应的回转半径采用。对矩形截面的构件,当轴向力偏心方向的边长大于另一方向的边长时,有可能出现 φ_0(轴心受压的稳定系数)$< \varphi$ 的情况,因此除按偏心受压计算外,还应对较小边长方向按轴心受压进行验算,计算公式为 $N \leqslant \varphi_0 fA$,其中 φ_0 可在表 13.19 ~ 表 13.21 中偏心距为 0 的栏内查得。

2)由于各类砌体在强度达到极限时的变形值有较大的差别,因此砌体的类型对构件的承载力有较大的影响。为了考虑不同种类砌体在受力性能上的差异,在确定影响系数 φ 时,应按砌体的类型先对构件的高厚比乘以不同砌体材料的高厚比修正系数 γ_β,见表 13.18。

表 13.18　高厚比修正系数 γ_β

砌体材料类别	γ_β
烧结普通砖、烧结多孔砖	1.0
混凝土及轻骨料混凝土砌块	1.1
蒸压灰砂砖、蒸压粉煤灰砖、细料石、半细料石	1.2
粗料石、毛石	1.5

3)轴向力的偏心距 e 较大时的设计方法

偏心距较大的受压构件在荷载较大时,往往在使用阶段砌体边缘就产生较宽的水平裂缝,致使构件刚度降低,纵向弯曲的影响增大,构件的承载能力显著下降,这样的结构既不安全也不够经济。对于偏心距超过限值的构件应优先考虑采取适当的措施来减小偏心距,如采用垫块来调整偏心距,也可采取修改构件截面尺寸的方法调整偏心距。规范规定,按荷载设计值计算轴向力的偏心距,并不应超过 $0.6y$,即:

$$e \leqslant 0.6y$$

式中　y——截面重心到轴向力所在偏心方向截面边缘的距离。

表 13.19　影响系数 φ（砂浆强度等级≥M5）

β	$e/h(e/h_{\mathrm{T}})$						
	0	0.025	0.05	0.075	0.1	0.125	0.15
≤3	1	0.99	0.97	0.94	0.89	0.84	0.79
4	0.98	0.95	0.90	0.85	0.80	0.74	0.69
6	0.95	0.91	0.86	0.81	0.75	0.69	0.64
8	0.91	0.86	0.81	0.76	0.70	0.64	0.59
10	0.87	0.82	0.76	0.71	0.65	0.60	0.55
12	0.82	0.77	0.71	0.66	0.60	0.55	0.51
14	0.77	0.72	0.66	0.61	0.56	0.51	0.47
16	0.72	0.67	0.61	0.56	0.52	0.47	0.44
18	0.67	0.62	0.57	0.52	0.48	0.44	0.40
20	0.62	0.57	0.53	0.48	0.44	0.40	0.37
22	0.58	0.53	0.49	0.45	0.41	0.38	0.35
24	0.54	0.49	0.45	0.41	0.38	0.35	0.32
26	0.50	0.46	0.42	0.38	0.35	0.33	0.30
28	0.46	0.42	0.39	0.36	0.33	0.30	0.28
30	0.42	0.39	0.36	0.33	0.31	0.28	0.26

β	$e/h(e/h_{\mathrm{T}})$					
	0.175	0.2	0.225	0.25	0.275	0.3
≤3	0.73	0.68	0.62	0.57	0.52	0.48
4	0.64	0.58	0.53	0.49	0.45	0.41
6	0.59	0.54	0.49	0.45	0.42	0.38
8	0.54	0.50	0.46	0.42	0.39	0.36
10	0.50	0.46	0.42	0.39	0.36	0.33
12	0.47	0.43	0.39	0.36	0.33	0.31
14	0.43	0.40	0.36	0.34	0.31	0.29
16	0.40	0.37	0.34	0.31	0.29	0.27
18	0.37	0.34	0.31	0.29	0.27	0.25
20	0.34	0.32	0.29	0.27	0.25	0.23
22	0.32	0.30	0.27	0.25	0.24	0.22
24	0.30	0.28	0.26	0.24	0.22	0.21
26	0.28	0.26	0.24	0.22	0.21	0.19
28	0.26	0.24	0.22	0.21	0.19	0.18
30	0.24	0.22	0.21	0.20	0.18	0.17

表 13.20 影响系数 φ(砂浆强度等级 $\geqslant$ M2.5)

β	$e/h(e/h_T)$						
	0	0.025	0.05	0.075	0.1	0.125	0.15
$\leqslant$3	1	0.99	0.97	0.94	0.89	0.84	0.79
4	0.97	0.94	0.89	0.84	0.78	0.73	0.67
6	0.93	0.89	0.84	0.78	0.73	0.67	0.62
8	0.89	0.84	0.78	0.72	0.67	0.62	0.57
10	0.83	0.78	0.72	0.67	0.61	0.56	0.52
12	0.78	0.72	0.67	0.61	0.56	0.52	0.47
14	0.72	0.66	0.61	0.56	0.51	0.47	0.43
16	0.66	0.61	0.56	0.51	0.47	0.43	0.40
18	0.61	0.56	0.51	0.47	0.43	0.40	0.36
20	0.56	0.51	0.47	0.43	0.39	0.36	0.33
22	0.51	0.47	0.43	0.39	0.36	0.33	0.31
24	0.46	0.43	0.39	0.36	0.33	0.31	0.28
26	0.42	0.39	0.36	0.33	0.31	0.28	0.26
28	0.39	0.36	0.33	0.30	0.28	0.26	0.24
30	0.36	0.33	0.30	0.28	0.26	0.24	0.22

β	$e/h(e/h_T)$					
	0.175	0.2	0.225	0.25	0.275	0.3
$\leqslant$3	0.73	0.68	0.62	0.57	0.52	0.48
4	0.62	0.57	0.52	0.48	0.44	0.40
6	0.57	0.52	0.48	0.44	0.40	0.37
8	0.52	0.48	0.44	0.40	0.37	0.34
10	0.47	0.43	0.40	0.37	0.34	0.31
12	0.43	0.40	0.37	0.34	0.31	0.29
14	0.40	0.36	0.34	0.31	0.29	0.27
16	0.36	0.34	0.31	0.29	0.26	0.25
18	0.33	0.31	0.29	0.26	0.24	0.23
20	0.31	0.28	0.26	0.24	0.23	0.21

表 13.21 影响系数 φ(砂浆强度 0)

β	$e/h(e/h_T)$						
	0	0.025	0.05	0.075	0.1	0.125	0.15
$\leqslant$3	1	0.99	0.97	0.94	0.89	0.84	0.79
4	0.87	0.82	0.77	0.71	0.66	0.60	0.55
6	0.76	0.70	0.65	0.59	0.54	0.50	0.46
8	0.63	0.58	0.54	0.49	0.45	0.41	0.38
10	0.53	0.48	0.44	0.41	0.37	0.34	0.32

续表

β	e/h(e/h_T)						
	0	0.025	0.05	0.075	0.1	0.125	0.15
12	0.44	0.40	0.37	0.34	0.31	0.29	0.27
14	0.36	0.33	0.31	0.28	0.26	0.24	0.23
16	0.30	0.28	0.26	0.24	0.22	0.21	0.19
18	0.26	0.24	0.22	0.21	0.19	0.18	0.17
20	0.22	0.20	0.19	0.18	0.17	0.16	0.15
22	0.19	0.18	0.16	0.15	0.14	0.14	0.13
24	0.16	0.15	0.14	0.13	0.13	0.12	0.11
26	0.14	0.13	0.13	0.12	0.11	0.11	0.10
28	0.12	0.12	0.11	0.11	0.10	0.10	0.09
30	0.11	0.10	0.10	0.09	0.09	0.09	0.08

β	e/h(e/h_T)					
	0.175	0.2	0.225	0.25	0.275	0.3
≤3	0.73	0.68	0.62	0.57	0.52	0.48
4	0.51	0.46	0.43	0.39	0.36	0.33
6	0.42	0.39	0.36	0.33	0.30	0.28
8	0.35	0.32	0.30	0.28	0.25	0.24
10	0.29	0.27	0.25	0.23	0.22	0.20
12	0.25	0.23	0.21	0.20	0.19	0.17
14	0.21	0.20	0.18	0.17	0.16	0.15
16	0.18	0.17	0.16	0.15	0.14	0.13
18	0.16	0.15	0.14	0.13	0.12	0.12
20	0.14	0.13	0.12	0.12	0.11	0.10
22	0.12	0.12	0.11	0.10	0.10	0.09
24	0.11	0.10	0.10	0.09	0.09	0.08
26	0.10	0.09	0.09	0.08	0.08	0.07
28	0.09	0.08	0.08	0.08	0.07	0.07
30	0.08	0.07	0.07	0.07	0.07	0.06

例 13.1 一轴心受压砖柱,截面尺寸为 370 mm × 490 mm,采用 MU10 烧结普通砖及 M5 混合砂浆砌筑,外载引起的柱顶轴向压力设计值为 $N = 160$ kN,柱的计算高度为 $H_0 = 5$ m。试验算该柱的承载力是否满足要求。

解 取砖砌体重力密度为 19 kN/m²,则砖柱自重为:

$$G = 1.2 \times 19 \times 0.37 \times 0.49 \times 5 = 20.67 \text{ kN}$$

柱底截面上的轴向力(该处所受轴向力最大,为最不利截面)为:

$$N = 160 + 20.67 = 180.67 \text{ kN}$$

砖柱高厚比为:

$$\beta = H_0/h = 5/0.37 = 13.5, e/h = 0, 查表 13.9 得 \varphi = 0.783$$

因为 $A = 0.37 \times 0.49 = 0.1813$ m² < 0.3 m²,砌体设计强度应乘以调整系数:

$$\gamma = 0.7 + A = 0.7 + 0.1813 = 0.8813$$

由表 13.7,MU10 烧结普通砖,M5 混合砂浆砌体的抗压强度设计值 $f = 1.50$ MPa

按公式(13.12),

$$N_u = 0.8813 \times 0.783 \times 10^6 \times 0.1813 \times 1.5 \times 10^{-3} = 187.7 \text{ kN} > N = 180.67 \text{ kN}$$

该柱承载力满足要求。

例 13.2 一单层单跨厂房的窗间墙截面尺寸如图 13.13 所示,计算高度 $H_0 = 6.5$ m,采用 MU10 烧结普通砖和 M2.5 混合砂浆砌筑。承受轴向力 $N = 220$ kN(其中活载 44 kN),偏心距为 $e = 110$,轴向力作用点偏向翼缘一侧。试验算其承载力是否满足要求。

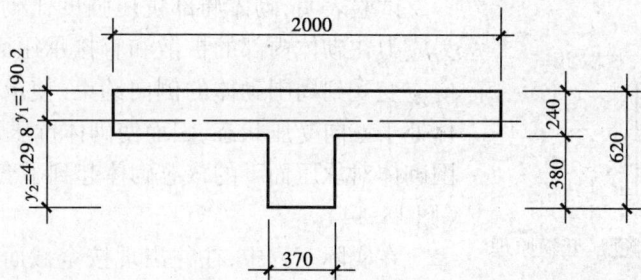

图 13.13

解 截面几何特征:

面积 $A = 2 \times 0.240 + 0.370 \times 0.380 = 620600 \text{ mm}^2 \approx 0.6 \text{ m}^2 > 0.3 \text{ m}^2, \gamma = 1$

截面偏心位置

$$y_1 = \{2000 \times 240 \times 120 + 370 \times 380 \times (240 + 190)\} / 620600 = 190.2 \text{ mm}$$

$$y_2 = 620 - 190.2 = 429.8 \text{ mm}$$

截面惯性矩:$I = 2000 \times 240^3/12 + 2000 \times 240 \times (190.2 - 120)^2 + 370 \times 380^3/12 + 370 \times 380 \times (429.8 - 380/2)^2 = 1.44 \times 10^{10} \text{ mm}^4$

截面回转半径 $i = \sqrt{\dfrac{I}{A}} = \sqrt{\dfrac{1.44 \times 10^{10}}{620600}} = 152.57 \text{ mm}$

截面折算厚度 $h_T = 3.5i = 3.5 \times 152.57 = 534 \text{ mm}$

高厚比 $\beta = H_0/h_T = 6500/534 = 12.17$

$e = 110 \text{ mm} < 0.6y_1 = 114 \text{ mm}$,

$e/h_T = 110/534 = 0.206$

查表 13.20,$\varphi = 0.39$

查表 13.7 得砌体的抗压强度设计值 $f = 1.3$ MPa

$$N_u = \varphi f A = 0.39 \times 0.6 \times 10^6 \times 1.3 \times 10^{-3} = 304 \text{ kN}$$

轴向力设计值的最不利组合 $N = 1.35 \times 176 + 1.4 \times 44 = 299.2$ kN

$$N_u > N$$

满足要求。

13.2.3 局部受压

局部受压是砌体结构经常遇到的问题,它是指压力仅仅作用在砌体部分面积上的受力状态。例如钢筋混凝土梁支承在砖墙上,承受较高压力的砖柱等,均产生局部受压。其特点是砌体局部

175

面积上支承着比自身强度高的上部构件,上部构件的压力通过局部受压面积传给下部砌体。

根据试验,砌体局部受压有三种破坏形态:①因纵向裂缝发展而破坏。如图在局部压力作用下,首先在距承压面1~2匹砖以下出现竖向裂缝,并随局部压力增加而发展,最后导致破坏。对于局部受压,这是常见的破坏形态。②劈裂破坏。如此图面部压力达到较高值时局部承压面下突然产生较长的纵向裂缝,导致脆性的劈裂破坏,破坏突然,工程上应避免。当砌体面积大而局压面积很小时,可能发生这种破坏。③直接承压面下的砌体被压碎破坏,较少发生。当砌体强度较低时,可能发生这种破坏。

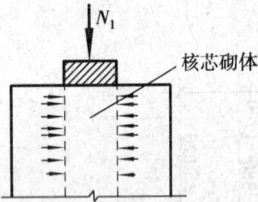

图 13.14　砌体局部受压套箍原理

试验表明,砌体局部抗压强度比砌体抗压强度高。因为应力在砌体内部的扩散和直接承压面下部的砌体,其横向应变受到周围砌体的侧向约束,使承压面下部的核芯砌体处于三向受压状态,因而使砌体抗压强度得以提高,即周围砌体对承压面下的核芯砌体起到了套箍一样的强化作用(图 13.14)。

在实际工程中,往往出现按全截面验算砌体受压承载力满足,但局部受压承载力不足的情况。故在砌体结构设计中,还应进行局部受压承载力计算。砌体的局部受压可分为局部均匀受压和局部不均匀受压。

(1)局部均匀受压

1)局部抗压强度提高系数

当砌体局部均匀受压时,按局部受压面积计算的抗压强度可大大提高,其值为砌体抗压强度乘以局部抗压强度提高系数 γ。

$$\gamma = 1 + 0.35 \sqrt{\frac{A_0 - A_1}{A_1}} \qquad (13.11)$$

式中　A_1——局部受压面;

　　　A_0——影响砌体局部抗压强度的计算面积。

该公式具有明确的物理意义,第一项为局部受压面积 A_1 的砌体抗压强度,第二项为非局部受压面积($A_0 - A_1$)所提供的有利影响。

2)影响砌体局部抗压强度的计算面积

影响砌体局部抗压强度的计算面积 A_0 可按图 13.15 的规定计算

3)砌体局部抗压强度提高系数的限值

砌体局部抗压强度主要取决于砌体原有抗压强度和周围砌体对局部受压区核芯砌体的约束程度。由式(13.11)可看出,A_0/A_1 越大,周围砌体对核芯砌体的约束作用越大,因而砌体局部抗压强度提高程度也越大。但当 A_0/A_1 大于某一限值时,砌体可能发生前述的突然劈裂的脆性破坏。因此,《砌体规范》规定按式(13.11)计算得出的 γ 还应符合下列规定:

①在图 13.15(a)的情况下,$\gamma \leqslant 2.5$;

②在图 13.15(b)的情况下,$\gamma \leqslant 2.0$;

③在图 13.15(c)的情况下,$\gamma \leqslant 1.5$;

④在图 13.15(d)的情况下,$\gamma \leqslant 1.25$;

⑤对多孔砖砌体和按规定的构造要求灌孔的砌块砌体,$\gamma \leqslant 1.5$;对未灌实的混凝土砌块砌体 $\gamma = 1.0$。

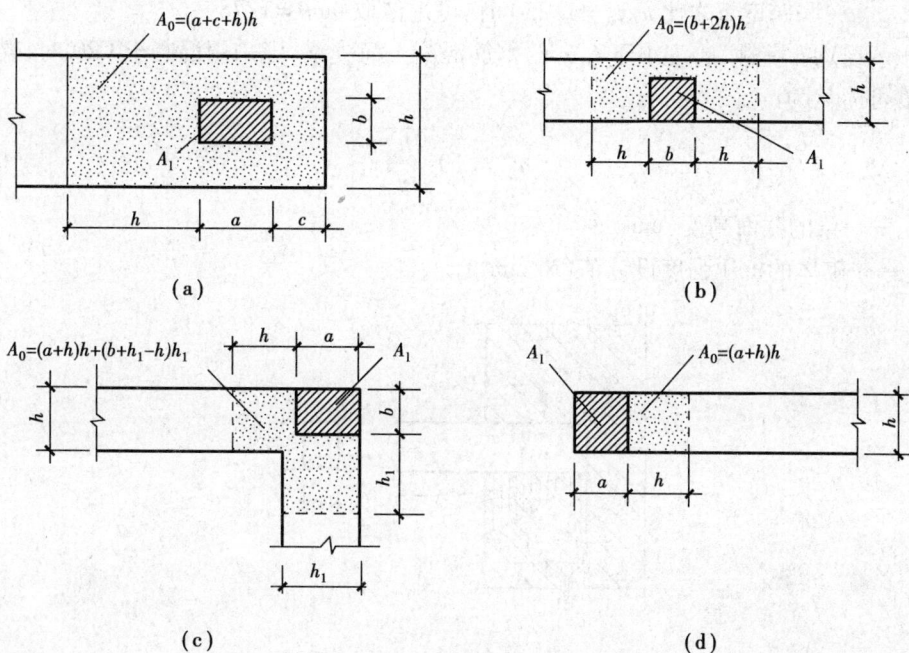

图 13.15　影响局部抗压强度的计算面积 A_0

4）承载力公式

砌体局部均匀受压承载力计算公式为

$$N_1 \leqslant \gamma f A_1 \tag{13.12}$$

式中　N_1——局部受压面积上轴向力设计值；

　　　A_1——局部受压面积；

　　　γ——砌体局部抗压强度提高系数。

（2）梁端支撑处砌体局部受压

①梁端有效支撑长度

当梁端直接支承在砌体上时,砌体在梁端压力下处于局压状态。当梁受荷载作用后,梁端将产生转角,使梁端支承面上的压应力因砌体的弹塑性性质呈不均匀分布（图 13.16）。由于梁的挠曲变形和支承处砌体压缩变形的缘故,这时梁端下面传递压力的实际长度 a_0（即梁端有效支承长度）并不一定等于梁在墙上的全部搁置长度,它取决于梁的刚度、局部承压力和砌体的弹性模量等。

根据试验及理论推导,梁端有效支承长度 a_0 可按下式计算:

$$a_0 = 38\sqrt{\frac{N_1}{bf\tan\theta}} \tag{13.13}$$

式中　a_0——梁端有效支承长度（mm）,当 $a_0 > a$ 时应取 $a_0 = a$；

　　　a——为梁端实际支承长度（mm）；

　　　N_1——梁端压力设计值（kN）；

　　　b——梁的截面宽度（mm）；

　　　$\tan\theta$——梁变形时,梁端轴线倾角的正切,对于受均布荷载的简支梁当梁的最大挠度 w

177

与跨度 l_0 之比 $w/l_0 = 1/250$ 时,可近似取 $\tan\theta = 1/78$。

对于承受均布荷载,跨度小于 6 m 的钢筋混凝土简支梁,当采用混凝土 C20 时,梁端有效支承长度可简化为:

$$a_0 = 10\sqrt{\frac{h_c}{f}} \qquad (13.14)$$

式中　h_c——梁的截面高度(mm);

　　　f——砌体的抗压强度设计值(N/mm^2)。

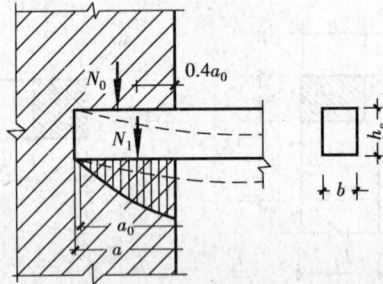

图 13.16　梁端支撑处砌体局部受压

②上部荷载对局部抗压强度的影响

当梁端支承在墙体中某个部位,即梁端上部还有墙体时,除由梁端传来的压力 N_1 外,还有由上部墙体传来的轴向压力。试验结果表明,上部砌体通过梁顶传来的压力并不总是相同的。当梁上受荷载较大时,梁端下砌体将产生较大压缩变形,使梁端顶面与上部砌体接触面上的压应力逐渐减小,甚至梁端顶面与上部砌体脱开。这时梁端范围内的上部荷载将会部分地或全部通过砌体中的内拱作用传给梁端周围的砌体。这种"内拱卸荷"作用随 A_0/A_1 逐渐减小而减弱(图 13.17)。《砌体规范》规定,当 $A_0/A_1 \geq 3$ 时可不考虑上部荷载对砌体局部受压的影响。

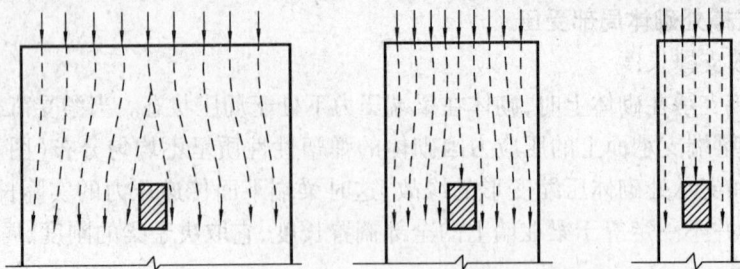

图 13.17　上部荷载对局部抗压的影响

③梁端支承处砌体局部受压承载力计算

梁端支承处砌体局部受压承载力可由下式计算:

$$\psi N_0 + N_1 \leq \eta\gamma A_1 f \qquad (13.15)$$

式中　N_0——局部受压面积内由上部墙体传来的轴向力设计值,$N_0 = \sigma_0 A_1$;

　　　ψ——上部荷载的折减系数,$\psi = 1.5 - 0.5A_0/A_1$,当 $A_0/A_1 \geq 3$ 时,取 $\psi = 0$;

　　　N_1——由梁上荷载在梁端产生的局部压力设计值;

　　　η——梁端底面压应力图形的完整系数,一般可取 0.7,对于过梁和墙梁可取 1.0;

178

γ——砌体局部承压强度提高系数；

A_1——局部受压面积，$A_1 = a_0 b$，b 为梁宽，a_0 为梁端有效支承长度；

f——砌体的抗压强度设计值。

（3）垫块下砌体的局部受压

当梁端支承处砌体局部受压承载力不能满足要求时，可以在梁端下设置混凝土或钢筋混凝土垫块，以扩大梁端支承面积，增加梁端下砌体的局部受压承载力。垫块可分为预制和与梁现浇成整体两类。由于这两类垫块下砌体局部受压性能不同，其计算方法也有区别。

①预制刚性垫块下砌体局部受压承载力计算

A 刚性垫块的构造要求

《规范》规定刚性垫块的构造应符合下列规定：

a. 刚性垫块的高度，$t_b \geqslant 180$ mm，自梁边缘算起的垫块挑出长度不宜大于垫块的高度 t_b；

b. 壁柱上垫块伸入翼缘墙内的长度不应小于 120 mm；

c. 现浇的刚性垫块与梁端整体浇筑时，垫块可在梁高范围内设置。

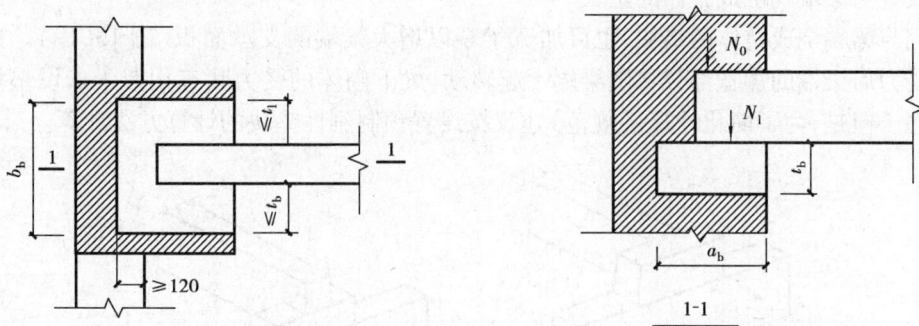

图 13.18 壁柱上设垫块时梁端局部受压

B 垫块下砌体的局部受压承载力计算

试验表明，垫块下砌体的局部受压承载力计算，可按偏心受压承载力的计算公式进行计算。计算时应考虑垫块底面积以外的砌体对局部受压强度的有利影响，其影响系数 γ_1 为砌体局部抗压强度提高系数 γ 的 0.8 倍。

垫块下砌体的局部受压承载力可按下式计算：

$$N_0 + N_1 \leqslant \varphi \gamma_1 f A_b \tag{13.16}$$

式中 N_0——垫块面积内上部轴向力设计值，$N_0 = \sigma_0 A_b$；

φ——垫块上 N_0 及合力 N_1 的影响系数，采用表 13.19 ~ 表 13.21 确定 φ 值（均取 $\beta \leqslant 3$）；

γ_1——垫块外砌体面积的有利影响系数 $\gamma_1 = 0.8\gamma$，但不小 1.0；

γ——砌体局部抗压强度提高系数，按式（13.11）计算，并以面 A_b 代替公式中的 A_1；

A_b——垫块面积，$A_b = a_b b_b$；

a_b——垫块伸入墙内的长度；

b_b——垫块的宽度。

在带壁柱墙的壁柱内设刚性垫块时（图 13.18），其计算面积应取壁柱范围内的面积，不应计算翼缘部分。

②梁端有效支承长度

试验分析表明,梁端设有刚性垫块时,虽然垫块上表面有效支承长度 a_0 较小,但可能对其下的墙体受力不利,增大了荷载的偏心距。

根据试验结果,《规范》规定:垫块上梁端支承压力设计值的作用点距墙边缘的位置,可取 $0.4a_0$ 处,梁端有效支承长度 a_0 应按下式计算:

$$a_0 = \delta_1 \sqrt{\frac{h}{f}} \tag{13.17}$$

δ_1——刚性垫块的影响系数,按表 13.22 采用。

表 13.22　刚性垫块的影响系数 δ_1 值

σ_0/f	0	0.2	0.4	0.6	0.8
δ_1	5.4	5.7	6.0	6.9	7.8

注:表中其他的数据可采用插入法求得。

③设置与梁端现浇成整体的垫块

采用与梁端浇成整体的垫块,也可加宽梁端以增大梁端的支承面积(图 13.19)。这种情况下梁受力后梁端的加宽部分将随梁端一起转动,梁下砌体的受力状态相似于未设垫块时的受力状态。但是,为了简化计算,《规范》建议按设置预制刚性垫块的计算方法计算。

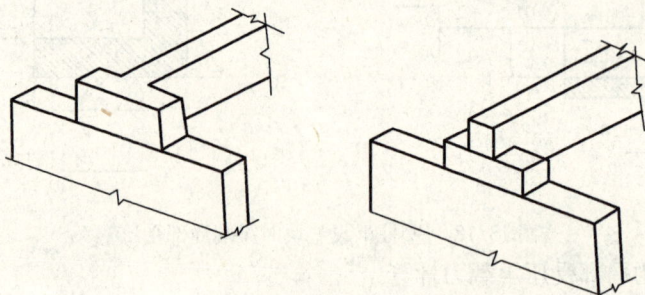

图 13.19　与梁端现浇成整体的垫块

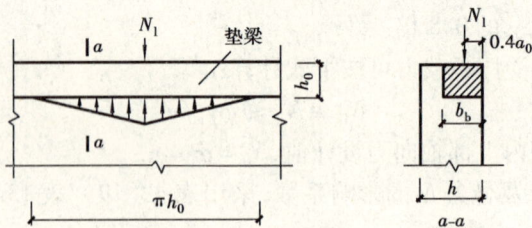

图 13.20　垫梁局部受压

(4)梁端下设有垫梁时,垫梁下砌体的局部受压承载力计算

当梁支承处的砌体上设有长度较大的垫梁,如钢筋混凝土圈梁或与梁同时浇灌相互连接的圈梁等,在梁端集中荷载作用下,垫梁沿自身轴线方向发生不均匀变形,把集中荷载传至一定范围的砌体上去。根据力学分析并进行简化,取压应力分布为三角形,假定分布宽度为 πh_0(图 13.20)。《规范》规定,当垫梁的长度大于 πh_0 时,垫梁下砌体的局部受压承载力按下式

计算:

$$N_0 + N_1 \leqslant 2.4\delta_2 f b_{\mathrm{b}} h_0 \qquad (13.18)$$

$$N_0 = \pi h_0 b_{\mathrm{b}} \sigma_0 / 2 \qquad (13.19)$$

$$h_0 = 2 \times \sqrt[3]{\frac{E_{\mathrm{b}} I_{\mathrm{b}}}{Eh}} \qquad (13.20)$$

式中　N_0——垫梁范围内上部轴向力设计值,单位(N);

　　　σ_0——上部荷载设计值产生的平均压应力,单位($\mathrm{N \cdot mm^{-2}}$);

　　　δ_2——当荷载沿墙厚方向均匀分布时取1.0,不均匀时可取0.8;

　　　b_{b}——垫梁宽度,单位(mm);

　　　h_0——垫梁折算高度,单位(mm);

　　　$E_{\mathrm{b}},I_{\mathrm{b}}$——分别为垫梁的混凝土弹性模量和截面惯性矩;

　　　E——砌体的弹性模量;

　　　H——墙体的厚度,单位(mm)。

垫梁上梁端有效支承长度 a_0 可按公式(13.17)计算。

例 13.3　截面为 200 mm × 240 mm 的钢筋混凝土柱,支承在厚 b = 240 mm 的砖墙上,砖墙为采用 MU10 烧结普通砖,M2.5 混合砂浆砌筑的砌体,由柱支承的上部设计荷载产生的轴向力设计值 N_0 = 90 kN,试验算柱下砌体的局部承载力是否满足要求(图 13.21)。

解　查表得 f = 1.30 N/mm²

$A_0 = (b + 2h)h = (200 + 2 \times 240) \times 240 = 163200 \text{ mm}^2$

$A_1 = 200 \times 240 = 4800 \text{ mm}^2$

$\gamma = 1 + 0.35\sqrt{\dfrac{A_0 - A_1}{A_1}} = 1 + 0.35\sqrt{\dfrac{163200 - 48000}{48000}} = 1.54 < 0.2$

则 $\gamma f A_1 = 1.54 \times 1.30 \times 48000 = 96096 \text{ N} \approx 96 \text{ kN} > 90 \text{ kN}$

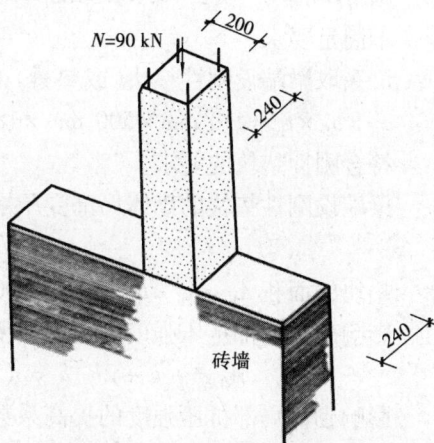

图 13.21

满足要求。

例 13.4　某楼面钢筋混凝土梁的截面尺寸为 200 mm × 550 mm,支承长度为 240 mm,梁端由荷载设计值产生的支承反力 N_1 = 70 kN,上部荷载设计值产生的轴向力 N_0 = 100 kN,墙截面尺寸为 1200 mm × 240 mm,采用 MU10 烧结普通砖、M2.5 混合砂浆砌筑。试验算梁端支承处砌体局部受压承载力是否满足要求。如不满足可采取什么方法(图 13.22)。

解　查表得 f = 1.30 kN/mm²

梁端有效支承长度为:

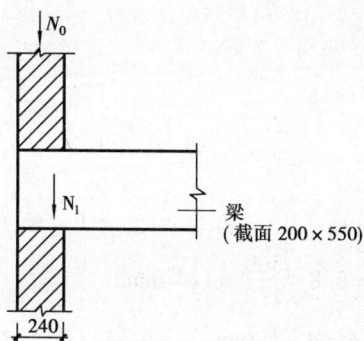

图 13.22

$$a_0 = 38\sqrt{\frac{N_1}{bf\tan\theta}} = 38\sqrt{\frac{70}{200 \times 1.3 \times \frac{1}{78}}} = 174\ mm < a$$

梁端局部受压面积:$A_1 = a_0 b = 174 \times 200 = 34800\ mm^2$

影响砌体局部抗压强度的计算面积为:

$$A_0 = (b + 2h)h = (200 + 2 \times 240) \times 240 = 163000\ mm^2$$

影响砌体局部抗压强度的提高系数为:

$$\gamma = 1 + 0.35\sqrt{\frac{A_0 - A_1}{A_1}} = 1 + 0.35\sqrt{\frac{163000 - 34800}{37200}} = 1.65 < 2 \qquad 取\ \gamma = 1.65$$

由 $A_0/A_1 = 163000/34800 = 4.68 > 3$,$\psi = 0$,故不考虑上部荷载的影响。

梁端底面压应力图形完整性系数 $\eta = 0.7$。

则 $\eta\gamma f A_1 = 0.7 \times 2 \times 1.3 \times 34800 \times 10^{-3} = 52.2\ kN < \psi N_0 + N_1 = 70\ kN$

不满足要求。

可采取梁端设刚性垫块(或垫梁)的方法来解决,垫块尺寸取:

$a_b \times b_b \times t_b = 240\ mm \times 500\ mm \times 180\ mm$,垫块自梁边两侧各挑出 $150\ mm < 180\ mm$,符合刚性垫块的要求。

梁端设刚性垫块的砌体局部受压承载力的计算公式为:

$$N_0 + N_1 \leqslant \varphi\gamma_1 f A_b$$

垫块的面积 $A_b = a_b \times b_b = 240 \times 500 = 120000\ mm^2$

影响砌体局部抗压强度的计算面积为:

$$A_0 = (b + 2h)h = (500 + 2 \times 240) \times 240 = 235200\ mm^2$$

影响砌体局部抗压强度的提高系数为:

$$\gamma = 1 + 0.35\sqrt{\frac{A_0 - A_1}{A_1}} = 1 + 0.35\sqrt{\frac{235200 - 120000}{120000}} = 1.336 < 2 \quad 取\ \gamma = 1.34$$

垫块外砌体面积的有利影响系数:

$$\gamma_1 = 0.8\gamma = 1.07$$

上部平均压应力设计值为:

$$\sigma_0 = 100000/(240 \times 1200) = 0.35\ N/mm^2$$

垫块体面积 A 内上部轴向力设计值为:

$$N_0 = \sigma_0 A = 0.35 \times 120000 \times 10^{-3} = 41.7\ kN$$

梁端设刚性垫块时,梁端有效支承长度的计算公式为:

$$a_0 = \delta_1\sqrt{\frac{h}{f}}$$

由 $\sigma_0/f = 0.35/1.3 = 0.27$

查表得 $\delta_1 = 5.8$,则梁端有效支承长度为 $a_0 = \delta_1\sqrt{\frac{h}{f}} = 5.8\sqrt{\frac{500}{1.3}} = 114\ mm$

垫块上 N_1 作用点的位置可取为: $0.4a_0 = 0.4 \times 114 = 45.6\ mm$

N_1 对垫块形心的偏心距为: $240/2 - 45.6 = 74.4\ mm$

局部受压面积内上部轴向力设计值 N_0 作用于垫块形心,全部轴向力 $N_0 + N_1$ 对垫块形心的偏心距为：

$$e = N_1 \times 74.4/(N_0 + N_1) = 70 \times 74.4/(41.7 + 70) = 46.6 \text{ mm}$$

由 $e/h = e/a_b = 46.6/240 = 0.194$，

按 $\beta \leqslant 3$ 查表得 $\varphi = 0.69$

$$\varphi \gamma_1 f A_b = 0.69 \times 1.07 \times 1.3 \times 120000 \times 10^{-3} = 115 \text{ kN} > N_0 + N_1$$
$$= 41.7 + 70 = 111.7 \text{ kN}$$

满足要求。

13.2.4 受拉、受弯和受剪构件的承载力计算

(1)轴心受拉构件计算

砌体的抗拉能力很低,工程中很少采用砌体作轴心受拉构件。一般只用在小型圆形水池、圆筒料仓中,这些结构在液体或松散物料的侧压力作用下,筒壁内产生环向拉力。砌体的破坏有两种可能,即沿齿缝破坏或沿直缝破坏,可按轴心受拉构件计算。

砌体轴心受拉构件的承载力应按下式计算,

$$N_t \leqslant f_t A \tag{13.21}$$

式中 N_t——轴心拉力设计值;

      f_t——砌体轴心抗拉强度设计值,按表 13.14 采用;

      A——砌体垂直于拉力方向的截面面积。

(2)受弯构件计算

砖砌平拱过梁和挡土墙均属受弯构件。在弯矩作用下砌体可能沿齿缝截面、或沿砖和竖向灰缝截面、或沿通缝截面因弯曲受拉而破坏。此外,受弯的砌体构件在支座处还有较大的剪力,因此除进行受弯承载力计算外,还应进行受剪承载力的计算。

1)受弯承载力计算

受弯构件的承载力按下式计算:

$$M \leqslant f_{tm} W \tag{13.22}$$

式中 M——弯矩设计值;

      f_{tm}——砌体的弯曲抗拉强度设计值,根据发生破坏的形态,按表 13.14 选取相应的强度指标值。

      W——截面抵抗矩。

2)受剪承载力计算

受弯构件的受剪承载力按下式计算:

$$V \leqslant f_v bz \tag{13.23}$$

式中 V——剪力设计值;

      f_v——砌体的抗剪强度设计值,按表 13.14 采用;

      b——截面宽度;

      z——内力臂,$z = I/S$,当截面为矩形时 $z = 2h/3$;

      I——截面惯性矩;

      S——截面面积矩;

      H——截面高度。

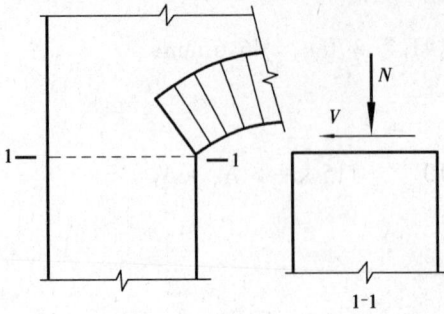

图 13.23

(3)受剪构件计算

在无拉杆拱的支座截面处,由于拱的水平推力,将使支座截面受剪(图 13.23)。这时,抵抗拱脚水平推力的是砌体和砂浆间的切向粘结强度及竖向压应力产生的摩擦力。

规范规定,沿通缝或沿阶梯形截面破坏时受剪构件的承载力应按下列公式进行计算:

$$V \leqslant (f_v + \alpha\mu\sigma_0)A \qquad (13.24)$$

当 $\gamma_G = 1.2$ 时,$\mu = 0.26 - 0.082\sigma_0/f$

当 $\gamma_G = 1.35$ 时,$\mu = 0.23 - 0.065\sigma_0/f$

式中　V——截面剪力设计值;

　　　A——水平截面面积。当有孔洞时,取净截面面积;

　　　f_v——砌体抗剪强度设计值,对灌孔的混凝土砌块砌体取其抗剪强度的设计值;

　　　α——修正系数;

当 $\gamma_G = 1.2$ 时,砖砌体取 0.6,混凝土砌块砌体取 0.64;

当 $\gamma_G = 1.35$ 时,砖砌体取 0.64,混凝土砌块砌体取 0.66;

　　　μ——剪压复合受力影响系数,α 与 μ 的乘积,可查表 13.23;

　　　σ_0——永久荷载设计值产生的水平截面平均压应力;

　　　f——砌体的抗压强度设计值;

　　　σ_0/f——轴压比,不大于 0.8。

表 13.23　当 $\gamma_G = 1.2$ 及 $\gamma_G = 1.35$ 时 $\alpha\mu$ 的值

γ_G	σ_0/f	0.1	0.2	0.3	0.4	0.5	0.6	0.7	0.8
1.2	砖砌体	0.15	0.15	0.14	0.14	0.13	0.13	0.12	0.12
	砌块砌体	0.16	0.16	0.15	0.15	0.14	0.13	0.13	0.12
1.35	砖砌体	0.14	0.14	0.13	0.13	0.13	0.12	0.12	0.11
	砌块砌体	0.15	0.14	0.14	0.13	0.13	0.13	0.12	0.12

例 13.5　一矩形浅水池(图 13.24),壁高 $H = 1.4$ m,采用 MU10 的砖,MU10 的水泥砂浆砌筑,壁厚 490 mm,如不考虑池壁自重所产生的不大的垂直压力,试验算池壁承载力。

解　池壁如固定于基础上的悬臂板一样受力,在竖直方向切取单位宽度的竖向板带,当不考虑池壁自重影响时,则此板带承受三角形水压力,按上端自由,下端固定的悬臂梁计算。

(1)受弯承载力验算

池壁底端的弯矩为

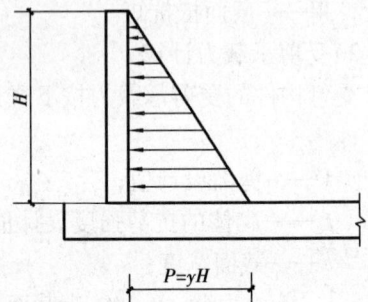

图 13.24

$$M = PH^2/6 = 10 \times 1.4 \times 1.4^2/6 = 4.57 \text{ kN} \cdot \text{m}$$

$$W = bh^2/6 = 1.0 \times 0.49^2/6 = 0.04 \text{ m}^2$$

查得沿砌体通缝破坏弯曲抗拉强度设计值 $f_{tm} = 0.17 \text{ N/mm}^2$ 因采用水泥砂浆,应乘以调整系数 $\gamma_a = 0.8$,则 $f_{tm} = 0.8 \times 0.17 = 0.136 \text{ N/mm}^2$

按每 1 m 宽度验算砌体受弯承载力:

$$Wf_{tm} = 0.04 \times 0.136 \times 10^3 = 5.44 \text{ kN} \cdot \text{m} > M = 4.57 \text{ kN} \cdot \text{m}$$

满足要求

(2)验算砌体受弯时的受剪承载力

查得砌体抗剪强度设计值 $f_v = 0.17 \text{ N/mm}^2$,乘以调整系数($\gamma_a = 0.8$)得 $f_v = 0.17 \times 0.8 = 0.136 \text{ N/mm}^2$

池壁底端的剪力为(此处剪力最大)

$$V = PH^2/2 = 10 \times 1.4 \times 1.4/2 = 9.8 \text{ kN}$$

内力臂:$z = 2h/3 = 2 \times 0.49/3 = 0.327 \text{ m}$

$$f_v zb = 0.136 \times 1 \times 0.327 \times 10^3 = 44.47 \text{ kN} > V = 9.8 \text{ kN}$$

满足要求

13.2.5 配筋砌体承载力计算

当砌体受压构件的抗压承载力不足时,除了可以采取提高块材和砂浆的强度等级、增大截面尺寸等措施外,还可以采用配筋砌体来提高砌体结构的承载力。作受压构件的配筋砌体主要有网状配筋砖砌体和组合砖砌体。

(1)网状配筋砖砌体

网状配筋砖砌体是在水平灰缝内按一定间距放置一些横向钢筋网的配筋砌体。配筋方式可分为方格钢筋网和连弯式钢筋网。方格钢筋网是用绑扎或点焊的方法做成网片,连弯钢筋网是将连弯钢筋相互垂直交错铺在两相邻灰缝中形成网状配筋。

1)受压性能

试验表明,网状配筋砖砌体的破坏特征与无筋砖砌体有所不同。网状配筋砖砌体受压时,由于摩擦力和砂浆的粘结力,钢筋被嵌固在灰缝内与砖砌体共同工作,从而约束了砖砌体的横向变形,相当于对砌体施加了横向压力,使砌体处于三向受压状态。

根据试验,网状配筋砖砌体轴心受压时,同无筋砌体一样,从加载到破坏可分为三个阶段,但其受力性能与无筋砌体有较大别。

第一阶段:从加载初到压力约为破坏压力的60% ~75%时,随着压力的增加,单砖块内出现第一批裂缝,此阶段所表现的受力特点与无筋砌体相同,但压力比无筋砌体高。

第二阶段:随压力增大,裂缝数量增多,但裂缝发展缓慢。纵向裂缝受横向钢筋网的约束,不能很快沿砌体高度方向形成贯通裂缝。此阶段所表现的破坏特征与无筋砌体的破坏特征有较大不同。

第三阶段:当压力达到极限承载力时,砌体内部分砖严重开裂甚至被压碎,导致砌体完全破坏。在此阶段,竖向小柱、砖的强度利用程度比无筋砌体高。故网状配筋砌体的抗压承载力较相同砌体材料的无筋砌体的抗压承载力大。

通过试验可以看出:在加荷初期,由于钢筋网的作用尚未充分发挥,出现第一批裂缝的荷载只较无筋砌体略高一些。继续增加荷载,由于钢筋网充分发挥了约束作用,因而裂缝开展缓慢,并推迟了因裂缝贯通把砌体分割成独立小柱的进程。且由于钢筋网的拉结,小柱体也不会失稳,故破坏是由于钢筋网之间的砖块被压碎而造成的。由于砖的抗压强度得到了充分发挥,故网状配筋砖砌体的承载能力要比无筋砌体高。

2)适用范围

①网状配筋砌体对轴心受压构件效果好,在偏心受压时的受压性能受偏心距的影响较大,偏心距愈大,网状钢筋的作用愈小,砌体承载能力提高有限。当偏心距超过截面核心范围,对于矩形截面,即 $e/h > 0.17$ 时,不宜采用网状配筋砌体。

②网状配筋对构件的承载力产生不利影响试验表明,网状配筋砌体的承载力影响系数随着网状钢筋的配筋率增加而降低。因此,在柔性很大的砌体中不宜采用网状配筋。偏心距虽未超过截面核心范围,但构件高厚比 $\beta > 16$ 时,也不宜采用网状配筋砌体。

3)网状配筋砌体构造

为了使网状配筋砖砌体受压构件能安全可靠工作,除需保证其承载力外,还应符合下列构造要求:

①网状配筋砌体中的配筋率,不应小于 0.1% ,并不应大于 1% ;

②采用钢筋网时,钢筋的直径宜采用 3 mm ~ 4 mm;当采用连弯钢筋网时,钢筋的直径不应大于 8 mm;

③钢筋网的竖向间距不应大于五匹砖,并不应大于 400 mm;

④钢筋网中钢筋的间距不应大于 120 mm,且不应小于 30 mm;

⑤网状配筋砖砌体中所选用的砌体材料强度等级不宜过低,砂浆不应低于 M7.5;钢筋网应设置在砌体的水平灰缝中,灰缝厚度应保证钢筋上下至少有 2 mm 厚的砂浆层。

4)承载力计算

网状配筋砖砌体受压构件的承载力计算,可按下式进行

$$N \leqslant \varphi_n f_n A \tag{13.25}$$

式中 N——作用于构件截面上的轴向力设计值;

   φ_n——高厚比和配筋率以及轴向力的偏心距对网状配筋砖砌体受压构件承载力的影响系数,可按表 13.24 采用:

   f_n——网状配筋砖砌体的抗压强度设计值,按下式确定:

$$f_n = f + 2(1 - 2e/y)\rho f_y/100 \tag{13.26}$$

$$\rho = (V_s/V) \times 100 \tag{13.27}$$

式中 e——轴向力的偏心距;

   ρ——体积配筋率,当采用截面面积为 A_s 的钢筋组成的方格网,网格尺寸为 a 和钢筋网的竖向间距为 s_n 时 $\rho = 2A_s \times 100/as_n$;

   V_s、V——分别为钢筋和砌体的体积;

   A——截面面积;

   f_y——抗拉钢筋的设计强度,当 $f > 320$ MPa 时,仍采用 320 MPa;

对矩形截面构件,当轴向力偏心方向的截面边长大于另一方向的边长时,除按偏心受压计算外,还应对较小边长方向按轴心受压进行验算。

当网状配筋砖砌体下端与无筋砌体交接时,尚应验算无筋砌体的局部受压承力。

表 13.24 影响系数 φ_n

ρ	β \ e/h	0	0.05	0.10	0.15	0.17
0.1	4	0.97	0.89	0.78	0.67	0.63
	6	0.93	0.84	0.73	0.62	0.58
	8	0.89	0.78	0.67	0.57	0.53
	10	0.84	0.72	0.62	0.52	0.48
	12	0.78	0.67	0.56	0.48	0.44
	14	0.72	0.61	0.52	0.44	0.41
	16	0.67	0.56	0.47	0.40	0.37
0.3	4	0.96	0.87	0.76	0.65	0.61
	6	0.91	0.80	0.69	0.59	0.55
	8	0.84	0.74	0.62	0.53	0.49
	10	0.78	0.67	0.56	0.47	0.44
	12	0.71	0.60	0.51	0.43	0.40
	14	0.64	0.54	0.46	0.38	0.36
	16	0.58	0.49	0.41	0.35	0.32
0.5	4	0.94	0.85	0.74	0.63	0.59
	6	0.88	0.77	0.66	0.56	0.52
	8	0.81	0.69	0.59	0.50	0.46
	10	0.73	0.62	0.52	0.44	0.41
	12	0.65	0.55	0.46	0.39	0.36
	14	0.58	0.49	0.41	0.35	0.32
	16	0.51	0.43	0.36	0.31	0.29
0.7	4	0.93	0.83	0.72	0.61	0.57
	6	0.86	0.75	0.63	0.53	0.50
	8	0.77	0.66	0.56	0.47	0.43
	10	0.68	0.58	0.49	0.41	0.38
	12	0.60	0.50	0.42	0.36	0.33
	14	0.52	0.44	0.37	0.31	0.30
	16	0.46	0.38	0.33	0.28	0.26
0.9	4	0.92	0.82	0.71	0.60	0.56
	6	0.83	0.72	0.61	0.52	0.48
	8	0.73	0.63	0.53	0.45	0.42
	10	0.64	0.54	0.46	0.38	0.36
	12	0.55	0.47	0.39	0.33	0.31
	14	0.48	0.40	0.34	0.29	0.27
	16	0.41	0.35	0.30	0.25	0.24

续表

ρ	β \ e/h	0	0.05	0.10	0.15	0.17
1.0	4	0.91	0.81	0.70	0.59	0.55
	6	0.82	0.71	0.60	0.51	0.47
	8	0.72	0.61	0.52	0.43	0.41
	10	0.62	0.53	0.44	0.37	0.35
	12	0.54	0.45	0.38	0.32	0.30
	14	0.46	0.39	0.33	0.28	0.26
	16	0.39	0.34	0.28	0.24	0.23

(2)组合砖砌体受压构件

在砖砌体内配置部分钢筋混凝土或钢筋砂浆面层组成构件,称为组合砖砌体。

1)适用范围

当无筋砌体受压构件的截面尺寸受到限制或设计不经济时,或轴向力偏心距 $e > 0.6y$ 时,以及单层砖柱厂房在设防烈度为 8 度、9 度时,应采用砖砌体和钢筋混凝土面层或钢筋砂浆面层组成的组合砖柱。

对于砖墙与组合砌体一同砌筑的 T 形截面构件,可按矩形截面组合砌体构件计算,但构件的高厚比仍按 T 形截面考虑,其截面的翼缘宽度应符合有关构造规定。

2)受压性能

①在组合砌体中,砖砌体吸收混凝土中多余的水分,使得在组合砌体中结硬的混凝土的强度比在木模或金属模板中结硬的强度高。这种现象在混凝土结硬的早期(4～10 d 内)特别显著。对于砖砌体与钢筋砂浆面层的组合砌体,砂浆面层也具有上述类似的特性。

②在轴心压力作用下,组合砌体的第一批裂缝大多出现于砌体和钢筋混凝土(或钢筋砂浆)之间的连接处。随着荷载的增加,砖砌体上逐渐产生竖直方向的裂缝。受两侧的钢筋混凝土(或钢筋砂浆)面层的套箍约束作用,砖砌体上的这种裂缝发展较为缓慢,开展的宽度也不及无筋砌体。

③随着荷载的增加,砌体内的砖和面层混凝土(或面层砂浆)严重脱落甚至被压碎,或竖向钢筋在箍筋范围内压屈,最后,组合砌体完全破坏。

当面层采用水泥砂浆的组合砌体达极限承载力时,其内受压钢筋未达屈服应变,受压钢筋的强度不能被充分利用。

3)构造要求

组合砖砌体由砌体和面层混凝土(或面层砂浆)两种材料组成,故应保证它们之间有良好的整体性和共同工作能力。

A 面层混凝土强度等级宜采用 C20。为了防止钢筋锈蚀,并使钢筋和砌体与砂浆面层有足够的粘结强度,面层水泥砂浆的强度等级不宜低于 M10。砌筑砂浆不得低于 M7.5。

B 受力钢筋的保护层厚度,不应小于表 13.25 中的规定。受力钢筋距砖砌体表面的距离,不应小于 5 mm。当面层为水泥砂浆的组合砖柱,保护层厚度可较表 13.25 中的值减小 5 mm。

表 13.25　混凝土保护层最小厚度/mm

环境条件 构件内别	市内正常环境	露天或室内潮湿环境
墙	15	25
柱	25	35

C　砂浆面层的厚度过薄则不满足构造要求,太厚则施工困难,且易开裂。因此,砂浆面层的厚度可采用 30～45 mm。当面层厚度需大于 45 mm 时,其面层宜采用混凝土。

D　受力钢筋宜采用 HPB235 级钢筋。对于混凝土面层,因受力和变形性能较好,亦可采用 HPB335 级钢筋。受压钢筋一侧的配筋率,对于砂浆面层,不宜小于 0.1%,对于混凝土面层,不宜小于 0.2%。受拉钢筋的配筋率,不应小于 0.1%。竖向受力钢筋的直径,不应小于 8 mm。钢筋的净间距,不应小于 30 mm。

E　箍筋的直径,不宜小于 4 mm 及 0.2d(d 为受压钢筋直径)并不宜大于 6 mm。箍筋的间距,不应大于 20d 及 500 mm,并不应小于 120 mm。

F　当组合砖砌体构件一侧的受力钢筋多于 4 根时,应设置附加箍筋或拉结钢筋。对于截面长短边相差较大的构件如墙体等,应采用穿通构件或墙体的拉结钢筋作为箍筋,同时设置水平分布钢筋,以形成封闭的箍筋体系。水平分布钢筋的竖向间距及拉结钢筋的水平间距,均不应大于 500 mm(图 13.25)。

G　组合砖砌体构件的顶部与底部,以及牛腿处是直接承受或传递荷载的主要部位,在这些部位必须设置钢筋混凝土垫块,以保证件安全可靠地工作。竖向受力钢筋伸入垫块的长度,必须满足锚固要求,图 13.26 为组合砖砌体厂房柱的构造。

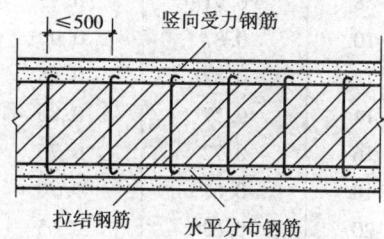

图 13.25　混凝土或砂浆面层的组合墙

4)组合砖砌体构件承载力计算

A　轴心受压构件

组合砖砌体轴心受压构件的承载力,可按下式计算:

$$N \le \varphi_{\text{com}}(fA + f_c A_c + \eta_s f'_y A'_s) \tag{13.28}$$

式中　φ_{com}——组合砖砌体构件的稳定系数,按表 13.26 采用;

　　　A——砖砌体的截面面积;

　　　f_c——混凝土或面层水泥砂浆的轴心抗压强度设计值,砂浆的轴心抗压强度设计值可取为同强度等级混凝土的轴心抗压强度设计值的 70%,当砂浆为 M15 时,其值为 5.2 MPa;当砂浆为 M10 时,其值为 3.5 MPa;当砂浆为 M7.5 时,其值为2.6 MPa;

　　　A_c——混凝土或砂浆面层的截面面积;

　　　η_s——受压钢筋的强度系数,当为混凝土面层时,可取 1.0,当为砂浆面层时,可取 0.9;

　　　f'_y——受压钢筋的强度设计值;

　　　A'_s——受压钢筋的截面面积。

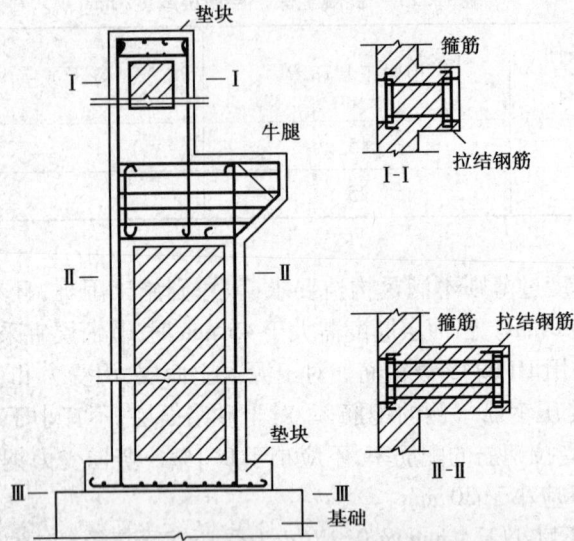

图 13.26　组合砖砌体厂房柱构造

表 13.26　组合砖砌体构件的稳定系数

高厚比 β	配筋率 ρ					
	0	0.2	0.4	0.6	0.8	≥1.0
8	0.91	0.93	0.95	0.97	0.99	1.00
10	0.87	0.90	0.92	0.94	0.96	0.98
12	0.82	0.85	0.88	0.91	0.93	0.95
14	0.77	0.80	0.83	0.86	0.89	0.92
16	0.72	0.75	0.78	0.81	0.84	0.87
18	0.67	0.70	0.73	0.76	0.79	0.81
20	0.62	0.65	0.68	0.71	0.73	0.75
22	0.58	0.61	0.64	0.66	0.68	0.70
24	0.54	0.57	0.59	0.61	0.63	0.65
26	0.50	0.52	0.54	0.56	0.58	0.60
28	0.46	0.48	0.50	0.52	0.54	0.56

注:组合砖砌体构件截面的配筋率 $\rho = A'_s/bh$。

B　偏心受压构件的承载力计算

a　基本计算公式

$$N \leqslant fA' + f_cA'_c + \eta_s f'_y A'_s - \sigma_s A_s \tag{13.29}$$

或
$$Ne_N \leqslant fS_s + f_cS_{c,s} + \eta_s f'_y A'_s(h_0 - a'_s) \tag{13.30}$$

此时受压区的高度可按下式确定

$$fS_N + f_cS_{c,N} + \eta_s f'_y A'_s e'_N - \sigma_s A_s e_N = 0 \tag{13.31}$$

式中　σ_s——钢筋的应力;

A_s——距轴向力 N 较远侧钢筋的截面面积;

A——砖砌体受压部分的面积;

A_c——混凝土或砂浆面层受压部分的面积;

S_s——砖砌体受压部分的面积对钢筋重心的面积矩;

$S_{c,s}$——混凝土或砂浆面层受压部分的面积对钢筋 A_s 重心的面积矩;

S_N——砖砌体受压部分的面积对轴向力 N 作用点的面积矩;

$S_{c,N}$——混凝土或砂浆面层受压部分的面积对轴向力 N 作用点的面积矩;

e'_N, e_N——分别为钢筋 A'_s 和 A_s 重心至轴向力 N 作用点的距离;

$$e_N = e + e_a + (h/2 - a_s) \tag{13.32}$$

$$e'_N = e + e_a - (h/2 - a'_s) \tag{13.33}$$

e——向力的初始偏心距,按荷载设计值计算,当 $e < 0.05h$ 时,应取 $e = 0.05h$;

e_a——组合砖砌体构件在轴向力作用下的附加偏心距:

$$e_a = \beta^2 h(1 - 0.022\beta)/2200 \tag{13.34}$$

h_0——组合砖砌体构件截面的有效高度,取 $h_0 = h - a$;

a_s, a'_s——分别为钢筋 A_s 和 A'_s 重心至截面较近边的距离。

C 钢筋应力 σ_s

组合砖砌体钢筋 A_s 的应力 σ_s,以正值为拉应力,负值为压应力。计算时可按下列规定计算:

小偏心受压时,即 $\zeta > \zeta_b$

$$\sigma_s = 650 - 800\zeta \tag{13.35}$$

$$-f'_y \leqslant \sigma_s \leqslant f_y \tag{13.36}$$

大偏心受压时,即 $\zeta \leqslant \zeta_b$

$$\sigma_s = f_y \tag{13.37}$$

式中 ζ——组合砖砌体构件截面受压区的相对高度, $\zeta = x/h_0$;

f_y——钢筋的抗拉强度设计值;

ζ_b——组合砖砌体构件受压区相对高度的界限值,采用 HPB235 级钢筋配筋,应取 0.55;采用 HRB335 级钢筋配筋时,应取 0.425。

13.3 砌体结构房屋的墙体体系及其承载力验算

13.3.1 房屋的结构布置

混合结构的房屋通常是指屋盖、楼盖等水平承重构件采用钢筋混凝土、木材或钢材,而墙、柱与基础等竖向承重构件采用砌体材料的房屋。它具有节省钢材、施工简便、造价较低等特点,因此在一般工业与民用建筑物中被广泛采用。墙体是混合结构建筑物的主要承重构件,同时墙体对建筑物也起着围护和分隔的作用。主要起围护和分隔作用且只承受自重的墙体,称为"非承重墙";在承受自重的同时,还承受屋盖和楼盖传来荷载的墙体,称为"承重墙"。墙体、柱的自重约占房屋总重的 60%。由于砌体的强度并不太高,在混合结构的结构布置中,使墙柱等承重构件具有足够的承载力是保证房屋正常使用的关键,特别是在需要进行抗震设防的地区,以及在地基条件不理想的地点,合理的结构布置是极为重要的。

　　混合结构房屋设计的一个重要任务就是解决墙体的设计问题。一般包括:承重墙体的布置、房屋的静力计算方案确定、墙柱高厚比验算、墙柱内力计算及其截面承载力验算。

　　在混合结构的结构布置中,承重墙体的布置不仅影响到房屋平面的划分和房间的大小,而且对房屋的荷载传递路线、承载的合理性、墙体的稳定以及整体刚度等受力性能有着直接的联系。

(1)承重墙体的布置

　　在承重墙的布置中,一般有四种方案可供选择,即纵墙承重体系、横墙承重体系、纵横墙承重体系和内框架承重体系。

　　1)纵墙承重体系

　　纵墙承重方案是指由纵墙直接承受屋盖、楼盖竖向荷载的结构布置方案。跨度较少的房屋,楼板直接支承在纵墙上,跨度较大的房屋可采用预制屋面梁(或屋架),上铺大型屋面板,大梁(或屋架)搁置在纵墙上。图 13.27 为某厂房屋面结构布置图。

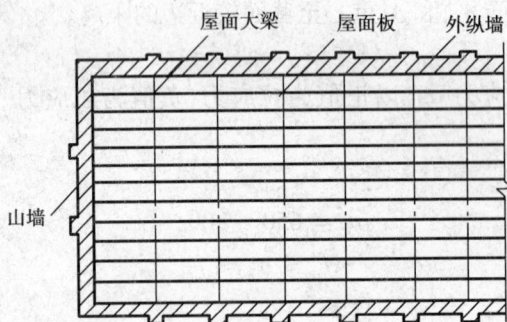

图 13.27　纵墙承重方案

竖向荷载的主要传递路线是:

屋(楼)面荷载──→屋(楼)面板──→屋(楼)面梁(或屋架)──→纵墙──→基础──→地基。

纵墙承重方案房屋有以下特点:

　　①纵墙是主要的承重墙,而横墙是为了满足房屋使用功能及空间刚度和整体性要求设置的。横墙间距可以增大,形成较大室内空间,有利于使用上的灵活布置。

　　②因纵墙承重,纵墙上作用较大荷载,所以在纵墙上设置门窗洞口时,洞口大小、位置要受一定的限制。

　　③与横墙承重方案相比,纵墙承重方案房屋的屋盖、楼盖结构用材料较多,墙体材料较少。

　　④横墙数量少,房屋横向刚度较差。

　　2)横墙承重方案

　　由横墙直接承受屋盖、楼盖竖向荷载的结构布置方案称为横墙承重方案。图 13.28 为某宿舍楼标准层结构平面布置图。其预制板沿房屋纵向搁置在横墙上,外墙主要起围护作用。

　　对于横墙承重方案,荷载的主要传递路线为:

屋(楼)面荷载──→屋(楼)面板──→横墙──→基础──→地基。

横墙承重方案房屋有以下特点:

　　①横墙是主要承重墙。纵墙主要起围护、隔断、承担墙体自重及与横墙连成整体的作用。

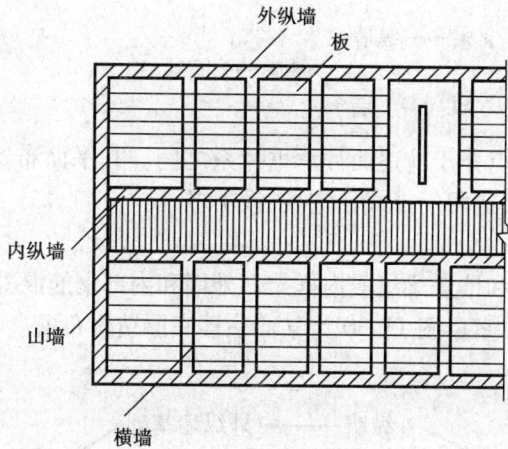

图 13.28　横墙承重方案

故在纵墙上可以灵活开设门窗洞口,有利于外墙面装饰。

②由于横墙间距小(一般为2.7 m~4.8 m)、数量多(每一开间设一道横墙),又有外纵墙拉接,故房屋的横向刚度较大,整体性好,对抵抗风力、地震作用和调整地基不均匀沉降都比纵墙承重方案有利。

③横墙承重方案房屋的屋(楼)盖结构布置比较简单(一般不再设梁),施工方便。但较纵墙承重方案房屋,楼面结构材料用量少,墙体材料用量多。

横墙承重方案房屋纵墙因保温要求不能太薄,故纵墙的承载力不能充分利用。因横墙数量多,房间布置受到一定限制,适用于房屋开间尺寸较规则、横墙间距小的住宅、宿舍、旅馆、招待所等民用房屋。

3)纵横墙承重方案

由纵墙和横墙混合承受屋(楼)盖竖向荷载的结构布置方案称纵横墙承重方案。图13.29为某教学楼纵横墙承重方案。此种承重方案房屋墙体与屋(楼)盖布置较灵活,空间刚度较好,但墙体材料用量多,施工较麻烦。

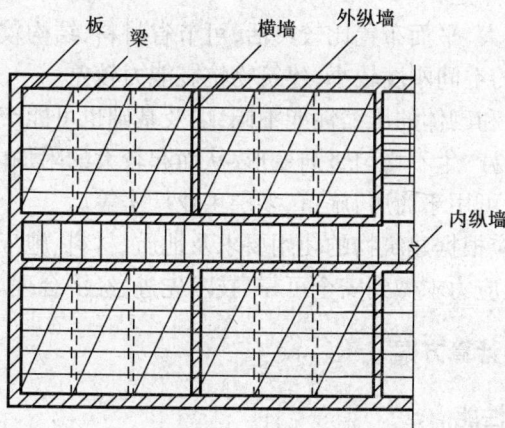

图 13.29　纵横墙承重方案

其荷载的传递途径为:

$$楼（屋）盖荷载 \longrightarrow 板 \begin{cases} 梁 \longrightarrow 纵墙 \\ 横 \quad\quad 墙 \end{cases} \longrightarrow 基础 \longrightarrow 地基$$

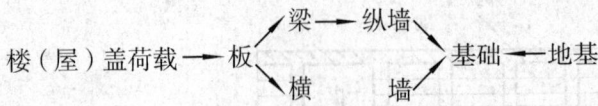

纵横墙承重体系的特点介于前述两种承重体系之间。其平面布置较灵活，能更好地满足建筑物使用功能上的要求，适用于点式住宅楼、教学楼等。

4）内框架承重体系

内部由钢筋混凝土柱和楼盖梁组成内框架。外墙和内部钢筋混凝土柱都是主要的竖向承重构件，形成内框架承重方案。图13.30为某商住楼底层结构布置。

其荷载传力途径为：

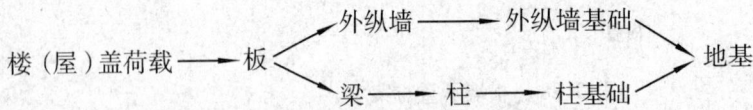

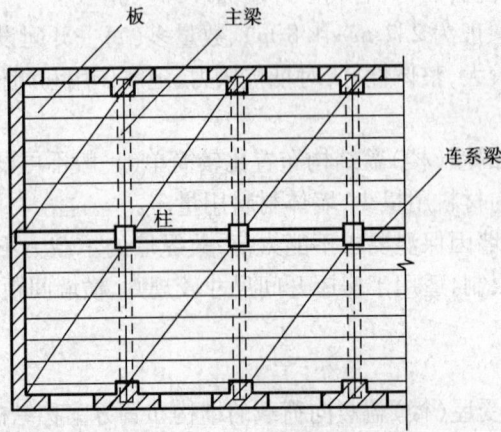

$$楼（屋）盖荷载 \longrightarrow 板 \begin{cases} 外纵墙 \longrightarrow 外纵墙基础 \\ 梁 \longrightarrow 柱 \longrightarrow 柱基础 \end{cases} \longrightarrow 地基$$

图 13.30　内框架承重方案

内框架承重体系的特点是：

①房屋的使用空间较大，平面布置比较灵活，可节省材料，结构较为经济。

②由于横墙少，房屋的空间刚度较小，建筑物抗震能力较差。

③由于钢筋混凝土柱和砌体的压缩性能不同，以及基础也可能产生不均匀沉降。因此，如果设计施工不当，结构容易产生不均匀竖向变形，从而起较大的附加内力，并产生裂缝。

内框架承重体系一般可用于商店、旅馆、多层工业厂房等。

在实际工程设计中，应根据建筑物的使用要求及地质、材料、施工等具体情况综合考虑，选择比较合理的承重体系。应力求做到安全可靠、技术先进、经济合理。

13.3.2　房屋的静力计算方案

(1)房屋的空间工作性能

混合结构房屋中，屋盖、楼盖、纵墙、横墙和基础等构件相互联系组成一空间受力体系。在外荷载作用下，不仅直接承受荷载的构件在工作，而且与其相连的其他构件也都不同程度地会参与工作。这些构件参加共同工作的程度体现了房屋的空间刚度。房屋在竖向和水平荷载作用下的工作,与它的空间刚度密切相关。

在荷载作用下,空间受力体系与平面受力体系的变形及荷载传递的途径是不同的。如图 13.31 所示某单层的纵墙承重体系,承受水平均布荷载的作用。若不考虑两端山墙的作用,而按平面受力体系进行分析,则可取出一独立的计算单元进行排架的平面受力分析,排架柱顶的侧移为 u_p。而实际上房屋在水平荷载作用下,其山墙(或横墙)对抵抗水平荷载,减少房屋的侧移起了重要的作用,房屋纵墙顶的最大侧移量仅为 u_s。沿房屋的纵向,纵墙的侧移以中部的 u_1 为最大;靠近山墙的两端纵墙侧移最小,山墙顶的最大侧移为 u。这是纵墙、屋盖和山墙在空间受力体系中协同工作的结果。

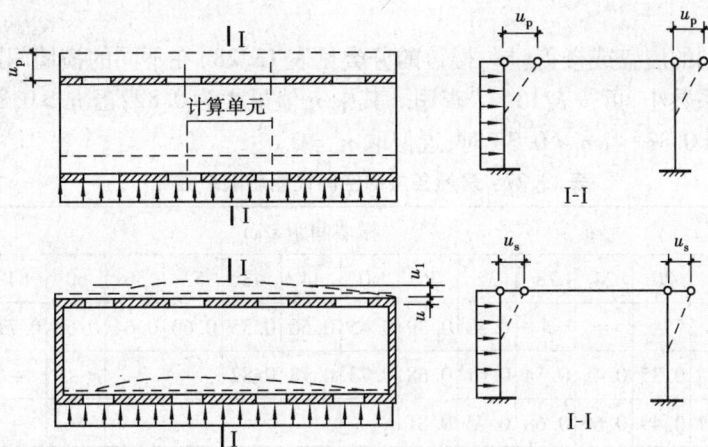

图 13.31　单层纵墙在水平荷载作用下的变形

由于受力体系不同,荷载的传递路线也不同。在平面受力体系中,水平荷载的传递路线为:

水平荷载 ——→ 纵墙 ——→ 纵墙基础

而在空间受力体系中,水平荷载的传递路线为:

水平荷载 ——→ 纵墙 ⟨ 屋盖 ——→ 山墙 ——→ 山墙基础 / 纵墙基础 ⟩

在空间受力体系中,屋盖作为纵墙顶端的支承受到纵墙传来的水平荷载后,在其自身平面内产生弯曲变形,整个屋盖的变形犹如置于水平面上的屋盖梁,两端的山墙则相当于该“屋盖梁”的弹性支座。在水平荷载作用下,纵墙顶传递部分水平荷载到屋盖。屋盖在其平面内产生水平向的挠曲变形,且以纵向中点变形 u_1 为最大。作为“屋盖梁”弹性支座的两端山墙,墙顶承受到“屋盖梁”传来的荷载,在墙身平面内产生剪弯变形,墙顶水平侧移量为 u。显然,纵向中点的墙顶位移 u_s 应为屋盖的最大弯曲变形 u_1 与山墙顶的侧移值 u 之和,即 $u_s = u + u_1$。

由于在空间受力体系中横墙(山墙)协同工作,对抗侧移起了重要的作用。因此,纵墙顶的最大侧移值 u_s 较平面受力体系中排架的柱顶侧移值 u_p 小,即 $u_s < u_p$。一般情况下,u_p 的大小取决于纵墙、柱的刚度。u_s 的大小主要与两端山墙(横墙)间的水平距离、山墙在自身平面内的刚度和屋盖的水平刚度有关。若横墙间距大,则“屋盖梁”的水平方向跨度大;受弯时中间的挠度大;若屋盖在自身平面内的刚度较小,也会增大自身的弯曲变形,使中部的水平位移增

大;若横墙刚度较差,墙顶侧移较大,中部纵墙顶的水平位移也随之增大。反之,房屋中部纵墙顶的水平侧移较小,即空间性能较好。房屋空间作用的性能,可用空间性能影响系数 η 表示。η 按下式计算:

$$\eta = u_s/u_p \tag{13.38}$$

式中 u_p——平面排架的侧移;

  u_s——房屋的侧移。

η 值较大,表明房屋的位移与平面排架的位移愈接近,即房屋空间刚度较差。反之 η 值愈小,表明房屋空间工作后的侧移较小,即房屋空间刚度愈好。因此,η 又称为考虑空间工作后的侧移折减系数。

对于不同类别的屋盖或楼盖(屋、楼盖的分类见表 13.28)在不同的横墙间距下,房屋各层的空间性能影响系数小,可按表 13.27 查用。其中 η_i 值最大为 0.82;当 $\eta_i > 0.82$ 时,则近似取 $\eta_i = 1$;η_i 值最小为 0.33,当 $\eta_i < 0.33$ 时,近似取 $\eta_i = 0$。

表 13.27   房屋各层的空间性能影响系数 η_i

屋盖或楼盖类别	横墙间距 s/m														
	16	20	24	28	32	36	40	44	48	52	56	60	64	68	72
1	–	–	–	–	0.33	0.39	0.45	0.50	0.55	0.60	0.64	0.68	0.71	0.74	0.77
2	–	0.35	0.45	0.54	0.61	0.68	0.73	0.78	0.82	–	–	–	–	–	–
3	0.37	0.49	0.60	0.68	0.75	0.81	–	–	–	–	–	–	–	–	–

注:i 取 $1-n$,n 为房屋的层数。

(2)房屋静力计算方案

根据房屋空间刚度的大小,可将房屋静力计算方案分为以下三种。

1)刚性方案

当房屋的横墙间距较小,屋(楼)盖的水平刚度较大且横墙在平面内刚度很大时,房屋的空间刚度较大。因而,在水平荷载作用下,房屋纵墙顶端的水平位移很小,可以忽略不计。因此,可假定纵墙顶端的水平位移为零。在确定墙柱计算简图时,可认为屋(楼)盖为纵墙的不动铰支座,墙、柱的内力可按上端为不动铰支承,下端为嵌固于基础顶面的竖向构件计算(图 13.32(a))。按这种方法计算的房屋属刚性方案房屋。

2)弹性方案

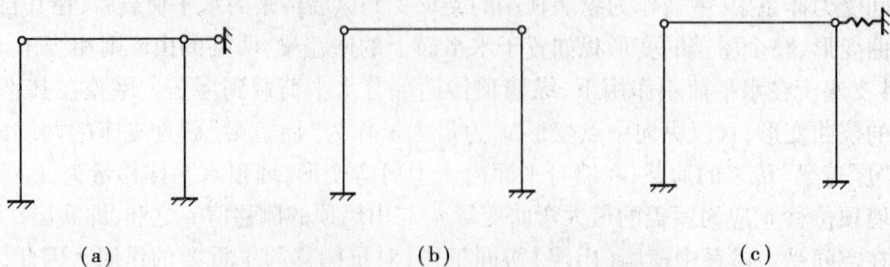

图 13.32   单层单跨房屋墙体的计算简图
(a)刚性方案;(b)弹性方案;(c)刚弹性方案

当房屋横墙间距很大,屋盖在平面内的刚度很小或山墙在平面内刚度很小(或无横墙)时,房屋的空间刚度就很小。因而,在水平荷载作用下,房屋纵墙顶端水平位移很大,以至于由屋盖水平梁提供给外纵墙的水平反力小到可以忽略不计。则可认为横墙及屋盖对外纵墙起不到任何帮助作用,此种房屋中部墙体计算单元的计算简图如图 13.32(b)所示,为一排架结构。这种不考虑房屋空间工作的平面排架的计算方案属弹性方案。

弹性方案房屋在水平荷载作用下,墙顶水平位移较大,而且墙内会产生较大的弯矩。因此,如果增加房屋的高度,房屋的刚度将难以保证,如增加纵墙的截面面积势必耗费材料。所以,对于多层砌体结构房屋,不宜采用弹性方案。

3)刚弹性方案

当房屋横墙间距不太大,屋盖(或楼盖)和横墙在各自平面内具有一定刚度时,房屋具有一定的空间刚度。这时,房屋中部外纵墙顶部的水平位移较弹性方案小,比刚性方案大,横墙与屋(或楼)盖对外纵墙的支承作用,不能忽略不计。屋盖作为纵墙支座,会给外纵墙提供一定的反力。这种情况下的房屋结构属于刚弹性方案。刚弹性方案单层房屋的受力与计算简图介于刚性方案和弹性方案之间,墙、柱内力按屋(楼)盖处具有弹性支承的单层平面排架计算(图 13.32(c))。

(3)静力计算方案的确定

由上述分析,房屋的静力计算方案不同时,其内力计算方法也不同。房屋静力计算方案的划分,主要与房屋的空间刚度有关,而房屋的空间刚度又主要与横墙间距、横墙本身刚度和屋盖(或楼盖)的类别有关。《砌体规范》规定,可根据屋盖或楼盖的类别和横墙间距,按表13.28确定房屋的静力计算方案。

横墙刚度是决定房屋静力计算方案的重要因素。因此,刚性方案和刚弹性方案房屋的横墙应为具有很大刚度的刚性横墙。规范规定,刚性横墙必须同时符合下列条件:

表 13.28　房屋静力计算方案

	屋盖或楼盖类别	刚性方案	刚弹性方案	弹性方案
1	整体式、装配整体和装配式无檩体系钢筋混凝土屋盖或钢筋混凝土楼盖	$s < 32$	$32 \leqslant s \leqslant 72$	$s > 72$
2	装配有檩体系钢筋混凝土屋盖,轻钢屋盖和有密铺望板的木屋盖或木楼盖	$s < 20$	$20 \leqslant s \leqslant 48$	$s > 48$
3	瓦材屋面的木屋盖和轻钢屋盖	$s < 16$	$16 \leqslant s \leqslant 36$	$s > 36$

注:①表中 s 为房屋横墙间距,其长度单位为 m;
②当屋盖、楼盖类别不同或横墙间距不同时,可按《规范》第4.2.7条的规定确定的静力计算方案;
③对无山墙或伸缩缝处无横墙的房屋,应按弹性方案考虑。

作为刚性和刚弹性方案房屋的横墙,应符合下列要求:

1)横墙中开有洞口时,洞口的水平截面面积不应超过横墙截面面积的50%。

2)横墙的厚度不宜小于 180 mm。

3)单层房屋的横墙长度不宜小于其高度;多层房屋的横墙长度,不宜小于 $H/2$(H 为横墙总高度)。

当横墙不能同时符合上述要求时,应对横墙的刚度进行验算。如其顶端最大水平位移值

$u_{max} \leq H/4000$(H 为横墙高度),仍可视作刚性横墙。符合上述刚度要求的其他结构构件(如框架等),也可视作刚性或刚弹性方案房屋的刚性横墙。

单层房屋的横墙在水平集中力 F_1 作用下的最大水平位移由弯曲和剪切产生的水平位移相叠加而得,当门窗洞口的水平截面面积不超过横墙全截面面积的 75% 时,横墙顶点的最大水平位移可按下式计算:

$$u_{max} = F_1 H^3/3EI + \tau H/G = nFH^3/6EI + 2.5nFH/EA \qquad (13.39)$$

式中 u_{max}——横墙顶点的最大水平位移;

F_1——作用于横墙顶端的水平集中荷载,$F_1 = nF/2$;

N——与该横墙相邻的两横墙间的开间数;

$$F = F_W + R$$

F_W——屋面风荷载折算为作用在每个开间柱顶处的水平集中风荷载;

R——假定排架无侧移时,由作用在每个开间纵墙上的均布荷载所求出的柱顶反力;

H——横墙的高度;

E——砌体的弹性模量;

I——横墙的惯性矩,为简化计算,可近似地取横墙毛截面惯性矩;当横墙与纵墙连接时,可按 I 或 $[$ 形截面计算。与横墙共同工作的纵墙,从横墙中心线算起的翼缘宽度每边取 $s = 0.3H$;

τ——水平截面上的剪应力,$\tau = \zeta F_1/A$,ζ 为剪应力分布不均匀系数,可近似取 $\zeta = 2.0$;

A——横墙水平截面面积,可近似取毛截面面积;

G——砖砌体的剪变模量,$G = E/2(1 + v) = 0.4E$。

多层房屋横墙的最大水平侧移,也可仿照上述方法进行计算:

$$u_{max} = \frac{n}{6EI} \sum_{i=1}^{m} F_i H_i^3 + \frac{2.5n}{EA} \sum_{i=1}^{m} F_i H_i \qquad (13.40)$$

式中 m——房屋总层数;

F_i——假定每开间均为不动铰支座时,第 i 层的支座反力;

H_i——第 i 层楼面到基础面的高度。

13.3.3 墙、柱高厚比验算

混合结构房屋中的墙、柱一般为受压构件,对于受压构件,无论是承重墙还是非承重墙,除满足承载力要求外,还必须保证其稳定性。验算高厚比的目的就是防止墙、柱在施工和使用阶段因砌筑质量、轴线偏差、意外横向冲撞和振动等原因引起侧向挠曲和倾斜而产生过大变形。高厚比 β 是指墙、柱的计算高度 H_0 与墙厚或柱截面边长 h 的比值。墙、柱的高厚比越大,即构件越细长,其稳定性也就越差。《砌体规范》采用允许高厚比 $[\beta]$ 来限制墙、柱的高厚比。这是保证墙、柱具有必要的刚度和稳定性的重要构造措施之一。

(1)墙、柱的允许高厚比 $[\beta]$

允许高厚比 $[\beta]$ 是墙、柱高厚比的限制。影响墙、柱允许高厚比 $[\beta]$ 值的因素很多,很难用理论推导的方法加以确定,主要是根据房屋中墙柱的稳定性、刚度条件和其他影响因素,由实践经验确定。允许高厚比 $[\beta]$ 与墙、柱的承载力计算无关,而是从构造要求上规定的。《砌体规范》规定的墙、柱允许高厚比 $[\beta]$ 值见表 13.29。

表13.29　墙、柱的允许高厚比[β]

砂浆强度等级	墙	柱
M2.5	22	15
M5.0	24	16
M7.5	26	17

注:①毛石墙、柱允许高厚比应按表中数值分别予以降低20%;

②组合砖砌体构件的允许高厚比,可按表中数值提高20%,但不得大于28;

③验算施工阶段砂浆尚未硬化的新砌砌体高厚比时,许高厚比对墙取14,对柱取11。

由表可见,[β]值的大小与砂浆强度、构件类型和砌体种类等因素有关。此外,它与施工砌筑质量也有关系。随着高强材料的应用和砌筑质量的不断改善,[β]值也将有所增大。

(2)墙、柱的计算高度

受压构件的计算高度 H_0 与房屋类别和构件支承条件有关,在进行墙、柱承载力和高厚比验算时,墙、柱的计算高度 H_0 应按表13.30采用。

表13.30　受压构件的计算高度 H_0

房屋类别			柱		带壁柱墙或周边拉结的墙		
			排架方向	垂直排架方向	$s>2H$	$2H \geqslant s>H$	$s \leqslant H$
有吊车的单层房屋	变截面柱上段	弹性方案	$2.5H_u$	$1.25H_u$	$2.5H_u$		
		刚性、刚弹性方案	$2.0H_u$	$1.25H_u$	$2.0H_u$		
	变截面柱下段		$1.0H_l$	$0.8H_l$	$1.0H_l$		
无吊车的单层和多层房屋	单　跨	弹性方案	$1.5H$	$1.0H$	$1.5H$		
		刚弹性方案	$1.2H$	$1.0H$	$1.2H$		
	多　跨	弹性方案	$1.25H$	$1.0H$	$1.25H$		
		刚弹性方案	$1.1H$	$1.0H$	$1.1H$		
	刚性方案		$1.0H$	$1.0H$	$1.0H$	$0.4s+0.2H$	$0.6s$

注:①表中 H_u 为变截面构件上段的高度,H_l 为变截面构件下段的高度;

②对于上段为自由端的构件,$H_0=2H$;

③独立砖柱,当无柱间支撑时,柱在垂直排架方向的 H_0 应按表中数值乘以1.25后采用;

④为房屋横墙间距;

⑤自承重墙的计算高度应根据周边支承或拉接条件确定。

表中 H 为构件的实际高度,按下列规定采用:

1)在房屋底层,为楼板底面到构件下端支点的距离。下端支点的位置,一般可取在基础顶面。当基础埋置较深时,则可取在室内地面或室外地面下300~500 mm处。

2)在房屋其他楼层,为楼板底面或其他水平支点间的距离。

3)对于山墙,可取层高加山墙尖高度的1/2;对于带壁柱的山墙可取壁柱处的山墙高度。

4)对有吊车的房屋,当不考虑吊车作用时,变截面柱上段的计算高度可按表13.30规定采

用;变截面柱下段的计算高度可按下列规定采用:

A. $H_u/H \leqslant 1/3$ 时,取无吊车房屋的 H_0;

B. $1/3 < H_u/H < 1/2$ 时,取无吊车房屋的 H_0 乘以修正系数 μ

$$\mu = 1.3 - 0.3I_u/I_1 \tag{13.41}$$

式中 I_u,I_1——变截面柱上、下段截面的惯性矩。

C. 当 $H_u/H \geqslant 1/2$ 时,取无吊车房屋的 H_0。但在确定计算高厚比时,应根据上柱的截面采用验算方向相应的截面尺寸。

(3)墙、柱的高度比验算

墙、柱高厚比验算要求墙、柱的实际高厚比不大于允许高厚比

1)矩形截面墙、柱的高度比验算

矩形截面墙、柱的高度比应按下式验算:

$$\beta \leqslant H_0/h \leqslant \mu_1\mu_2[\beta] \tag{13.42}$$

式中 H_0——墙、柱的计算高度,按表 13.30 采用;

h——墙厚或矩形柱与所考虑的 H_0 相对应的边长;

μ_1——非承重墙允许高厚比的修正系数;规范规定:厚度 $h \leqslant 240$ mm 的非承重墙,当 $h = 240$ mm 时,$\mu_1 = 1.2$;$h = 90$ mm,$\mu_1 = 1.5$;当 240 mm $> h >$ 90 mm 时,μ_1 可按插入法取值。

用厚度小于 90 mm 的砖或块材砌筑的隔墙,当双面用不低于 M10 的水泥砂浆厚度不低于 90 mm 时,墙体的稳定性可满足使用要求。因此规定,包括抹面层的墙厚不小于 90 mm 时,可按墙厚等于 90 mm 验算高厚比。

当非承重墙上端为自由端时,$[\beta]$ 值除按上述规定提高外,尚可再提高 30%。

μ_2——有门窗洞口墙允许高厚比的修正系数:

$$\mu_2 = 1 - 0.4b_s/s \tag{13.43}$$

式中 b_s——在宽度 s 范围内的门窗洞口总宽度(图 13.33),s 为相邻窗间墙或壁柱之间距离。当按公式(13.43)算得的 μ_2 值小于 0.7 时,应采用 0.7。当洞口高度等于或小于墙高的 1/5 时,可取 μ_2 等于 1.0。

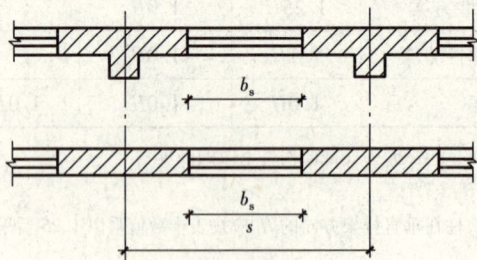

图 13.33

$[\beta]$——墙、柱的允许高厚比,按表 13.29 采用。

规范还规定:当与墙连接的相邻横墙的距离 $s \leqslant \mu_1\mu_2[\beta]h$ 时,墙的高度可不受式(13.42)的限制;对于变截面柱的高厚比可按上、下截面分别验算,其计算高度按表 13.30 及其有关规定采用。验算上柱高厚比时,墙、柱的允许高厚比可按表 13.29 的数值乘以 1.3 后采用。

2)带壁柱墙的高厚比验算

带壁柱墙的高厚比验算,除了要验算整片墙的高厚比之外,还要对壁柱间的墙体进行

验算。

①整片墙的高厚比验算

带壁柱的整片墙,其计算截面应考虑为 T 形截面,在按式(13.42)进行验算时,式中的墙厚应采用 T 形截面的折算厚度 h_T,即:

$$\beta \leqslant H_0/h_T \leqslant \mu_1\mu_2[\beta] \tag{13.44}$$

式中 h_T——带壁柱墙截面的折算厚度,$h_T = 3.5i$;

I——带壁柱墙截面的回转半径,$i = \sqrt{\dfrac{I}{A}}$;

I,A——分别为带壁柱墙截面的惯性矩和面积;

H_0——带壁柱墙的计算高度,按表 13.30 采用。注意,此时表中 s 为该带壁柱墙的相邻横墙间的距离。

在确定截面回转半径 i 时,带壁柱墙计算截面的翼缘宽度 b_f 应按下列规定采用:

对于多层房屋,当有门窗洞口时,可取窗间墙宽度;当无门窗洞口时,每侧翼缘墙的宽度可取壁柱高度的 1/3,对于单层房屋,b_f 可取壁柱宽度加 2/3 墙高,但不大于窗间墙的宽度或相邻壁柱间的距离。

②壁柱间墙的高厚比验算

在验算壁柱间墙的高厚比时,可认为壁柱对壁柱间墙起到了横向拉结的作用,即可把壁柱视为壁柱间墙的不动铰支点。因此,壁柱间墙可根据不带壁柱墙的公式(13.42)按矩形截面墙验算。

计算 H_0 时,表 13.30 中的 s 应为相邻壁柱间的距离。而且,不论房屋的静力计算属于何种方案,作此验算的 H_0 一律按表 13.30 中刚性方案一栏选用。

③带构造柱墙的高厚比验算

在墙中设置钢筋混凝土构造柱可提高墙体使用阶段的稳定性和刚度。因此,《规范》规定,验算带构造柱墙使用阶段的高厚比,仍采用式(13.42)进行,但允许高厚比可乘以系数 μ_c,予以提高。此时,公式中的 h 取墙厚;确定墙的计算高度时,s 应取相邻横墙间的距离。

墙的允许高厚比的提高系数 μ_c 按下式计算:

$$\mu_c = 1 + \gamma b_c/l \tag{13.45}$$

式中 γ——系数。对细料石、半细料石砌体,$\gamma = 0$,对混凝土砌块、粗料石、毛料石砌体,$\gamma = 1.0$;其他砌体,$\gamma = 1.5$;

b_c——构造柱沿墙长方向的宽度;

l——构造柱的间距。

当 $b_c/l > 0.25$ 时,$b_c/l = 0.25$;$b_c/l < 0.05$ 时,$b_c/l = 0$。

由于在施工过程中大多是采用先砌筑墙体后浇注构造柱,因此,考虑构造柱有利作用的高厚比验算不适用于施工阶段,并应注意采取措施保证构造柱墙在施工阶段的稳定性。

按照公式(13.42)验算设有钢筋混凝土圈梁的带壁柱墙或构造柱间墙的高厚比,当圈梁的宽度 b 与相邻壁柱间或相邻构造柱间的距离 s 之比 $b/s \geqslant 1/30$ 时,圈梁可作为壁柱间墙或构造柱间墙的不动铰支点(图 13.34)。如不能满足 $b/s \geqslant 1/30$,且具体条件不允许增加圈梁的宽度时,可按等刚度原则(墙体平面外刚度相等)增加圈梁高度,以使圈梁满足作为壁柱间墙不动铰支点的要求。此时,墙的计算高度 H_0 可取圈梁之间的距离。

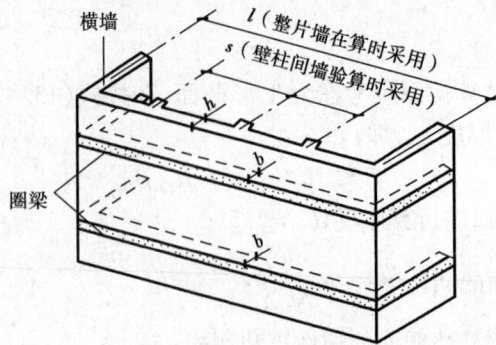

图 13.34　带壁柱的墙

例 13.6　试验算例 13.1 的高厚比

解　当砂浆强度等级为 M5 时,$[\beta]=16$;$\mu_1=1$;$\mu_2=1$;$H_0=5.0$ m;$h=370$ mm;

则:$\beta=H_0/h=5000/370=13.5<\mu_1\mu_2[\beta]=16$

满足要求。

例 13.7　试验算例 13.2 的高厚比。其中柱距为 6 m,窗洞宽 4 m,厂房全长 48 m,屋架下弦标高为 4.5 m,基础顶面标高为 -0.5 m。计算高度 $H_0=6.5$ m,采用 MU10 烧结普通砖和 M2.5 混合砂浆砌筑。

解　当砂浆强度等级为 M2.5 时,$[\beta]=22$;

A. 整片墙的高厚比验算

$32<s<72$,属刚弹性方案,$H_0=1.2H=1.2\times(4.5+0.5)=6.0$ m

承重墙,$\mu_1=1$;开有洞口墙,$\mu_2=1-0.4b_s/s=1-0.4\times4000/6000=0.73$;$H_0=6.5$ m;

$h_T=534$ mm;

$\beta=H_0/h_T=6000/534=11.24<\mu_1\mu_2[\beta]=1\times0.73\times22=16.1$

满足要求。

B. 壁柱间墙高厚比验算

壁柱间墙高厚比验算均按刚性方案考虑。

$H<s=6$ m$<2H$,$H_0=0.4s+0.2H=0.4\times6+0.2\times5=3.4$ m

$\beta=H_0/h=3400/240=14.2<\mu_1\mu_2[\beta]=1\times0.73\times22=16.1$

满足要求。

例 13.8　某砖混房屋底层平面布置如图 13.35 所示。内外纵墙及横墙厚 240 mm,底层层高 3.6 m,基础顶面标高为 -1.0 m,隔墙厚 120 mm,高 3.6 m。墙体均采用 MU10 砖和 M5 混合砂浆砌筑,楼盖采用预制钢筋混凝土空心板。试验算各墙的高厚比是否满足要求。

解　A. 外纵墙(承重墙)高厚比验算

横墙最大间距 $S=3.9\times4=15.6$ m<32 m,为刚性方案。

$H=3.6+1.0=4.6$ m,$2H=9.2$ m,$S>2H$,根据表 13.30,$H_0=1.0H=4.6$ m;

当砂浆强度等级为 M5 时,根据表 13.29,$[\beta]=24$;

相邻窗间墙间距为 $S=3.9$ m,$b_s=1.8$ m;

$\mu_1=1$;$\mu_2=1-0.4b_s/s=1-0.4\times1.8/3.9=0.82$;$h=240$ mm;

$\beta=H_0/h=4600/240=19.2<\mu_1\mu_2[\beta]=1\times0.82\times24=19.7$

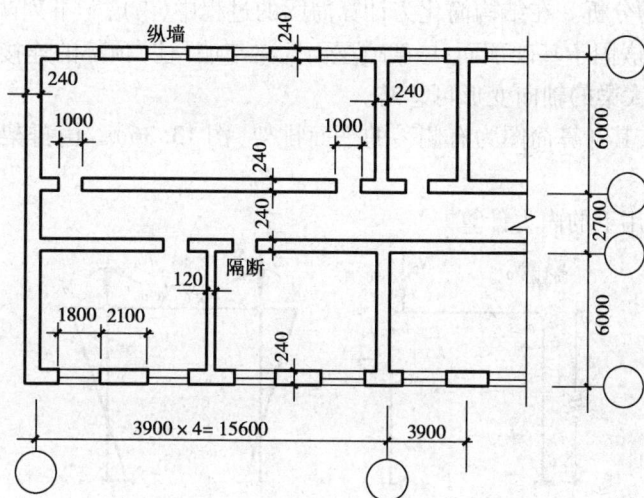

图 13.35

满足要求。

B. 内纵墙(承重墙)高厚比验算

内纵墙上门洞宽 $b_s = 2 \times 1 = 2$ m,$s = 15.6$ m

$\mu_1 = 1$;$\mu_2 = 1 - 0.4 b_s/s = 1 - 0.4 \times 2/15.6 = 0.95$;$h = 240$ mm

$\beta = H_0/h = 4600/240 = 19.2 < \mu_1 \mu_2 [\beta] = 1 \times 0.95 \times 24 = 22.8$

满足要求。

C. 横墙(承重墙)高厚比验算

横墙 $S = 6$ m,$2H > S > H$,根据表 13.30,$H_0 = 0.4s + 0.2H = 0.4 \times 6 + 0.2 \times 4.6 = 3.32$ m

$\mu_1 = \mu_2 = 1$

$\beta = H_0/h = 3320/240 = 13.8 < \mu_1 \mu_2 [\beta] = 24$

满足要求。

D. 隔墙(非承重墙)高厚比验算

隔墙一般后砌,两侧与先砌墙拉结较差,墙顶砖斜放顶住板底,可按两侧无拉结考虑,故简化为不动铰支座,其计算高度等于每层的实际高度。

$h = 120$,$\mu_1 = 1.2 + 0.3 \times (240 - 120)/(240 - 90) = 1.44$;$\mu_2 = 1.0$;

$\beta = H_0/h = 3600/120 = 30 < \mu_1 \mu_2 [\beta] = 1.44 \times 1 \times 24 = 34.6$

满足要求。

13.3.4 单层房屋的墙体计算

(1)单层弹性方案的房屋

一般横墙设置较少,间距较大,房屋空间刚度较小,按表 13.28 的规定,属于弹性方案的房屋(如统长大开间的建筑)。

1)计算简图

以单层单跨的房屋为例,一般取有代表性的一个开间为计算单元,并可算出计算单元内的各种荷载值。该计算单元的结构可简化为一个有侧移的平面排架,即按不考虑空间作用的平

面排架进行墙、柱的分析。在结构简化为计算简图的过程中,考虑了下列两条假定:

a. 墙(柱)下端嵌固于基础顶面,屋架或屋面大梁与墙(柱)顶部的连接为铰接;

b. 屋架或屋面大梁的轴向变形可忽略。

根据上述假定,其计算简图为有侧移的平面排架(图 13.36)。由排架内力分析并求得墙体的内力。

2)竖向荷载作用下的内力计算

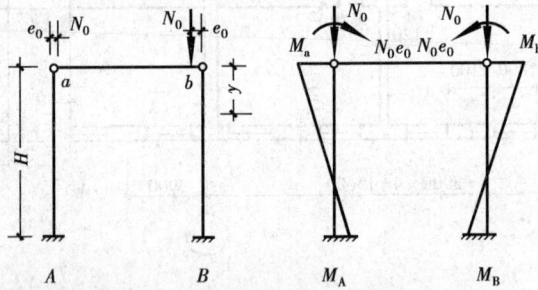

图 13.36　弹性方案计算简图

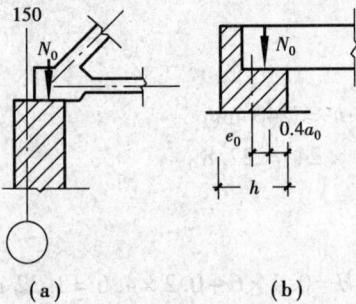

图 13.37　屋面荷载作用点

单层房屋墙体所承受的竖向荷载主要为屋盖传来的荷载。屋面荷载包括屋面永久荷载与可变荷载,它们通过屋架或屋面梁以集中力 N_0 作用于墙顶,N_0 的作用点对墙体的中心线通常有一偏心距 e_0。对于屋架,N_0 的作用点常位于屋架下弦端部的上下弦中心线交点处(如图 13.37(a)),当梁支承于墙上时,N_0 的作用点距墙体内边缘 $0.4a_0$(图 13.37(b)),a_0 为梁端有效支承长度。

排架的内力可按结构力学的方法进行计算。如房屋对称,两边墙(柱)的刚度相同,屋盖传下的竖向荷载亦为对称,则排架柱顶不发生侧移,此时其受力特点及内力计算结果均与刚性方案相同,相应的弯矩计算公式为

$$
\left.
\begin{aligned}
M_a &= M_b = M = N_0 e_0 \\
M_A &= M_B = M/2 \\
M_y &= M(2 - 3y/H)/2
\end{aligned}
\right\}
\tag{13.46}
$$

3)风荷载作用下的内力计算

风荷载作用于屋面和墙面。作用于屋面的风荷载可简化为作用于墙(柱)顶的集中力 F_w;作用于迎(背)风墙面的风荷载简化为沿高度均匀分布的线荷载 $q_1(q_2)$。对于单跨的弹性方案房屋,其计算简图如图 13.38(a)所示,图中 H 为单层单跨排架柱的高度,等于基础顶面至墙(柱)顶面的高度,当基础埋深较大时,可取 0.5 m。按平面排架进行分析的计算步骤为:

①先在排架上端加上假设的不动铰支座,成为无侧移的排架(图 13.38(b))。此时的受力特点与刚性方案相同,用力学计算方法可求出墙(柱)顶剪力和不动铰支座的反力 R。

（a）　　　　　　　　（b）　　　　　　　　（c）　　　　　　　　（d）

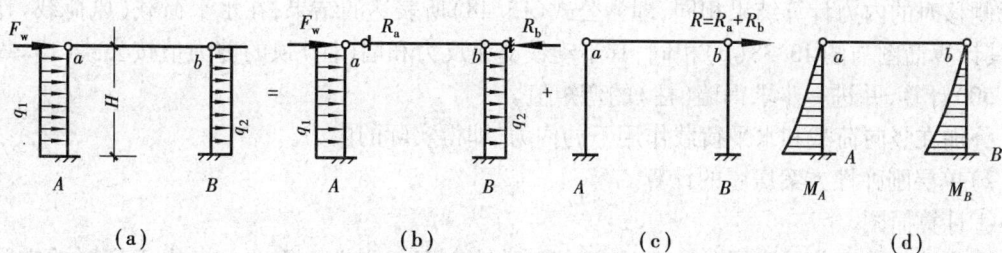

图 13.38　弹性方案房屋在风荷载作用下的计算

$$R = R_a + R_b$$
$$\left. \begin{array}{l} R_a = F_w + 3q_1H/8 \\ R_b = 3q_2H/8 \end{array} \right\} \tag{13.47}$$

$$\left. \begin{array}{l} V_{aA1} = -R_a + F_w \\ V_{bB1} = -R_b \end{array} \right\} \tag{13.48}$$

②把已求出的不动铰支座反力 R 反方向作用于排架顶端（图13.38（c）），用剪力分配法进行剪力分配，求得各墙（柱）顶的剪力值。剪力分配系数 $\mu_i = \dfrac{\frac{1}{\delta_i}}{\sum \frac{1}{\delta_i}}$，其中柱顶位移 $\delta_i =$

$\dfrac{H^3}{3EI_i}$。如房屋对称，则两墙（柱）的剪力分配系数 μ_a,μ_b 为二分之一。

$$\left. \begin{array}{l} V_{aA2} = \mu_a R \\ V_{aB2} = \mu_b R \end{array} \right\} \tag{13.49}$$

③叠加步骤①、②的内力，即得墙（柱）的实际内力值。

$$\left. \begin{array}{l} V_{aA} = V_{aA1} + V_{aA2} = \mu_a R - R_a + F_w \\ V_{aB} = V_{aB1} + V_{aB2} = \mu_b R - R_B \end{array} \right\} \tag{13.50}$$

$$\left. \begin{array}{l} M_A = V_{aA}H + q_1H^2/2 \\ M_B = V_{bB}H + q_2H^2/2 \end{array} \right\} \tag{13.51}$$

对于单层单跨弹性方案的房屋，墙（柱）的控制截面可取柱顶和柱底截面，并按偏心受压构件计算承载力。墙（柱）顶尚需验算支承处的局部受压承载力。变截面柱尚应验算变阶处截面的承载力。

等高的单层多跨弹性方案房屋的内力分析与上述的单层单跨房屋相似，可用相似的方法进行计算。

（2）单层刚性与刚弹性方案房屋

1）单层刚性方案房屋的计算

单层刚性方案房屋仍选取有代表性的一个开间作为计算单元。由于刚性方案房屋结构纵墙顶端的水平位移很小，在作内力分析时认为水平位移为零。再作与前面相同的假定后，可得单层单跨刚性方案房屋的计算简图（图13.39）。

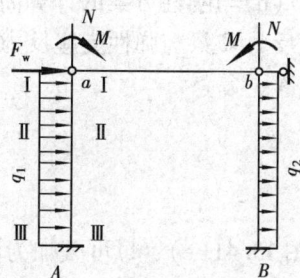

在竖向荷载作用下，墙（柱）内力计算结果与单层单跨排

图 13.39　纵墙计算简图

架无侧移时的内力计算结果相同,即为公式(13.48)所表达的结果;在水平荷载(风荷载)作用下,其计算简图与图13.38(b)相同,其不动铰支座反力和墙(柱)顶的剪力值按公式(13.49)、(13.50)计算,并进一步求得墙(柱)的弯矩值。

叠加在竖向荷载和水平荷载作用下的内力,即得实际的内力。

2)单层刚弹性方案房屋的计算

①计算简图

刚弹性的方案单层房屋的空间刚度介于弹性方案与刚性方案之间。由于房屋的空间作用,墙(柱)顶在水平方向的侧移受到一定的约束作用。其计算简图与弹性方案的计算简图相类似,所不同的是在排架柱顶加上一个弹性支座,以考虑房屋的空间工作。计算简图如图13.40(a)所示。

②内力计算

a. 竖向荷载作用下的内力计算。计算简图(图13.40(a))可分解为竖向荷载作用(图13.40(b))和风荷载作用(图13.40(c))两部分。在竖向荷载作用下(图13.40(b)),如房屋及荷载对称,则房屋无侧移,其内力计算结果与刚性方案相同,可用公式(13.48)计算。

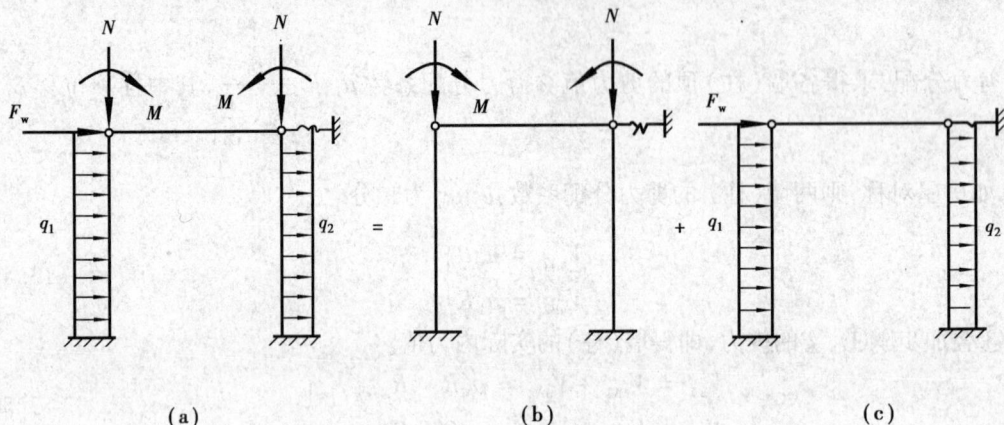

图13.40 单层刚弹性方案房屋的计算简图

b. 风荷载作用下的内力计算。由于刚弹性方案房屋的空间作用,屋盖在水平方向对柱顶起到一定程度的支承作用,所提供的柱顶侧向支承力(弹性支座反力)为 X,柱顶侧移值也由无空间作用时的 u_p 减小至 ηu_p,即柱顶侧移值减小了 $u_p - \eta u_p$(图13.41(a)、(b)、(c))。图13.41(b)与弹性方案承受风荷载作用的情况相同,可分解为图13.41(d)、(e)两种,其中图13.41(d)与刚性方案的计算简图相同。图13.41(e)、(f)的结构图式相同,但反向作用的假设支座反力 R 只与弹性支座反力 X 方向相反。根据位移与力成正比的关系,可求得弹性支座的反力 X:

$$\frac{u_p}{(1-\eta)u_p} = \frac{R}{X} \tag{13.52}$$

$$X = (1-\eta)R$$

故,图13.41(e)、(f)可叠加为图13.41(h),柱顶反力为 $R - X = R - (1-\eta)R = \eta R$。

内力计算步骤如下:

第一步:先在排架柱顶端附加一水平不动铰支座,得到无侧移排架(图13.41(g)),用与刚性方案同样的方法求出在已知荷载作用下不动铰支座反力 R 及柱顶剪力。

第二步:将已求出的不动铰支座反力 R 乘以空间性能影响系数 η,变成 ηR,反向作用于排架柱顶(图 13.41(h)),用剪力分配法进行剪力分配,求得各柱顶的剪力值。

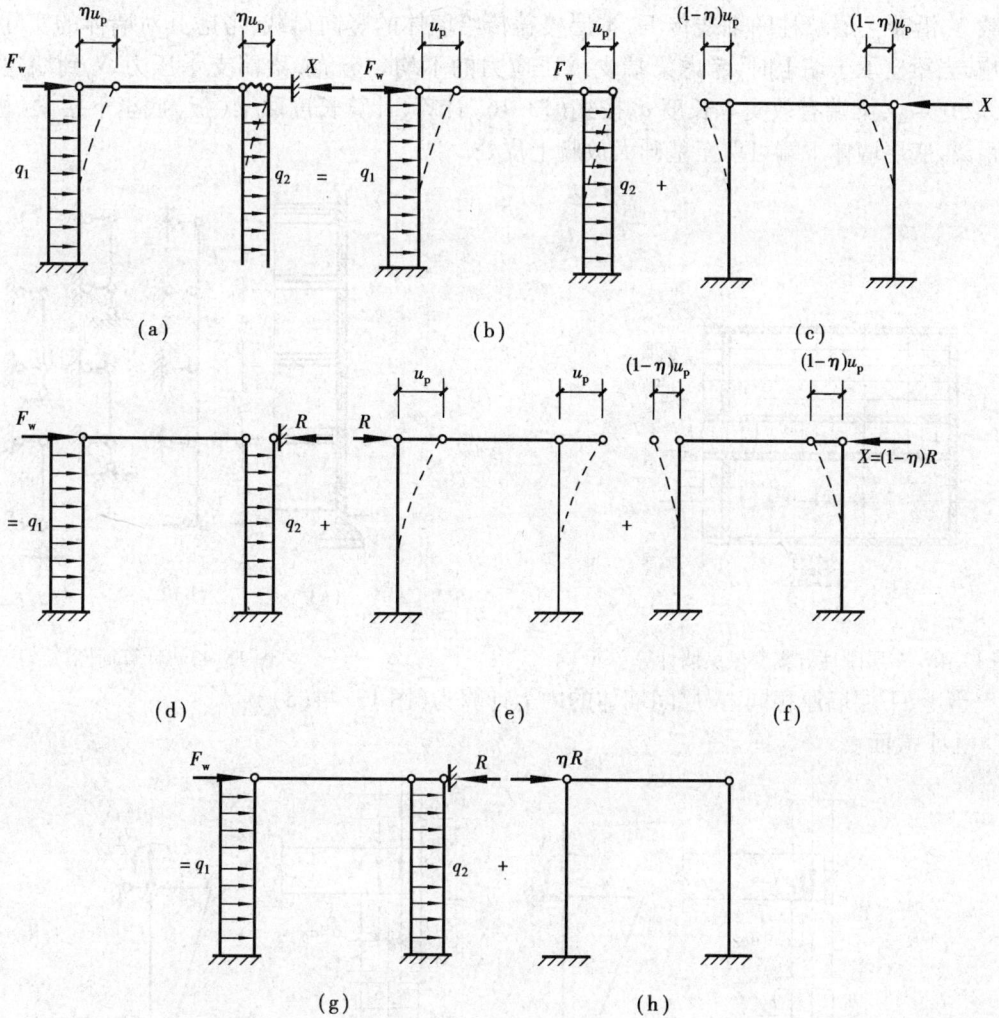

图 13.41　刚弹性方案房屋风荷载作用下的内力分析简图

第三步:叠加上述两步的计算结果,可求得各柱的内力,画出内力图。

13.3.5　多层房屋的墙体计算

(1)层刚性方案房屋承重纵墙的计算

1)竖向荷载作用下的计算

多层房屋计算单元选取的方法与单层房屋相同,图 13.42 为某多层刚性方案承重纵墙的计算单元。受荷范围宽度取 $s = (s_1 + s_2)/2$,(s_1、s_2 为两相邻开间的距离)。在竖向荷载作用下,计算单元内的墙体如同一竖向连续梁,屋盖、各层楼盖与基础顶面作为该竖向连续梁的支承点,如图 13.43(b)所示。

由于楼盖的梁(或板)搁置于墙体内,削弱了墙体的截面,并使其连续性受到影响。因此,可以认为,在墙体被削弱的截面上,所能传递的弯矩是较小的。为了简化计算,可近似地假定墙体在楼盖处与基础顶面处均为铰接,因此,墙体在每层高度范围内,可近似地视为两端铰支的竖向构件(图13.43(c)),每层墙体按竖向放置的简支构件独立进行内力分析。上层的竖向荷载 N_u 沿着上层墙柱的轴线传下,本层楼盖传给墙体的竖向荷载,考虑其对墙体的实际偏心影响,当梁支承于墙上时,考虑梁端支承压应力的不均匀分布,梁端支承压力 N_p 到墙边的距离,取 $0.4a_0$,梁端有效支承长度 a_0 按式(13.16)计算,计算长度取梁(板)底至下层梁(板)底的距离,底层墙体下端可取至基础大放脚上皮处。

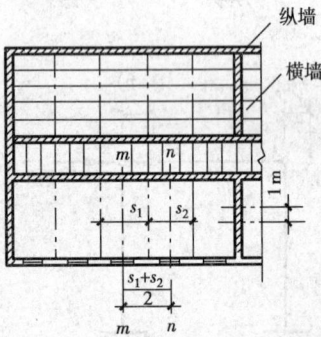

图13.42 多层刚性方案房屋纵墙计算单元

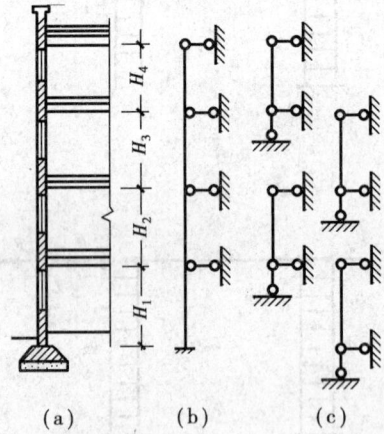

图13.43 计算简图

当上、下层墙厚相同时,层间墙体的内力计算为(图13.44(a)):

I-I 截面:

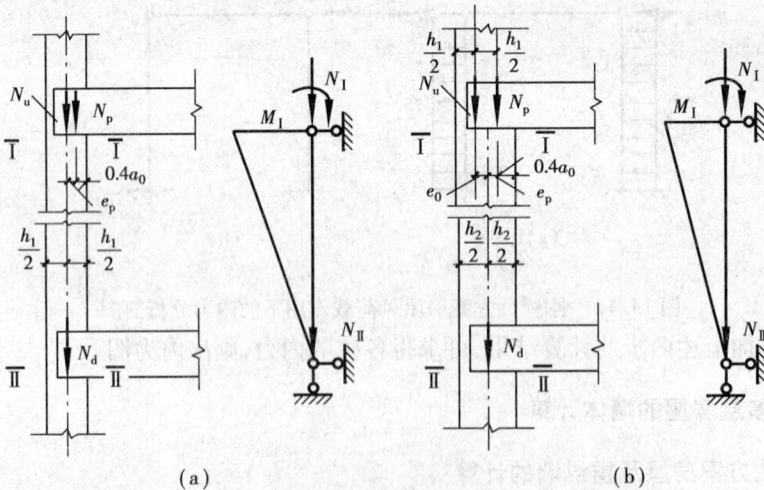

图13.44 竖向荷载作用点位置及计算简图

$$N_I = N_u + N_p \brace M_I = N_p e_p \qquad (13.53)$$

Ⅱ-Ⅱ截面：

$$\left.\begin{array}{l} N_{\mathrm{II}} = N_{\mathrm{u}} + N_{\mathrm{p}} + N_{\mathrm{d}} \\ M_{\mathrm{II}} = 0 \end{array}\right\} \tag{13.54}$$

当上下层墙厚不同时，沿上层墙体轴线传来的轴向力 N_{u}，对下层墙体将产生偏心距（图13.44(b)）。内力计算为：

Ⅰ-Ⅰ截面：

$$\left.\begin{array}{l} N_{\mathrm{I}} = N_{\mathrm{u}} + N_{\mathrm{p}} \\ M_{\mathrm{I}} = N_{\mathrm{p}} e_{\mathrm{p}} - N_{\mathrm{u}} e_{0} \end{array}\right\} \tag{13.55}$$

Ⅱ-Ⅱ截面：

$$\left.\begin{array}{l} N_{\mathrm{II}} = N_{\mathrm{u}} + N_{\mathrm{p}} + N_{\mathrm{d}} \\ M_{\mathrm{II}} = 0 \end{array}\right\} \tag{13.56}$$

式中　e_{p}——N_{p}对墙体截面重心线的偏心距；

　　　e_{0}——上、下墙体截面重心线的偏心距。

为简化计算，偏于安全地取墙体的计算截面为窗间墙截面。

2）水平荷载作用下的计算

在水平荷载（风荷载）作用下，墙体被视作竖向连续梁（图13.45）。为简化计算，《规范》

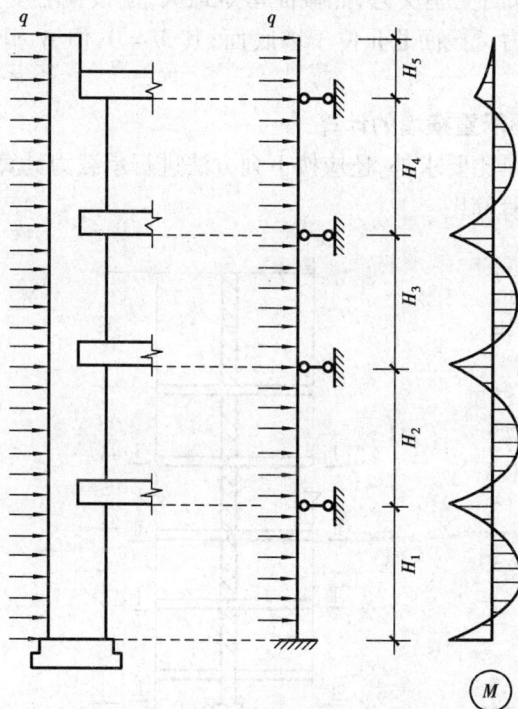

图 13.45　风荷载作用下的计算简图

规定，由风荷载设计值所引起的弯矩可按下式计算：

$$M = qH_{\mathrm{i}}^{2}/12$$

式中　H_{i}——第 i 层层高；

　　　q——计算单元上沿墙高分布的风荷载设计值。

对刚性方案的房屋,风荷载所引起的内力,往往不足全部内力的5%,而且风荷载参与组合时,可以乘上小于1的组合系数,因此,《规范》规定,当刚性方案多层房屋的外墙符合下列要求时,静力计算可不考虑风荷载的影响:

a. 洞口水平截面面积不超过全截面面积的2/3;

b. 层高和总高不超过表13.31的规定;

c. 屋面自重不小于0.8 kN/m²。

表13.31　外墙不考虑风荷载影响时的最大高度

基本风压值/(kN·m⁻²)	层高/m	总高/m
0.4	4.0	28
0.5	4.0	24
0.6	4.0	18
0.7	3.5	18

3)竖向荷载作用下的控制截面

通常每层墙的控制截面为Ⅰ-Ⅰ和Ⅱ-Ⅱ截面(图13.44)。Ⅰ-Ⅰ截面位于墙顶部大梁(或板)底面,承受大梁(屋架)传来的支座反力,此截面弯矩最大,应按偏心受压验算承载力,并验算梁底砌体的局部受压承载力。截面Ⅱ-Ⅱ位于墙底面,其$M=0$,但N相对最大,应按轴心受压验算承载力。

(2)多层刚性方案房屋承重横墙的计算

承重横墙除应满足高厚比要求外,还应按下列方法进行承载力计算。

1)选取计算单元和计算简图

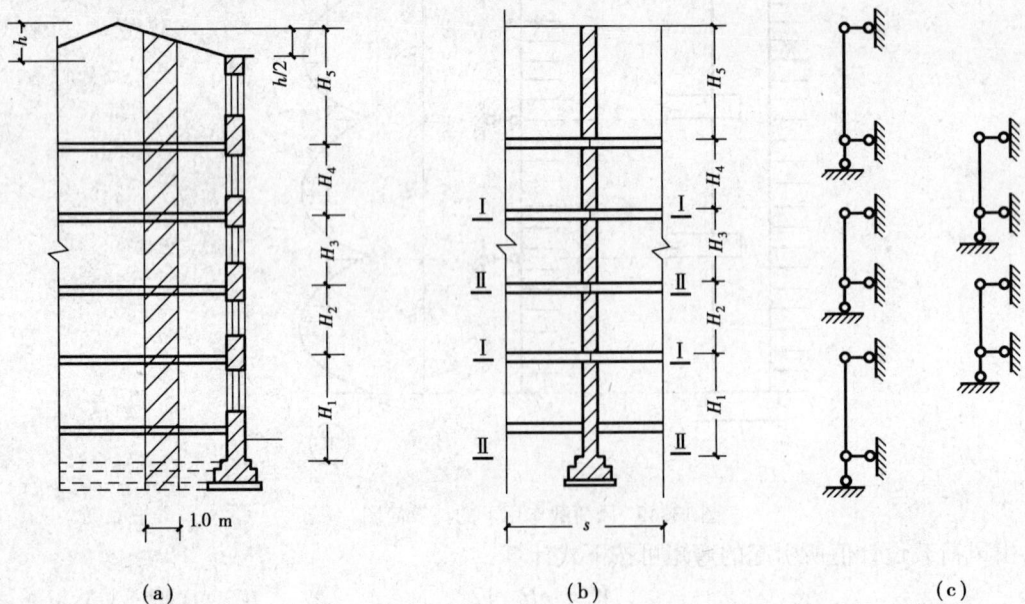

(a)　　　　　　　　　　(b)　　　　　　　　　　(c)

图13.46　多层刚性方案房屋承重横墙的计算单元和计算简图

刚性方案房屋中,横墙一般承受屋盖、楼盖直接传来的均布荷载,且很少开设洞口,因此,通常可沿墙轴线取宽度为 1.0 m 的墙作为计算单元(图 13.46),每层横墙视为两端铰支的竖向构件(图 13.46(c)),构件高度等于层高。但当顶层为坡顶时,顶层层高算至山墙尖高的 1/2,而底层应算至基础顶面或等于一层层高加上 300~500 mm。横墙计算单元(宽度取 1.0 m,长度取相邻两侧各 1/2 开间)上的荷载(图 13.47)包括:

N_u——由上层传来的轴向力,作用于上一层横墙截面形心处;

N_{1l},N_{1r}——分别为本层左、右相邻楼层传来的轴向力,作用在离墙外边缘 $0.40a_0$ 处;

G——本层墙体自重,作用在本层墙体截面形心处。

2)控制截面的承载力计算

对于承重横墙的控制截面,一般取该层墙体的底部截面II-II(图 13.46b),此处轴向力最大。若左、右两开间不等或楼面荷载不相等时,顶部截面I-I将产生弯矩,则需验算此截面的偏心受压承载力。当支承梁时,还需验算砌体的局部受压承载力。

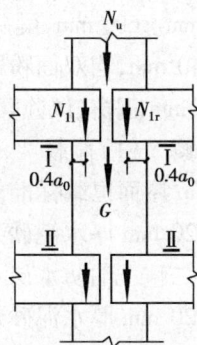

在多层房屋中,当横墙的砌体材料和墙厚相同时,可只验算最低层截面I-I 的承载力。当横墙的砌体材料或墙厚改变时,则应对改变处进行承载力验算。

图 13.47 横墙上的荷载

(3)多层刚弹性方案的房屋

1)竖向荷载作用下的内力计算

对于一般形状较规则的多层多跨房屋,在竖向荷载作用下产生的水平位移比较小,为简化计算,可忽略水平位移对内力的影响,近似地按多层刚性方案房屋计算其内力。

2)水平荷载作用下的内力计算

多层房屋与单层房屋不同,它不仅在房屋纵向各开间之间存在着空间作用,而且沿房屋竖向各楼层也存在着空间作用,这种层间的空间作用还是相当强的。因此,多层房屋的空间作用比单层房屋的空间作用要大。

为了简化计算,《规范》规定,多层房屋每层的空间性能影响系数 η_i,可根据屋盖的类别按表 13.27 采用。

现以两层单跨对称的刚弹性方案房屋为例(图 13.48),说明其在水平荷载作用下的计算方法与步骤。

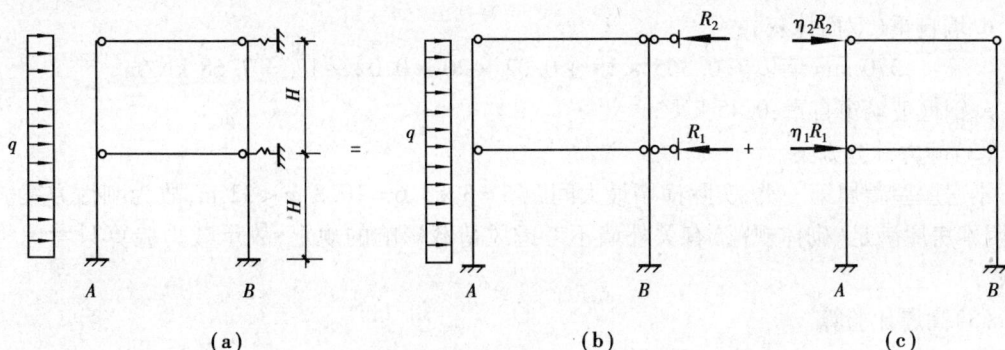

图 13.48 两层刚弹性方案房屋的内力计算

①在两个结点处附加不动铰支座,按刚性方案计算出在水平荷载 q 作用下两柱的内力和

不动铰支座反力 R_1、R_2，(图 13.48(b))。

②将 R_1、R_2 分别乘以空间性能影响系数 η_i，反向作用于结点上(图 13.48(c))，求出两柱的弯矩。

③将上述两步的计算结果叠加，即可求得最后的弯矩值。

例 13.9 某四层混合结构，采用装配式钢筋混凝土梁板结构，如图所示。大梁截面尺寸为 250 mm×600 mm，梁端伸入墙内 240 mm，大梁间距 3.6 m。外纵墙厚 370 mm，内纵墙及横墙厚为 240 mm，均双面粉刷，层高 3.6 m，砖的强度等级 MU10 砖，M5 混合砂浆砌筑，1800 mm×2100 mm 钢窗，试验算该楼的墙体。

解 (1)荷载

a. 屋面恒载标准值

20 mm 厚水泥砂浆找平层	$0.02 \times 22 = 0.4$ kN/m²
二毡三油防水层	0.35 kN/m²
20 mm 厚水泥砂浆找平层	$0.02 \times 20 = 0.4$ kN/m²
100 厚焦渣混凝土找坡	$0.1 \times 14 = 1.4$ kN/m²
120 mm 厚空心板(包括灌缝)	2.2 kN/m²
20 厚板底抹灰	$0.02 \times 17 = 0.34$ kN/m²

屋面恒载标准值合计	4.69 kN/m²
屋面活载(不上人)	0.7 kN/m²

b. 楼面恒载标准值

20 厚水泥砂浆面层	$0.15 \times 20 = 0.3$ kN/m²
120 mm 厚空心板(包括灌缝)	2.2 kN/m²
20 厚板底抹灰	$0.02 \times 17 = 0.34$ kN/m²

楼面恒载标准值合计	2.94 kN/m²
楼面活荷载标准值	2.00 kN/m²

c. 梁自重(包括 15 mm 粉刷)：

$$0.25 \times 0.6 \times 25 + 2 \times 0.6 \times 0.015 \times 17 = 4.1 \text{ kN/m}$$

d. 墙自重(双面抹灰)：

370 mm 墙体 $0.365 \times 19 + 0.02 \times 20 + 0.02 \times 17 = 7.68$ kN/m²

e. 钢框玻璃窗自重：0.45 kN/m²

(2)静力计算方案

本房屋屋盖属第一类，实际横墙最大间距 $S = 3 \times 3.6 = 10.8$ m < 32 m，故为刚性方案。此外，因本房屋满足(砌体规范)有关外墙不考虑风荷载影响的规定，故承载力验算只考虑竖向荷载。

(3)高厚比验算

略。

(4)计算单元及控制截面的承载力验算

1)计算单元。虽然内纵墙荷载大于外纵墙(因为有走廊荷载)，但截面远大于外纵墙，故外纵墙承载力最小。此外,横墙厚度与内纵墙相同,荷载低于内纵墙,故不需进行验算。因此,在外纵墙上取一开间作为计算单元,其受荷面积为 $3.6 \times 3.3 = 11.88 \ m^2$,如图 13.49 中斜线部分所示。

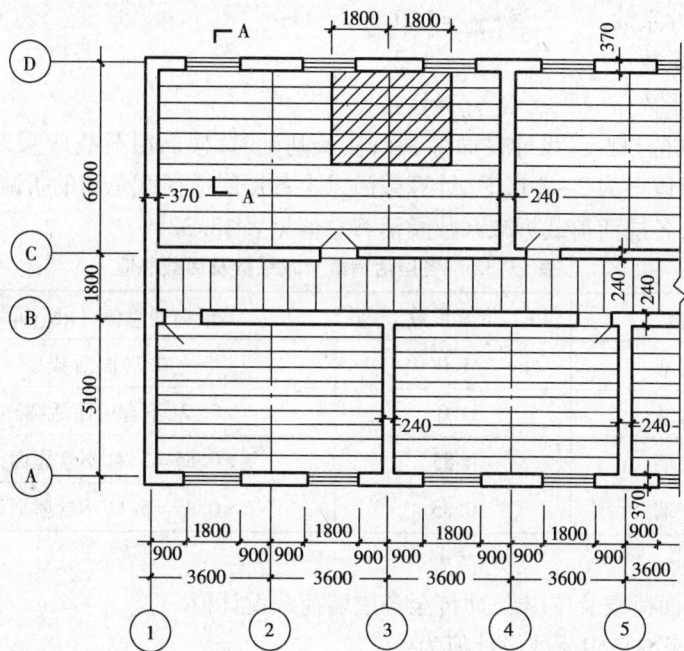

图 13.49 某四层混合结构平面图

2)选取计算截面。由于外纵墙厚度一样,材料强度等级相同,现以荷载最大的底层截面 I-I 和 II-II 分别进行承载力计算。如图 13.50,计算截面面积为:

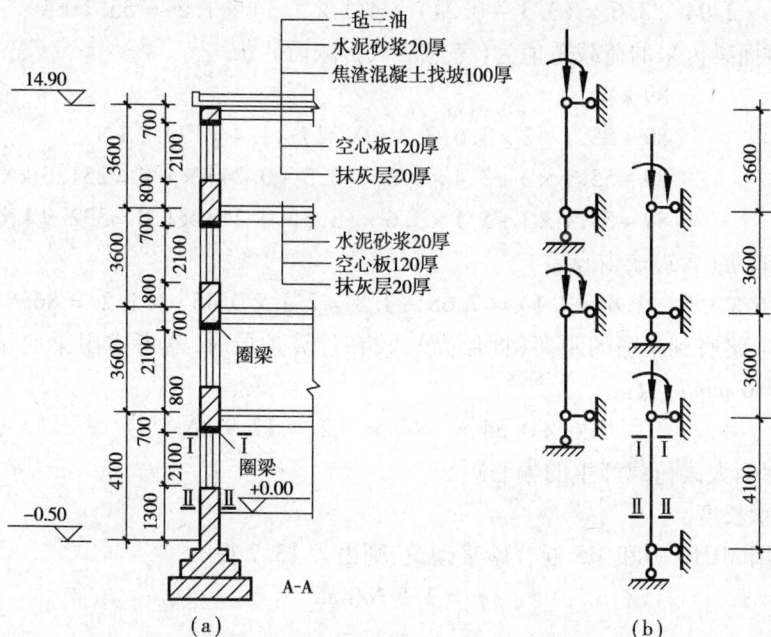

图 13.50 某四层混合结构 A-A 剖面及计算简图

$A = 0.37 \times (3.6 - 1.8) = 0.666 > 0.3$ 不需乘调整系数 γ_a

3)荷载计算

此楼按一般民用建筑考虑,安全等级为二级。按规范有如下规定:

结构的重要性系数: $\gamma_0 = 1.0$

恒载的分项系数: $\gamma_G = 1.2$

活载的分项系数: $\gamma_Q = 1.4$

根据(荷载规范)规定,设计楼面梁、墙、柱及基础时,楼面活荷载应乘以折减系数。当墙柱、基础计算截面以上为 2~3 层时,计算截面以上各楼层活荷载总和的折减系数为 0.85。

本例共四层,各层活荷载折减系数及活载总值见表 13.32。

表 13.32　各层活荷载折减系数及活载总值

层数	折减系数	活荷载总值/(kN·m²)
四层墙	1.0	0.7(面活载)
三层墙	1.0	2(不含屋面活载)
二层墙	0.85	4×0.85 = 3.4(不含屋面活载)
一层墙	0.85	6×0.85 = 5.1(不含屋面活载)

计算屋(楼)面荷载及屋(楼)面传至各层墙荷载设计值

由屋面梁传来的集中荷载设计值为:

$[4.69 \times 3.6 \times (3.3 - 0.24) + 4.1 \times 3.3] \times 1.2 + 0.7 \times 3.6 \times (3.3 - 0.24) \times 1.4$
$= 89 \text{ kN}$

由楼面梁传来的集中荷载恒载设计值为:

$$[2.94 \times 3.6 \times (3.3 - 0.24) + 4.1 \times 3.3] \times 1.2 = 55.1 \text{ kN}$$

由屋面、楼面梁传来的荷载总值为(考虑活载折减后)

对四层墙　　　　　89 kN

对三层墙　　　　　$89 + 55.1 + 2 \times 3.6(3.3 - 0.24) \times 1.4 = 174.9$ kN

对二层墙　　　　　$89 + 55.1 \times 2 + 3.4 \times 3.6 \times (3.3 - 0.24) \times 1.4 = 251.6$ kN

对一层墙　　　　　$89 + 55.1 \times 3 + 5.1 \times 3.6 \times (3.3 - 0.24) \times 1.4 = 332.9$ kN

4)每层墙自重(含玻璃窗自重)

$$[(3.6 \times 3.6 - 1.8 \times 2.1) \times 7.68 + 1.8 \times 2.1 \times 0.45] \times 1.2 = 86.6 \text{ kN}$$

每层计算高度取梁底到梁底的距离(即层高),故在计算顶层时,需考虑由梁底至屋面的这一段墙自重(取 540 mm),为:

$$3.6 \times 0.54 \times 7.68 \times 1.2 = 17.9 \text{ kN}$$

1)楼面、屋面大梁荷载产生的偏心距

①梁端支承长度

因墙体采用 MU10 砖和 M5 混合砂浆砌筑,则由表 13.7 得

$$f = 1.5 \text{ N/mm}^2$$

$$a_0 = 10\sqrt{\frac{h_c}{f}} = 10\sqrt{\frac{600}{1.5}} = 200 \text{ mm}$$

②偏心距

对楼面梁 $e_0 = \gamma - 0.4a_0 = 370/2 - 0.4 \times 200 = 105$ mm

2）控制截面内力计算

截面Ⅰ-Ⅰ：

轴向力设计值 $N_{\text{Ⅰ-Ⅰ}} = 332.9 + 86.6 \times 3 + 17.9 = 610.6$ kN

弯矩设计值 $M_{\text{Ⅰ-Ⅰ}} = \left[55.1 + 2 \times 3.6 \times (3.3 - 0.24) \times 1.4 \right] \times 105 \times 10^{-3} = 9.0$ kN·m

为安全起见，计算 $M_{\text{Ⅰ-Ⅰ}}$ 未考虑活荷载的折减。

截面Ⅱ-Ⅱ：

轴向力设计值 $N_{\text{Ⅱ-Ⅱ}} = 610.6 + 86.6 = 697.2$ kN

弯矩设计值 $M_{\text{Ⅱ-Ⅱ}} = 0$

3）墙体承载力验算

见表13.33

表13.33　纵墙承载力验算表

项　　目	单　位	截　　面	
		Ⅰ-Ⅰ	Ⅱ-Ⅱ
M	kN·m	9.0	0
N	kN	610.6	697.2
$e(M/N)$	mm	15.1	0
$e/h\,(h = 370\ \text{mm})$		0.041	0
γ	mm	185	185
e/γ		0.08 < 0.6	0
$\beta\,(H_0/h = 3.6/0.37)$		9.73	9.73
φ（由 β,e/h 查表得）		0.8	0.88
A	mm²	6.66×10^5	6.66
f	N·mm⁻²	1.5	1.5
$\varphi f A$	kN	799	879
比较		610.6 < 799	697.2 < 879

纵墙的承载力满足要求。

（5）梁端支承处砌体局部受压承载力验算

因截面Ⅰ-Ⅰ处，承受楼面梁传来的集中荷载，需对此截面进行局部受压承载力验算

$A_0 = h(2h + b) = 370(2 \times 370 + 250) = 3.66 \times 10^5$ mm²

$A_1 = a_0 b = 200 \times 250 = 5 \times 10^4$ mm²

$A_0/A_1 = 7.32 > 3$，则 $\psi = 0$

$\gamma = 1 + 0.35\sqrt{A_0/A_1 - 1} = 1 + 0.35\sqrt{7.32 - 1} = 1.88 < 2$，取 $\gamma = 1.88$

取 $\eta = 0.7$，则

$\eta \gamma f A_1 = 0.7 \times 1.88 \times 1.5 \times 5 \times 10^4 = 98.7 \text{ kN}$

$N_1 = 55.1 + 2 \times 3.6 \times (3.3 - 0.24) \times 1.4 = 85.9 < \eta \gamma f A_1 = 98.7 \text{ kN}$

故该层梁端支承处砌体局部受压满足要求。

13.4 砌体结构中的过梁、墙梁、挑梁

13.4.1 过梁

过梁是门窗洞口上常用的构件,其作用是承受洞口上部墙体自重及楼盖传来的荷载。

(1)过梁的分类及构造要求

常用的过梁有砖砌过梁和钢筋混凝土过梁。砖砌过梁又可分为砖砌平拱过梁和钢筋砖过梁等几种形式(图13.51)。

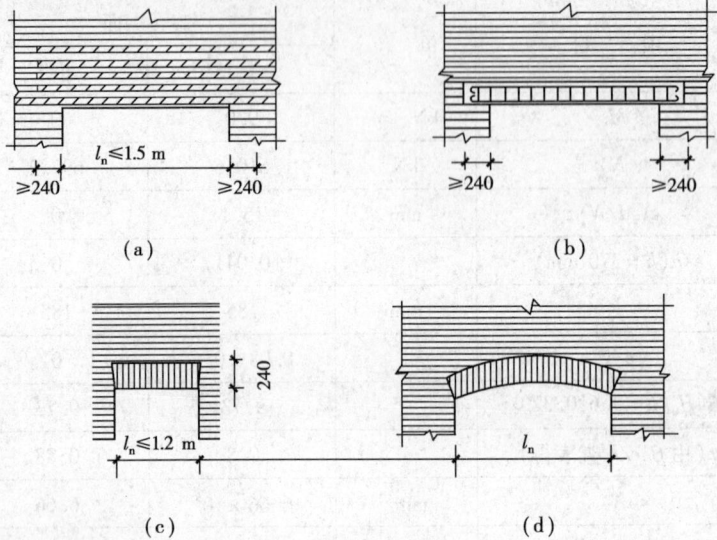

图 13.51 过梁形式

(a)钢筋砖过梁;(b)钢筋混凝土过梁;(c)砖砌平拱过梁;(d)砖砌弧拱过梁

1)砖砌平拱过梁

用砖竖立砌筑的过梁称砖砌平拱过梁。竖砖砌筑部分高度不应小于240 mm,过梁截面计算高度内的砂浆不宜低于M5,其净跨度不宜超过1.2 m。

2)砖砌弧拱过梁

砖砌弧拱过梁也是将砖竖立和侧立砌筑而成。用砖竖砌部分的高度不应小于120 mm(即半砖长)。弧拱最大跨度与矢高 f 有关。当矢高 $f = (1/12 - 1/8) l_n$ 时,最大跨度为2.5 ~ 3.0 m;当矢高 $f = (1/6 - 1/5) l_n$ 时,最大跨度为3.0 ~ 4.0 m。弧拱砌筑时需用胎模,施工复杂。

3)钢筋砖过梁

在过梁底部水平灰缝内配置钢筋的过梁称钢筋砖过梁。钢筋的直径不应小于5 mm,间距

不宜大于 120 mm。钢筋伸入支座砌体内的长度不宜小于 240 mm,砂浆层的厚度不宜小于 30 mm,一般采用 1∶3 水泥砂浆。净跨度不宜超过 1.5 m。过梁截面计算高度内的砂浆不宜低于 M5。

前面三种过梁现在已经较少使用。

4)钢筋混凝土过梁

上述砖砌过梁的跨度受到限制且对变形很敏感,跨度较大或受有较大振动以及可能产生不均匀沉降的房屋,须采用钢筋混凝土过梁。

钢筋混凝土过梁具有施工方便、节省模板、抗震性好等优点,应用最为广泛。截面形式有矩形、L 形等。

钢筋混凝土过梁端部在墙中的支承长度,不宜小于 240 mm。当过梁所受荷载过大时,该支承长度应按局部受压承载力计算确定,其他配筋构造要求同一般钢筋混凝土梁。

(2)过梁上的荷载

过梁承受的荷载一般有两部分,一部分为墙体及过梁本身自重,另一部分为过梁上部的梁、板传来的荷载。

砖砌过梁承受荷载后,上部受压、下部受拉,像受弯构件一样受力。随着荷载的增大,当跨中竖向截面的拉应力或支座斜截面的主拉应力超过砌体的抗拉强度时,将先后在跨中出现竖向裂缝,在靠近支座处出现阶梯形斜裂缝。对钢筋砖过梁,过梁下部的拉力将由钢筋承受;对砖砌平拱过梁,下部的拉力将由两端的砌体提供推力来平衡(图 13.52)。

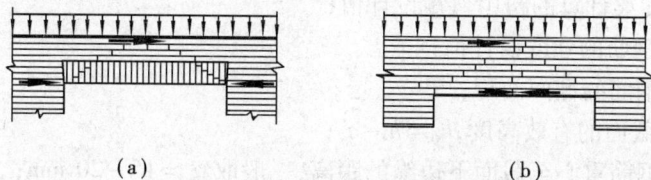

图 13.52 砖砌过梁受力图
(a)砖砌平拱;(b)钢筋砖过梁

砖砌过梁可能发生三种破坏:

1)过梁跨中截面受弯承载力不足而破坏;

2)过梁支座附近斜截面受剪承载力不足,阶梯形斜裂缝不断扩展而破坏;

3)过梁支座处水平灰缝因受剪承载力不足而发生支座滑动破坏。砖砌平拱最外边的支承墙体有可能发生这种破坏。

试验表明,过梁上砌体的砌筑高度超过 1/3 净跨(l_n)后,过梁的挠度增长很小。这是由于过梁上墙体形成内拱而产生卸荷作用,将一部分墙体荷载直接传到过梁支座上,而不再加给过梁。试验还表明,梁、板下墙体高度较小时,梁板上荷载才会传给过梁。当梁板下墙体高度等于 $0.8l_n$ 处施加外荷载时,由于砌体的内拱作用,梁板荷载将直接传给支座,对过梁的影响极小。

根据试验结果分析,《砌体规范》规定过梁上荷载按下述方法确定:

a. 梁、板荷载

对于砖和小型砌块砌体,梁、板下的墙体高度 $h_w < l_n$,应考虑梁、板传来的荷载全部作用于过梁上,不考虑墙体内的内拱作用。当 $h_w \geq l_n$ 时,可不考虑梁、板荷载,认为其全部由墙体

内拱作用直接传至过梁支座。

b. 墙体荷载

对砖砌体,当过梁上的墙体高度 $h_w < l_n/3$ 时,应按实际墙体的均布自重计算。$h_w \geqslant l_n/3$ 时,应按高度为 $l_n/3$ 墙体的均布自重计算。

c. 对混凝土砌块砌体,当过梁上的墙体高度 $h_w < l_n/2$ 时,应按实际墙体的均布自重计算。当 $h_w \geqslant l_n/2$ 时,应按高度为 $l_n/2$ 墙体的均布自重采用。

(3)过梁的承载力计算

1)砖砌平拱过梁

砖砌平拱过梁的受弯和受剪承载力可按式(13.24)和式(13.25)计算,一般可取沿齿缝截面的弯曲抗拉强度。砖砌平拱过梁的承载力主要是由受弯控制的。

由于砖砌平拱过梁支座处受水平推力作用,对墙体中部窗间墙,支座水平推力可相互抵消,而对端部窗间墙,有可能水平灰缝受剪承载力不足,发生受剪破坏。因此需对端部窗间墙水平灰缝进行受剪承载力计算。其受剪承载力按式(13.26)计算,式中 V 取按三铰拱原则确定的支座水平推力设计值 V_H,三铰拱矢高为受拉钢筋合力点至跨中截面受压合力点距离,根据实验结果为 $0.76h$,则 $V_H = M/(0.76h)$(M、h 同跨中正截面承载力计算取值)。

2)钢筋砖过梁的计算

钢筋砖过梁的跨中正截面承载力按下式计算:

$$M \leqslant 0.85h_0 f_y A_s \tag{13.57}$$

式中 M——按简支梁计算的跨中弯矩设计值;

F_y——受拉钢筋的强度设计值;

A_s——受拉钢筋的截面面积;

H_0——过梁截面的有效高度,$h_0 = h - a_s$;

a_s——受拉钢筋重心至截面下边缘的距离,一般取 $a_s = 15-20$ mm;

h_0——过梁的截面计算高度。

钢筋砖过梁支座受剪承载力同砖砌平拱过梁。

3)钢筋混凝土过梁的计算

钢筋混凝土过梁应按钢筋混凝土受弯构件进行正截面受弯和斜截面受剪承载力计算。此外还应进行梁端下砌体局部受压承载力验算。

例13.10 已知窗过梁净跨 $l_n = 1.4$ m。墙厚为 240 mm,双面抹灰,用砖 MU10,混合砂浆 M5 砌筑。在距窗口顶面 0.62 m 处作用楼板传来的荷载标准值 10 kN/m(其中活荷载 3 kN/m)。试设计该过梁。

解 由于梁净跨 $l_n > 1.2$ m,则宜选择钢筋砖过梁或钢筋混凝土过梁。

现按钢筋砖过梁设计如下:

选用 I 级钢筋,$f_y = 210$ N/mm²;用砖 MU10,混合砂浆 M5 砌筑,$f_v = 0.11$ N/mm²;

双面抹灰 240 mm 厚的砖砌体自重为 5.24 /m²

由于 $h_w = 0.62m < l_n = 1.4$ m,需考虑板传来的荷载。

过梁上的荷载 $q = (1.4 \times 5.24/3 + 7) \times 1.2 + 3 \times 1.4 = 15.5$ kN/m

由于考虑板传来的荷载,取过梁的计算高度为 620 mm。

$H_0 = 620 - 15 = 605$ mm

$$M = q \times l_n \times l_n/8 = 15.5 \times 1.4^2/8 = 3.8 \text{ kN} \cdot \text{m}$$

$$A_s = \frac{M}{0.85 f_y h_0} = \frac{3.8 \times 10^6}{0.85 \times 210 \times 605} = 35.2 \text{ mm}^2$$

选用 $2\phi6$ 的钢筋（$A_s = 57 \text{ mm}^2$）；

钢筋砖过梁抗剪验算：

支座处产生的剪力为：

$$V = q l_n/2 = 15.5 \times 1.4/2 = 10.85 \text{ kN}$$

内力臂 $z = 2h/3 = 2 \times 620/3 = 413.3 \text{ mm}$

$f_v bz = 0.11 \times 240 \times 413.3 = 10.91 \text{ kN} > V = 10.85 \text{ kN}$

满足要求。

13.4.2　墙梁

由支承墙体的钢筋混凝土托梁及其以上计算高度范围内的墙体所组成的组合构件称为墙梁。墙体不仅作为荷载作用在托梁上，而且作为结构的一部分与托梁共同工作。工业厂房的基础梁及其上部一定高度的围护墙等均属墙梁。

根据墙梁的承重情况，可将其分为承重墙梁和自承重墙梁。如建筑中底层为大空间（如营业厅），上层为小房间（办公室）的多层房屋，由托梁及与其以上墙体组成的墙梁，不仅承受墙梁（托梁和墙体）自重，还承受计算高度范围以上各层墙体以及楼盖、屋盖或其他结构传送的荷载，为承重墙梁。而工业建筑中承托围护墙体的基础梁、连系梁及其以上墙体组成的墙梁，一般仅承受托梁和砌筑在其上的墙体自重，为自承重墙梁（也称非承重墙梁）。另外，墙梁可设计成简支墙梁、框支墙梁和连续墙梁。根据墙体上是否开洞，又分为无洞口墙梁和有洞口墙梁。承重墙梁和非承重墙梁都可以做成无洞口墙梁或有洞口墙梁。与框架结构相比，墙梁具有节约主材，缩短工期，施工方便等优点，因而具有广泛的应用领域。

(1) 墙梁的受力性能和破坏形态

1) 墙梁的受力性能

现以在顶面承受均布荷载的单跨简支无洞口墙梁为例简要说明墙梁的受力特点。

试验表明，无洞口梁在未出现裂缝前，其受力性能与深梁相似。其内部水平正应力沿墙梁垂直截面自上而下为：墙体大部分受压，托梁的全部或大部分受拉，中合轴或一开始就在墙中，或随着荷载的增大而上升到墙中；竖向正应力沿墙梁水平截面的分布为，靠近墙梁顶面较均匀，愈靠近托梁应力愈向支座附近集中；剪应力的分布为，在界面附近及托梁支座附近变化较大，且托梁和砌体共同承担剪力；其主应力轨迹线更能形象地看出墙梁的受力特征，墙梁两边的主应力轨迹线直接指向支座，中间部分主应力轨迹线呈拱形指向支座，在支座附近托梁上的砌体中形成很大的主压应力集中；此处的主拉应力，当墙梁高跨比较小时，数值较大；当墙梁高跨比较大时，数值较小，甚至可能变为压应力，形成双向受压应力状态。托梁中段主拉应力轨迹线几乎为水平状，表明托梁处于偏心受拉状态；而主压应力在托梁支座附近集中，端部呈现复杂的应力状态。无洞口墙梁的主应力轨迹线见图13.53。墙梁将形成以支座上方斜向砌体为拱肋，以托梁为拉杆的组合拱受力体系。

对于有洞口墙梁，随洞口位置的不同，具有不同的受力性能。当洞口位于墙梁跨中时，洞口处于墙体的低应力区，虽然开洞后墙体有所削弱，但并未严重干扰拉杆拱受力机构，故跨中开洞墙梁的工作性能与无洞口墙梁相同。当洞口偏开在墙体一侧时,由主应力轨迹线(图13.54)可看出,墙体顶部荷载一部分向两支座传递,另一部分则传向门洞内侧附近的托梁上。墙体形成一个大拱内套一小拱的受力形式(图13.54)。托梁既作为大拱的拉杆承受拉力,又作为小拱一端的弹性支座,承受小拱传来的竖向压力。因此,偏开洞口墙梁可视为梁—拱组合受力机构。

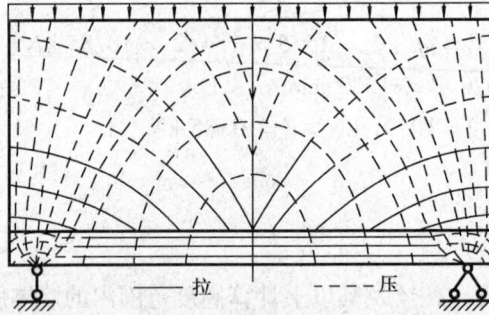

图 13.53　无洞口墙梁的主应力迹线

(a)　　　　　　　　　　　　　　(b)

图 13.54　有洞口墙梁的主应力迹线及受力机构

2)墙梁的破坏形态

以无洞口墙梁为例。试验表明,随着墙梁中墙体高跨比、托梁的高跨比、托梁的配筋数量、砌体及混凝土强度等级加荷方式、墙体开洞情况等因素的变化,墙梁可能发生以下几种破坏形态。

①弯曲破坏(图13.55)

当托梁中的钢筋较弱,而砌体强度相对较强,且墙体高跨比 h_w/l_0 较小时,墙梁在竖向荷载作用下一般先在跨中出现垂直裂缝,随着荷载的增加,垂直裂缝迅速向上延伸,并穿梁与墙的界面进入墙体,在墙体内迅速向上扩展,同时托梁中还有新的垂直裂缝出现。当托梁中位于主裂缝①截面的下部和上部钢筋先后达到屈服时,墙梁将沿跨中正截面发生弯曲破坏。破坏时,墙梁正截面的受压区高度很小,往往只有 3 匹~5 匹砖高,甚至更少。但未发现墙体上部受压区砌体被压坏现象。

②剪切破坏

当托梁纵筋配筋率较高,而砌体强度相对较弱,在靠近支座上部的墙体中往往发生因主拉或主压应力过大而引起的斜裂缝,导致墙体剪切破坏。由于墙体高跨比、荷载作用方式或位置等不同,墙体剪切破坏形式有以下几种:

a.斜拉破坏

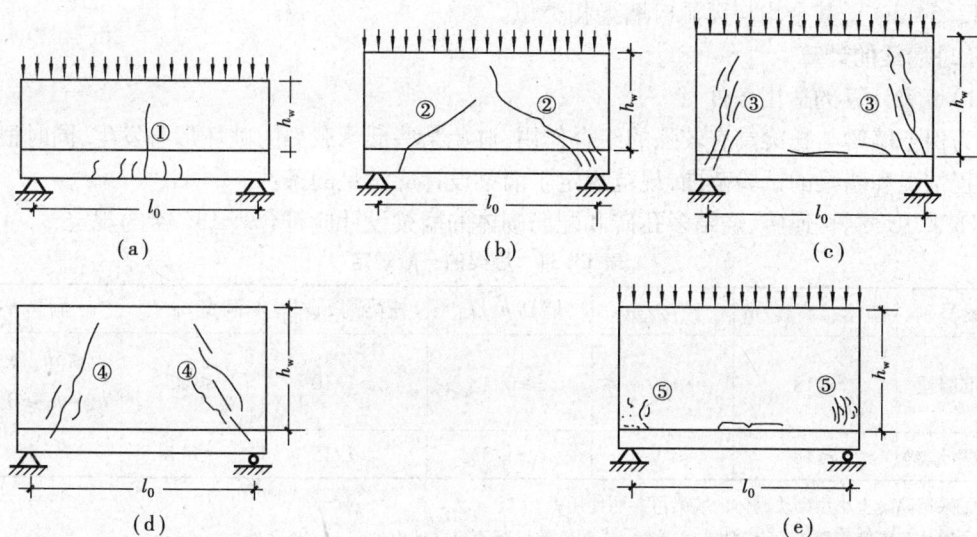

图 13.55 无洞口墙梁的破坏形态
(a)受弯破坏;(b)斜拉破坏;(c)斜压破坏;(d)劈裂破坏;(e)局压破坏

当墙体高跨比小于 0.35~0.40,且砂浆强度较低时,容易发生这种破坏。这是因为砌体中部由于主拉应力过大,超过墙体沿阶梯形截面抗拉强度,沿灰缝产生较平缓的阶梯形裂缝②,如图 13.55(b)所示。一旦该斜裂缝发生,延伸至跨中后向上发展,基本会贯通墙高,使墙体丧失承载力。这种破坏承载能为较低。

b. 斜压破坏

当墙体高跨比大于 0.4,且砌体强度较高时。在主压应力作用下于支座斜上方形成许多较陡的斜裂缝③,裂缝倾角达 55°以上,如图 13.55(c)所示。这是由于墙体内的主压应力超过墙体抗压强度而引起的组合拱肋的斜向压坏。该裂缝随荷载的增加逐渐增多,其开裂荷载和破坏荷载均较大。墙梁破坏时沿主裂缝中、下部砌体被压碎剥落。这种破坏墙梁承载能力较高。

c. 劈裂破坏

在集中荷载作用下,斜裂缝多出现在支座垫板与荷载作用点的连线上。斜裂缝出现突然,延伸较长,有时伴有响声。其开裂荷载和破坏荷载接近,属于劈裂破坏形态,如图 13.55(d)所示。由于这种破坏没有预兆,且承载能力很低,所以其危害性较大。

当托梁混凝土强度等级较低时,也可能发生托梁的剪切破坏。

③局压破坏

在支座上方砌体中,当竖向正应力形成较大的应力集中并超过砌体的局部受压强度时,则将产生支座上方较小范围砌体局部压碎现象,称为局压破坏。一般当托梁较强,砌体相对较弱,且砌体计算高度与托梁计算跨度之比大于 0.75 时,可能发生这种破坏。试验还表明,两端设纵向翼墙的墙梁可有效地避免局部受压破坏。

此外,由于构造措施不当,如托梁纵筋锚固不足,支承长度过小时,托梁端部也可能发生局部破坏。这类破坏可采取相应的构造措施来避免。

对于有洞口墙梁,它的破坏形态除弯曲破坏及托梁的剪切破坏常发生在洞口内缘截面外

(图 13.54(b)),其余均与无洞口墙梁相类似。

(2)墙梁的计算

1)墙梁计算的适用条件

为保证墙梁与托梁具有较强的组合作用,避免某些低承载力的破坏形态发生,同时根据实际工程情况和墙梁的试验范围,规范规定了墙梁设计应满足的条件。

①采用烧结普通砖、烧结多孔砖和配筋砌体的墙梁设计应符合表 13.34 的规定

表 13.34　墙梁的一般规定

墙梁类别	墙体总高度/m	跨度/m	墙高 h_w/l_{oi}	托梁高 h_b/l_{oi}	洞宽 b_h/l_{oi}	洞高 h_h
承重墙梁	≤18	≤9	≥0.4	≥1/10	≤0.3	≤$5h_w/6$ 且 $h_w - h_b ≥ 0.4$ m
自承重墙梁	≤18	≤12	≥1/3	≥1/15	≤0.8	

注:①采用混凝土小型砌块砌体的墙梁可参照使用;

②墙体总高度指托梁顶面到檐口的高度,带阁楼的坡屋面应算到山尖墙1/2 高度处;

③对自承重墙梁,洞口至边支座中心的距离不宜小于 $0.1l_{oi}$,门窗洞上口至墙顶的距离不应小于 0.5 m

④h_w——墙体计算高度,按本规范第 7.3.3 条取用;

　h_b——托梁截面高度;

　l_{oi}——墙梁计算跨度,按规范第 7.3.3 条取用;

　b_h——洞口宽度;

　h_h——洞口高度,对窗洞取顶至托梁顶面距离。

②在墙梁的计算高度范围内每跨允许设置一个洞口,洞口边至支座中心的距离 a_i 距边支座不应小于 $0.15l_{oi}$,距中支座不应小于 $0.07l_{oi}$,对多层房屋的墙梁,各层洞口宜设置在相同位置,并宜上下对齐。

2)墙梁的计算要点

根据墙梁可能发生的几种破坏形态,应分别进行使用阶段的正截面承载力和斜截面受剪力计算、墙体受剪承载力和托梁支座上部砌体局部受压承载力计算。此外,由于施工阶段托梁与墙体尚未形成良好的组合工作性能,还应对托梁进行施工阶段的承载力验算。

自承重墙梁可不验算墙体受剪承载力和砌体局部受压承载力。

①使用阶段墙梁的计算

a. 墙梁的计算简图

墙梁的计算简图如图 13.56 所示,计算简图的几何参数按下列规定采用:

(a)单跨(多跨)墙梁的计算跨度 $l_o(l_{oi})$

对简支墙梁或连续墙梁,计算跨度 $l_o(l_{oi})$ 应取 $1.1l_n(1.1l_{ni})$ 或 $l_c(l_{ci})$ 中的较小值。$l_n(l_{ni})$ 为净跨,$l_c(l_{ci})$ 为支座中心线间距。

(b)墙体计算高度

h_w 取托梁顶面上一层墙体高度。当 $h_w > l_0$ 时,取 $h_w = l_0$ 对连续墙梁或多跨框支墙梁,l_0 取各跨的平均值。

(c)墙梁计算高度 H_0

取墙梁计算高度 $H_0 = 0.5h_b + h_w$,h_b 为托梁截面高度。

(d)翼墙计算宽度 b_f

b_f取窗间墙宽度或横墙间距的 2/3,且每边不大于 3.5h(h 为墙体厚度)和 $l_0/6$。

(e)洞距 a

a 为支座中心至门洞边缘的最近距离。

(f)框架柱计算高度 H_c

取 $H_c = H_{cn} + 0.5h_b$,H_{cn} 为框架柱的净高,取基础顶面至托梁底面的距离。

b. 墙梁的计算荷载

(a)承重墙梁

承重墙梁在托梁顶面荷载作用下不考虑荷载组合作用,仅在墙梁顶面荷载作用下考虑荷载组合作用。

托梁顶面的荷载设计值 Q_1、F_1 取托梁的自重以及本层楼盖的恒荷载和活荷载;墙梁顶面荷载设计值 Q_2 取托梁以上各层墙体自重、墙梁顶面及以上各层楼盖的恒荷载和活荷载。集中荷载可沿作用的跨度近似化为均布荷载。

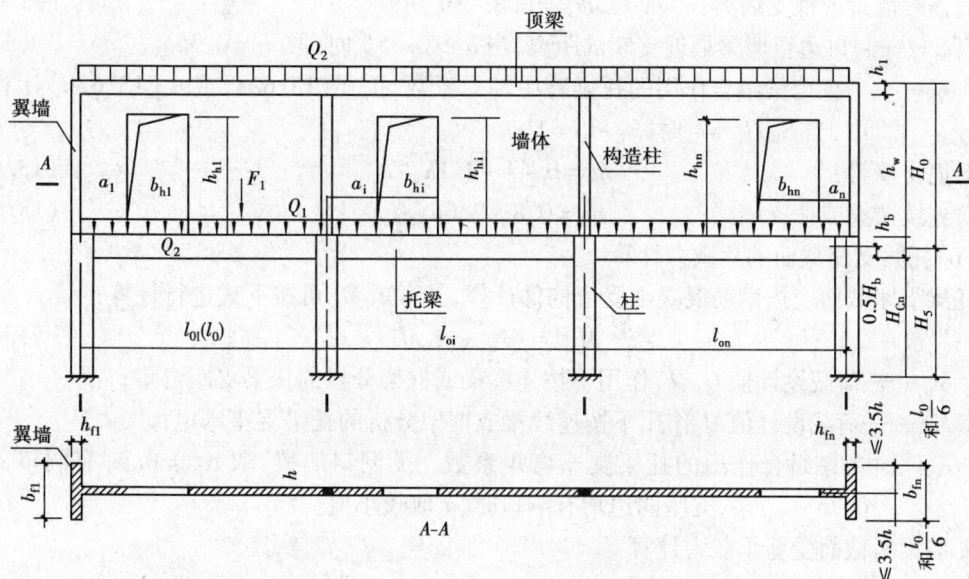

图 13.56　墙梁的计算简图

(b)自承重墙梁

墙梁顶面的荷载设计值 Q_2 取托梁自重及托梁以上墙体自重。

c. 墙梁正截面受弯承载力计算

由墙梁的弯曲破坏形态可知,墙梁受压区一般不产生弯曲受压破坏,无须进行墙体弯压承载力计算,仅对托梁进行承载力计算。

(a)托梁跨中截面的承载力计算

托梁跨中截面按钢筋混凝土偏心受拉构件进行计算。其弯矩 M_{bi} 及轴心拉力 N_{bti} 按下式进行计算:

$$M_{bi} = M_{1i} + \alpha_M M_{2i} \tag{13.58}$$

$$N_{bti} = \eta_n m_{2i}/H_0 \tag{13.59}$$

式中　M_{1i}——荷载设计值 Q_1、F_1 作用下的简支梁跨中弯矩或按连续梁或框架分析的托梁各

跨跨中最大弯矩;

M_{2i}——荷载设计值 Q_2 作用下的简支梁跨中弯矩或按连续梁或框架分析的托梁各跨跨中最大弯矩;

α_M——考虑墙梁组合作用的托梁跨中弯矩系数,可按式(13.60a)或式(13.62b)计算,但对自承重简支墙梁应乘以 0.8。

对简支墙梁: $\qquad \alpha_M = \psi_M(1.7h_b/l_0 - 0.03)$ (13.60a)

其中: $h_b/l_0 > 1/6$ 时, $h_b/l_0 = 1/6$;

对连续墙梁或框支墙梁: $\qquad \alpha_M = \psi_M(2.7h_b/l_{0i} - 0.08)$ (13.60b)

其中: $h_b/l_{0i} > 1/7$ 时, $h_b/l_{0i} = 1/7$;

ψ_M——洞口对托梁弯矩的影响系数,对无洞口墙梁取 $\psi_M = 1.0$;对有洞口墙梁,可按式(13.63a),式(13.63b)计算。

对简支墙梁: $\qquad \psi_M = 4.5 - 10a/l_0$ (13.61a)

对连续墙梁或框支墙梁: $\qquad \psi_M = 3.8 - 8a_i/l_{0i}$ (13.61b)

a_i——洞口边至墙梁最近支座的距离,当 $a_i > 0.35l_{0i}$ 时,取 $a_i = 0.35l_{0i}$;

η_N——考虑墙梁组合作用的托梁跨中轴力系数,按式(13.62a)或式(13.62b)计算,式中,当 $h_W/l_{oi} > 1$ 时, $h_W/l_{oi} = 1$。

对简支墙梁: $\qquad \eta_N = 0.44 + 2.1h_W/l_{0i}$ (13.62a)

对连续墙梁或框支墙梁: $\qquad \eta_N = 0.8 + 2.6h_W/l_{oi}$ (13.62b)

(b)托梁支座截面的承载力计算

托梁支座截面应按钢筋混凝土受弯构件计算,其弯矩 M_{bj} 可按下式进行计算:

$$M_{bj} = M_{1j} + \alpha_M M_{2j}$$ (13.63)

式中 M_{1j}——荷载设计值 Q_1、F_1 作用下按连续梁或框架分析的托梁支座弯矩;

M_{2j}——荷载设计值 Q_2 作用下按连续梁或框架分析的托梁支座弯矩;

α_M——考虑组合作用的托梁支座弯矩系数。无洞口墙梁,取 $\alpha_M = 0.4$,有洞口 $\alpha_M = 0.75 - a_i/l_{0i}$,支座两边均有洞口时, a_i 取较小值。

d. 墙梁斜截面受剪承载力计算

(a)墙梁的墙体受剪承载力计算

墙体的斜截面受剪承载力,当墙梁的正截面承载力有保证, $h_W/l_0 < 0.75$ 时,承重墙梁的承载力一般由墙体的受剪承载力控制。

试验表明,墙梁顶面圈梁(称为顶梁)如同放在砌体上的弹性地基梁,能将楼层的荷载部分传给支座,并和托梁一起约束墙体横向变形,延缓和阻滞斜裂缝的开展,提高墙体受剪承载力。承重多层墙体的墙梁,当两端有翼墙时,作用于墙梁顶面及以上各层的楼盖荷载将有一部分传到翼墙中。因此,由于翼墙或构造柱的存在,将使多层墙梁的楼盖荷载向翼墙或构造柱卸荷而减少墙体的剪力,使墙体的受剪性能得到改善。规范考虑了以上的有利因素,规定墙梁的墙体受剪承载力计算按下式计算:

$$V_2 \leqslant \xi_1 \xi_2 (0.2 + h_b/l_{oi} + h_t/l_{oi}) fhh_W$$ (13.64)

式中 V_2——在荷载设计值 Q_2 作用下墙梁支座边剪力的最大值;

ξ_1——翼墙或构造柱影响系数,对单层墙梁取 $\xi_1 = 1.0$;对多层墙梁,当 $b_f/h = 3$ 时,取 $\xi_1 = 1.3$,当 $b_f/h = 7$ 时,取 $\xi_1 = 1.5$,当 $3 < b_f/h < 7$ 时,按线性插入取值;

ξ_2——洞口影响系数,无洞口墙梁取 $\xi_2 = 1.0$,多层有洞口墙梁取 $\xi_2 = 0.9$,单层有洞口墙梁取 $\xi_2 = 0.6$;

h_t——墙梁顶面圈梁的截面高度。

（b）托梁的受剪承载力计算

一般情况下,墙梁的墙体先于托梁进入极限状态而剪坏。当托梁混凝土强度较低,箍筋较少时,或墙体采用构造框架约束砌体的情况下托梁可能剪切破坏。故还应计算托梁的斜截面受剪承载力。《规范》规定,托梁的斜截面受剪承载力应按钢筋混凝土受弯构件计算,其剪力 V_{bj} 可按下式计算:

$$V_{bj} = V_{1j} + \beta_V V_{2j} \qquad (13.65)$$

式中　V_{1j}——荷载设计值 Q_1、F_1 作用下,按连续梁或框架分析的托梁支座边剪力或简支梁支座边剪力;

V_{2j}——荷载设计值 Q_2 作用下,按连续梁或框架分析的托梁支座边剪力或简支梁支座边剪力;

β_V——考虑组合作用的托梁剪力系数,无洞口墙梁边支座取 $\beta_V = 0.6$,中支座取 $\beta_V = 0.7$;有洞口墙梁边支座取 $\beta_V = 0.7$,中支座取 $\beta_V = 0.8$。对自承重墙梁,无洞口时取 $\beta_V = 0.45$,有洞口时取 $\beta_V = 0.5$。

e. 托梁支座上部砌体局部受压承载力验算

托梁支座上部砌体局部受压承载力计算公式为:

$$Q_2 \leq \zeta f h \qquad (13.66)$$

式中　f——砌体轴心抗压强度设计值;

h——墙体厚度;

ζ——局部受压系数,

$$\zeta = 0.25 + 0.08 b_f/h \qquad (13.67)$$

式中　$\zeta > 0.81$ 时,取 $\zeta = 0.81$。

采用构造框架约束砌体的墙梁,因构造柱对减少应力集中,改善局部受压的作用更为明显。《规范》规定,当 $b_f/h \geq 5$ 或墙梁支座处设置上、下贯通的落地构造柱时可不验算局部受压承载力。

非承载墙梁可不验算砌体局部抗压承载力。

②施工阶段托梁的强度验算

墙梁是在托梁上砌筑砌体墙面形成的,因此在施工阶段不考虑托梁与墙体的组合工作性能。除要限制计算高度范围内墙体每天的可砌高度,严格进行施工外,应按钢筋混凝土受弯构件对托梁进行在施工荷载作用下的受弯,受剪承载力验算,以保证施工的安全。

施工阶段托梁上的荷载包括:

a. 托梁自重及本层楼盖的恒荷载;

b. 本层楼盖的施工荷载;

c. 墙体自重,可取高度为 $l_{0max}/3$ 的墙体自重,开洞时应按洞顶以下实际分布的墙体自重作自重复核。l_{0max} 为各计算跨度的最大值。

（3）墙梁的构造要求

墙梁除进行以上计算外,应符合《砌体结构设计规范》(GB 50003)和混凝土结构设计规范)(GB 50010)的有关构造规定,并要满足下列构造要求。

①材料

a. 托梁混凝土强度等级不应低于 C30;

b. 纵向钢筋宜采用 HRB335、HRB400 或 RRB400 级钢筋;

c. 承重墙梁的块体强度等级不应低于 MU10,计算高度范围内墙体的砂浆强度等级不应低于 M10。

②墙体

a. 框支墙梁的上部砌体房屋,以及设有承重的简支墙梁或连续墙梁的房屋,应满足刚性方案房屋的要求;

b. 墙梁的计算高度范围内的墙体厚度,对砌体不应小于 240 mm,对混凝土小型砌块砌体不应小于 190 mm;

c. 墙梁洞口上方应设置混凝土过梁,其支承长度不应小于 240 mm;洞口范围内不应施加集中荷载;

d. 承重墙梁的支座处应设置落地翼墙,翼墙厚度,对砖砌体不应小于 240 mm,对混凝土砌块砌体不应小于 190 mm,翼墙宽度不应小于墙体墙梁厚度的 3 倍,并与墙体墙梁同时砌筑。当不能设置翼墙时,应设置落地且上、下贯通的构造柱;

e. 当墙体墙梁在靠近支座 1/3 跨度范围内开洞时,支座处应设置落地且上、下贯通的构造柱,并与每层圈梁连接;

f. 墙梁计算高度范围内的墙体,每天可砌高度不应超过 1.5 m,否则,应加设临时支撑。

③托梁

a. 有墙梁的房屋的托梁两边各一个开间及相邻开间处应采用现浇钢筋混凝土楼盖,楼板的厚度不宜小于 120 mm,当楼板厚度大于 150 mm 时,宜采用双层双向钢筋网,楼板上应少开洞,洞口尺寸大于 800 mm 时应设洞边梁;

b. 托梁每跨底部的纵向钢筋应通长设置,不得在跨中段弯起或截断。钢筋接长应采用机械连接或焊接;

c. 墙梁的托梁跨中截面纵向受力钢筋总配筋率不应小于 0.6%;

d. 在托梁距边支座 $l_0/4$ 范围内其上部钢筋面积不应少于跨中下部钢筋面积的 1/3。连续墙梁或多跨框支墙梁的托梁中支座上部附加纵向钢筋从支座边算起每边延伸不少于 $l_0/4$;

e. 承重墙梁的托梁在砌体墙、柱上的支承长度不应小于 350 mm。其纵向受力钢筋应伸入支座,并应符合受拉钢筋的锚固要求;

f. 托梁截面高度 $h_b \geqslant 500$ m 时,应沿梁高设置通常水平腰筋,直径不宜小于 12 mm,间距不应大于 200 mm;

g. 现浇托梁待混凝土达到设计强度 80% 后才可拆模,否则应加设临时支撑;冬季施工托梁下应加设临时支撑,在墙梁计算高度范围内的砌体强度达到设计强度的 80% 以前,不得拆除;

h. 墙梁偏开洞的宽度及两侧各一个梁高 h 范围内,并至靠近洞口的支座边处,为托梁的箍筋加密区。加密区内托梁的箍筋直径不宜小于 8 mm,间距不应大于 100 mm。

13.4.3 挑梁

挑梁是指一端埋入墙体内,一端挑出墙外的悬挑构件,与砌体共同工作,是一种在砌体结构房屋中常用的构件,如挑檐、阳台、雨篷、悬挑楼梯等。

(1)挑梁的受力特点及破坏形态

挑梁在它上部砌体荷载及悬挑部分所承受的荷载作用下,挑梁埋入部分的上下界面处将产生压应力,墙边截面处的挑梁内将产生弯矩和剪力,埋入段将产生挠曲变形,变形大小与墙体的刚度及埋入段的刚度有关(此时为弹性阶段,图13.57(a))。随着荷载增加,当挑梁与砌体的上界面墙边竖向拉应力超过沿通缝的抗拉强度时,上界面边缘将出现水平裂缝①(图13.57(b))并向墙内发展,随后下界面内缘出现水平裂缝②并向墙边发展,最后在挑梁埋入端上角出现阶梯形斜裂缝③,斜裂缝与竖向轴线的夹角平均为57°,此时挑梁处于塑性变形(此时为界面水平裂缝发展阶段)。界面水平裂缝的发展最终导致挑梁与砌体结构的破坏(破坏阶段)。

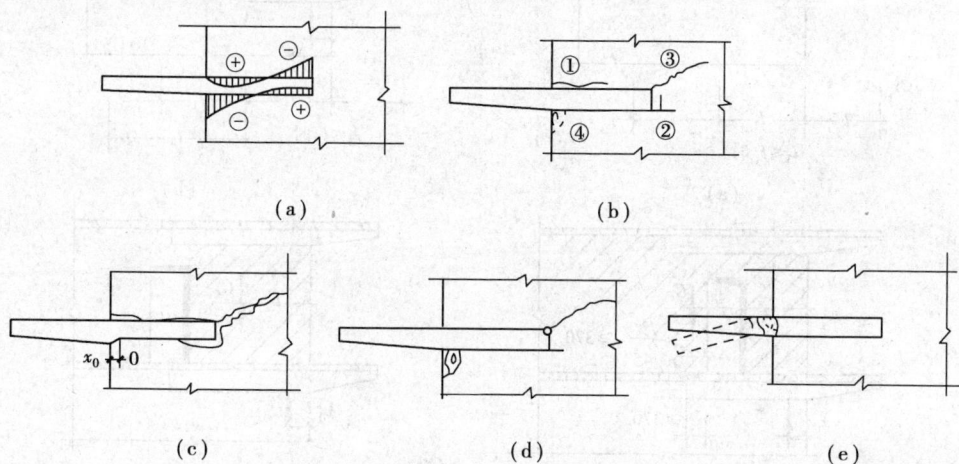

图13.57 挑梁的受力及破坏形态

(a)弹性阶段;(b)裂缝发生阶段;(c)倾覆破坏;(d)局部受压破坏;(e)挑梁自身破坏

挑梁可能发生的破坏有以下三种形态:

1)挑梁因其抗倾覆力矩小于倾覆力矩而发生围绕倾覆点的倾覆破坏(图13.57(c));

2)挑梁下砌体局部受压破坏(图13.57(d));

3)挑梁倾覆点附近正截面受弯破坏或斜截面受剪破坏,造成挑梁自身破坏(图13.57e)。

(2)挑梁的计算及构造要求

1)挑梁的抗倾覆验算

砌体中钢筋混凝土挑梁的抗倾覆可按下式进行验算:

$$M_r \geqslant M_{0V} \tag{13.68}$$

$$M_r = 0.8 G_r (l_2 - x_0) \tag{13.69}$$

式中 M_{0V}——挑梁的荷载设计值对计算倾覆点产生的倾覆力矩;

     M_r——挑梁的抗倾覆力矩设计值;

     G_r——挑梁的抗倾覆荷载,为挑梁尾端上部45°扩散角范围(其水平长度为l_3)内砌体与楼面两者恒荷载标准值之和(图13.58)。

     l_2——G_r作用点至墙外边缘的距离;

     x_0——计算倾覆点至墙外边缘距离(mm),可按下列规定采用:

当 $l_1 \geqslant 2.2h_b$ 且不大于 $0.13l_1$ 时:

$$x_0 = 0.3h_b \qquad (13.70)$$

当 $l_1 < 2.2h_b$ 时:

$$x_0 = 0.13l_1 \qquad (13.71)$$

式中 l_1——挑梁埋入砌体的长度(mm);

h_b——挑梁的截面高度(mm)。

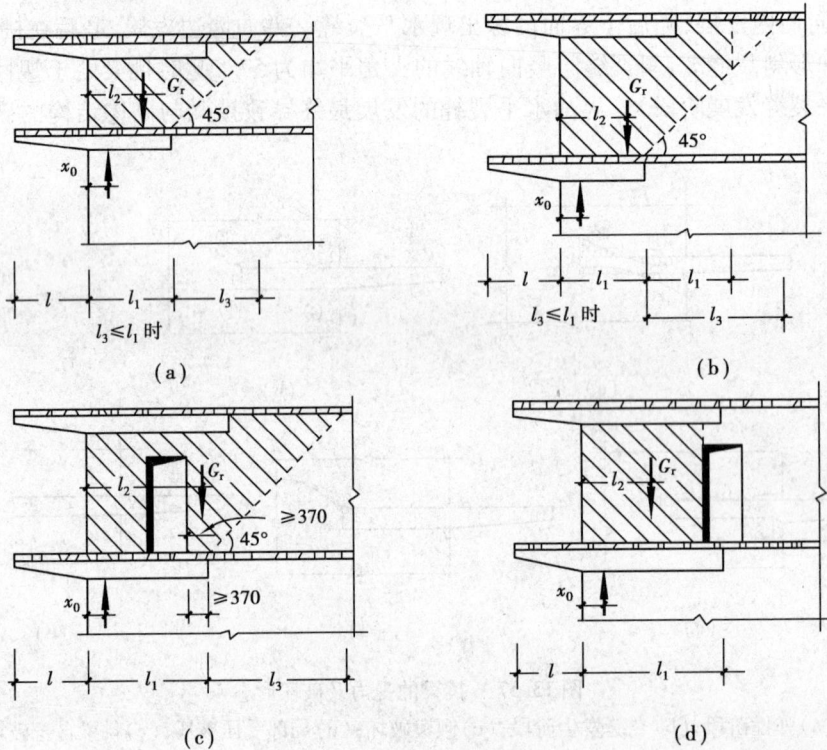

图 13.58 挑梁抗倾覆荷载

2)挑梁下砌体的局部受压承载力验算

挑梁下砌体的局部受压承载力,可按下式进行验算:

$$N_1 \leqslant \eta \gamma f A_1 \qquad (13.72)$$

式中 N_1——挑梁下的支承压力,可取 $N_1 = 2R$,R 为挑梁的倾覆荷载设计值;

η——梁端底面压应力图形的完整系数,可取 $\eta = 0.7$;

γ——砌体局部受压强度提高系数,对挑梁支承在一字墙图(13.59(a))可取 1.25;对挑梁支承在丁字墙图(13.59(b))可取 1.5;

A_1——挑梁下砌体局部受压面积,可取 $A_1 = 1.2bh_b$,b、h_b 分别为挑梁的截面宽度和截面高度。

3)挑梁自身承载力计算

挑梁承载力的计算与一般钢筋混凝土梁相同,主要进行挑梁的受弯承载力和受剪承载力计算。不同的是挑梁承受的最大弯矩 M_{max} 在接近 x_0 处,最大剪力 V_{max} 在墙外边缘。按下式计算:

228

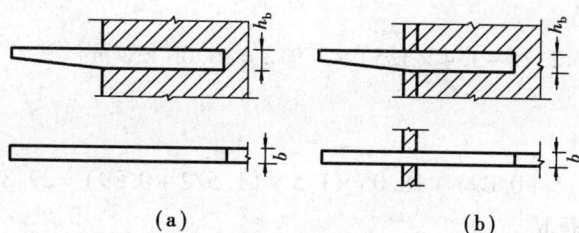

图 13.59　挑梁下砌体局部受压

$$M_{\max} = M_{0v} \tag{13.73}$$
$$V_{\max} = V_0 \tag{13.74}$$

式中　V_0——挑梁的荷载设计值在挑梁墙外边缘外截面产生的剪力。

4)构造要求

挑梁设计除应符合国家现行《混凝土结构设计规范》(GB 50010—2002)外,还应满足下列要求:

①纵向受力钢筋至少应有 1/2 的钢筋面积且不少于 $2\phi12$ 伸入梁尾端,其他钢筋伸入支座的长度不应小于 $2l_1/3$。

②挑梁埋入砌体长度 l_1,与挑出长度 l 之比宜大于 1.2;当挑梁上无砌体时,l_1 与 l 之比宜大于 2。

例 13.11　一阳台钢筋混凝土挑梁埋置于 T 形截面墙段中,如图 13.60 所示。挑出长度 1.5 m,埋入长度 2.0 m。挑梁截面 $b \times h_b = 240\ mm \times 300\ mm$,挑梁上墙体净高 2.58 m,墙厚 240 mm,采用 MU10 砖、M2.5 混合砂浆砌筑,阳台宽 3.9 m。其荷载资料如下:F = 5 kN,屋面恒载为 4.29 kN/m^2,楼面恒载为 2.99 kN/m^2,阳台板恒载为 2.74 kN/m^2,阳台板恒载为 2.74 kN/m^2,240 墙双面粉刷 5.24 kN/m^2,挑梁自重 1.5 kN/m,埋入部分 2 kN/m。试验算该挑梁的抗倾覆及挑梁下砌体局部受压承载力。

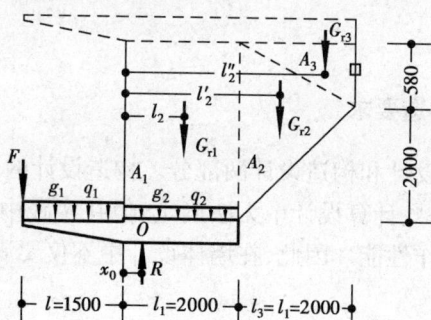

图 13.60

解　①抗倾覆验算

计算 x_0

$l_1 = 2.0\ m > 2.2h_b = 2.2 \times 0.3 = 0.66\ m$

$x_0 = 0.3 h_b = 0.3 \times 0.3 = 0.09\ m < 0.13l_1 = 0.114\ m$

②计算倾覆力矩 M_{0v}

倾覆荷载 Q

挑梁　　1.5 kN/m

阳台板　　$(1.2 \times 2.74 + 1.4 \times 3.5) \times 3.9/2 = 16.05$ kN/m

$Q = 17.55$ kN/m

集中荷载　$F = 5$ kN

$M_{0v} = 1.2 \times 5 \times (1.5 + 0.09) + 16.05 \times 1.5 \times (1.5/2 + 0.09) = 29.8$ kN·m

③计算抗倾覆力矩 M_r

抗倾覆荷载 G_r

墙体荷载：$G_{r1} = 2 \times 2.58 \times 5.24 = 27.04$ kN

$\quad\quad\quad\quad G_{r2} = 2 \times 2.58 \times 5.24/2 = 13.52$ kN

$\quad\quad\quad\quad G_{r3} = 0.58 \times 2 \times 5.24/2 = 3.04$ kN

楼面恒载：$G_{r4} = 2.99 \times 2 \times 3.9/2 = 11.66$ kN

挑梁：$G_{r5} = 2 \times (2 - 0.09) = 3.82$ kN

$M_r = 0.8 G_r (l_2 - x_0) = 0.8 \{ (27.04 + 11.66 + 3.82) \times (2/2 - 0.09) + 13.52 \times (2 + 2/3 - 0.09) + 3.04 \times (2 + 2 \times 2/3 - 0.09) \} = 66.7$ kN·m $> M_{0v} = 34.1$ kN·m

满足要求。

④挑梁下砌体局部受压验算

$\gamma = 1.5, \eta = 0.7, f = 1.3$ N/mm²

局部承压力：$N_1 = 2R = 2 \times (1.2 \times 5 + 17.55 \times 1.5) = 64.7$ kN

局部承压面积 $A_1 = 1.2 b h_b = 1.2 \times 0.24 \times 0.3 = 0.0864$ m²

$\eta \gamma f A_1 = 0.7 \times 1.5 \times 1.3 \times 0.0864 \times 10^3 = 117.9$ kN > 64.7 kN

满足要求。

13.5　砌体结构墙体设计

13.5.1　墙、柱的一般构造要求

砌体结构设计包括计算设计和构造设计两部分。构造设计的作用一是保证计算设计的工作性能得以实现，二是反映一些计算设计中无法确定，但在实践中总结出的经验和要求，以确保结构或构件具有可靠的工作性能。因此，在墙体设计中不仅要满足有关的计算要求，还必须满足下列构造要求：

(1)块体和砂浆的最低强度等级

1)五层及五层以上房屋的外墙、潮湿房间的墙，以及受振动或层高大于 6 m 的墙和柱所用材料的最低强度等级，应符合下列要求：

a.砖采用 MU10；

b.砌块采用 MU7.5；

c.石材采用 MU30；

d.砂浆采用 M5。

对安全等级为一级或设计使用年限大于 50 年的房屋，墙、柱所用材料的最低强度等级应

至少提高一级。

2）地面以下或防潮层以下的砌体，所用材料的最低强度等级应符合表 13.35 的要求。

表 13.35　地面以下或防潮层以下的砌体、潮湿房间墙所用材料的最低强度等级

基土的潮湿程度	烧结普通砖、蒸压茨砂砖		混凝土砌块	石材	水泥砂浆
	严寒地区	一般地区			
稍潮湿的	MU10	MU10	MU7.5	MU30	M5
很潮湿的	MU15	MU10	MU7.5	MU30	MU7.5
含水饱和的	MU20	MU15	MU10	MU40	M10

注：①在冻胀地区，地面以上或防潮层以下的砌体，不宜采用多孔砖，如采用时，其孔洞应采用水泥砂浆灌实。当采用混凝土砌块砌体时，其孔洞应采用强度等级不低于 Cb20 的混凝土灌实；
②对安全等级为一级或设计使用年限大于 50 年的房屋，表中材料强度等级应至少提高一级。

室外散水坡顶面以上的砌体内，应铺设防潮层。防潮层材料一般情况下宜采用防水水泥砂浆。室外勒脚部位应采用水泥砂浆粉刷。

目前，防潮层一般采用 20～25 mm 厚的 1∶3 防水水泥砂浆，或 20 mm 厚的沥青砂浆。

3）夹心墙、混凝土砌块的强度等级不应低于 MUl0。

（2）构造限制

a. 砌体结构的最小截面尺寸应满足表 13.36 的要求；

表 13.36　砌体结构最小截面尺寸

序　号	构件名称	截面尺寸
1	承重的独立砖柱	≥240 mm×370 mm
2	毛石墙	厚度≥350 mm
3	毛料石柱	较小边长≥400 mm

注：当有振动荷载时，墙、柱不宜采用毛石砌体。

b. 当梁的跨度大于或等于表 13.37 所列数字时，梁支承处宜设壁柱或采取其他措施对墙予以加强；

表 13.37　梁支承处设壁柱条件

序　号	墙体材料		梁的跨度/m
1	砖砌体	墙厚 240 mm	≥6
		墙厚 180 mm	≥4.8
2	砌块和料石墙		≥4.8

c. 梁和屋架的跨度大于表 13.38 所列数值时，在其支承面下应设置混凝土或钢筋混凝土垫块，当墙中设有圈梁时，垫块与圈梁宜浇成整体。

表 13.38 梁和屋架设置垫块的条件

序　号	构件名称	砖砌体	砌块的料石砌体	毛石砌体
1	钢筋混凝土梁	跨度 4.8 m	跨度 4.2 m	跨度 3.9 m
2	屋架	跨度 6 m	跨度 6 m	跨度 6 m

d. 预制钢筋混凝土板的支承长度应满足表 13.39 的要求;

表 13.39 梁和屋架设置垫块的条件

支承条件	最小支承长度
直接支承在砌体墙上	100 mm
支承在梁上或圈梁上	80 mm

当利用板端伸出的钢筋拉结和混凝土灌缝时,其支承长度可为 40 mm,但板端缝宽不小于 80 mm,灌缝混凝土不宜低于 C20。

e. 不应在砌体截面长边小于 500 mm 的承重墙体、独立柱内埋设管线;

不宜在墙体中穿行暗线或预留、开凿沟槽,无法避免时应采取必要的措施或按削弱后的截面验算墙体的承载力,但对受力较小或未灌孔的砌块砌体,允许在墙体的竖向孔洞中设置管线。

f. 夹心墙的夹层厚度不宜大于 100 mm,其外叶墙的最大横向支承间距不宜大于 9 m。夹心墙混凝土砌块的强度等级不应低于 MU10。

(3)墙、柱的拉结

a. 对于支承在墙:柱上的吊车梁;屋架及跨度大于或等于 9 m(对砖砌体)或 7.2 m(对砌块和料石砌体)的预制梁的端部,应采用锚固件与墙、柱上的垫块锚固。

b. 骨架房屋的围护墙、隔墙及填充墙,应分别采用拉结条或其他措施与骨架拉接。一般是在钢筋混凝土骨架中预理拉结筋,砌砖时嵌入墙的水平灰缝内。这种柔性拉结可防止墙体与柱间的沉降等变形差异引起连接处的开裂。

c. 山墙处的壁柱宜砌至山墙顶部。风压较大的地区;檩条应与山墙锚固,屋盖不宜挑出山墙,以避免大风的吸力掀起局部屋盖使山墙成为无支承的悬臂状态。

d. 未设置圈梁楼层的楼面板嵌入墙内的长度不应小于 120 mm 并沿墙长配置不小于 2ϕ10 的纵向钢筋。

e. 墙体的转角处、交接处应同时砌筑,且宜沿竖向每隔 400 ~ 500 mm 设置拉结筋。拉结筋的数量每 120 mm 墙厚不少于 1ϕ6 或焊接钢筋网片,埋入长度从墙的转角或交接处算起,每边不少于 600 mm。

f. 夹心墙的叶墙的连接应符合下列要求:

(a)叶墙应用经防腐处理的拉结件或钢筋网片连接;

(b)当采用环形拉结件时,钢筋的直径不应小于 4 mm;当为 Z 形拉结件时,钢筋的直径不应小于 6 mm。拉结件应沿竖向梅花形布置,拉结件的水平和竖向最大间距分别不宜大于 800 mm 和 600 mm,对有振动和抗震设防要求时,其水平和竖向最大间距分别不宜大于 800 mm 和

400 mm；

（c）当采用钢筋网片作拉结件时，网片横向钢筋的直径不应小于 4 mm，其间距不应大于 400 mm，网片的竖向间距不宜大于 600 mm，对有振动和抗震设防要求时，不宜大于 400 mm；

（d）拉结件在叶墙上的搁置长度，不应小于叶墙厚度的 2/3，并不应小于 60 mm；

（e）门窗洞口周边 300 mm 范围内应附加间距不大于 600 mm 的拉结件；

（f）对安全等级为一级或设计使用年限大于 50 年的房屋，夹心墙叶墙间宜采用不锈钢拉结件。

（4）伸缩缝的设置

伸缩缝应设置在因温度和收缩变形可能引起应力集中、砌体产生裂缝可能性最大的地方。温度伸缩缝的间距可通过计算确定，亦可按表 13.40 采用。

表 13.40　砌体房屋伸缩缝的最大间距

屋盖或楼盖类别		间　距
整体式或装配整体式 钢筋混凝土结构	有保温层或隔热层的屋盖、楼盖	50
	无保温屋或隔热层的屋盖	40
装配式无檩体系 钢筋混凝土结构	有保温屋或隔热层的屋盖、楼盖	60
	无保温屋或隔热层的屋盖	50
装配式有檩体系 钢筋混凝土结构	有保温屋或隔热层的屋盖	75
	无保温屋或隔热层的屋盖	60
瓦材屋盖、木屋盖或楼盖、轻钢屋盖		100

注：①对烧结普通砖、多孔砖、配筋砌块砌体房屋取表中的数值；对石砌体、蒸压灰砂砖、蒸压粉煤灰砖和混凝土砌块房屋取表中数值乘以 0.8 的系数。当有实践经验并采取有效措施时，可不遵守本表规定；

②在钢筋混凝土屋面上挂瓦的屋盖应按钢筋混凝土屋盖采用；

③按本表设置的墙体伸缩缝，一般不能同时防止由于钢筋混凝土屋盖的温度变形和砌体干缩变形引起的墙体局部裂缝；

④屋高大于 5 m 的烧结普通砖、多孔砖、配筋砌块砌体结构单屋房屋，其伸缩缝间距可按表中数值乘以 1.3；

⑤温差较大且变化频繁地区和严寒地区不采暖的房屋及构筑物墙体的伸缩缝的最大间距，应按表中数值予以适当减小；

⑥墙体的伸缩缝应与结构的其他变形缝相重合，在进行立面处理时，必须保证缝隙的伸缩作用。

（5）砌块砌体的补充构造

a. 砌块砌体应分皮错缝搭砌，上下皮搭砌长度不得小于 90 mm。当搭砌长度不满足上述要求时，应在水平灰缝内设置不少于 $2\phi4$ 的焊接钢筋网片（横向钢筋的间距不宜大于 200 mm），网片每端均应超过该垂直缝，其长度不得小于 300 mm。

b. 砌块墙与后砌隔墙交接处，应沿墙高每 400 mm 在水平灰缝内设置不少于 $2\phi4$、横筋的间距不大于 200 mm 的焊接钢筋网片。

c. 混凝土砌块房屋，宜将纵横墙交接处，距墙中心段每边不少于 300 mm 范围内的孔洞，采用不低于 Cb20 灌孔混凝土灌实，灌实高度应为全部墙身高度。

d. 混凝土砌块墙体，在表 13.41 所指出的部位如未设圈梁或混凝土垫块，应采用不低于 Cb20 灌孔混凝土将孔洞灌实。

表 13.41　混凝土砌块墙体应灌实部位

墙体部位	灌实范围
钢筋混凝土楼板、檩条、搁栅等支承面下	高度≥200 mm
屋架、大梁等支承面下	高度≥600 mm,长度≥600 mm
挑梁支承面以下	高度≥600 mm,距墙中心线每边≥300 mm

13.5.2　墙体的布置及圈梁

墙体除承受到各种荷载的直接作用而引起内力外,还有其他间接作用。地基不均匀沉降和温度、收缩等复杂因素均会使墙体产生内力。由于砌体抗拉强度很差,如果布置不当,则可能使墙体发生各种裂缝而造成质量事故。因此,正确地布置墙体,合理设置圈梁,充分发挥其作用,是墙体设计中关键的问题。

(1)墙体布置的一般要求

1)明确承重体系

在墙体的承重,隔断和围护三个作用中,承重作用是主要的。在墙体设计中首先要明确墙体的承重体系。承重体系确定后,房屋的墙体、楼盖、基础的布置和传力系统也随之明确了。尽量做到传力途径明确、墙体计算简单、楼盖、基础等构件布置合理、施工方便。

2)尽可能选择刚性方案

刚性方案房屋的整体性好,经济性好,内力计算也较为简单。刚性方案的关键是横墙的布置。设计时应当注意以下几点:

a.保证楼(屋)盖与横墙的联结。

b.应避免出现在纵横墙交接处开门洞的情况。对不能同时砌筑或不能保证纵横墙咬合的墙,应按构造规定设置拉结筋。

c.横墙尽可能贯通,避免错位,以使横墙能共同受力,增强横墙的水平刚度。如不能保证横墙贯通可在横墙上设置圈梁。以保证横墙作为刚性方案的必要条件。

3)纵墙尽可能拉通

纵墙应尽可能拉通,避免房屋发生弯曲变形时中部断开和转折,使纵墙起到调整不均匀沉降的作用,同时也避免房屋纵向不均匀沉降后,在纵墙转折处对横墙形成平面外的弯矩,使横墙出现竖向裂缝。

此外,每隔一定的距离(一般可取房屋宽度的1.5倍)设置一道横墙,使内外纵墙连接起来,更好地调整内外纵墙的不均匀沉降。

4)在软弱地基上,要控制房屋长高比,力求体型简单、高差小

在软弱地基上的房屋,其相对不均匀沉降量及绝对沉降量均较大。当房屋的长高比较大时,纵墙刚度小,调整不均匀沉降的能力较弱,容易产生比较严重的裂缝。工程经验表明,砌筑于软弱地基上的房屋,当预估沉降较大(如大于100 mm)时,房屋的长高比宜控制在2.5以内。当房屋的高差(或差异)较大时,地基中的应力差别较大,局部相对沉降量较大,能使房屋发生倾斜、弯曲或扭曲变形,从而造成墙体开裂。一般对于软弱地基上房屋,其高差不宜超过一层。

因此,在软弱地基上砌体结构的房屋,应控制其长高比,并力求体型简单、高差小。对于难

以满足要求的房屋,宜用沉降缝将其划分成若干个体型简单的单元。

5)避免墙体承受过大的偏心荷载或过大的弯矩

砌体的弯曲抗拉强度远低于抗压强度。砌体承受荷载的偏心矩越大,所需的截面面积就越大。因此,在墙体设计时应尽量使墙体承受轴心压力或承受小偏心压力。对于承受较大偏心荷载(如吊车荷载)或承受较大弯矩(山墙受风荷载)的墙体,一般宜采用带壁柱的墙体,以增加截面惯性矩。

6)墙体上下洞口宜对齐,使荷载传递更直接

要避免墙体门窗洞口上下错开的布置尽量做到墙体上下洞口对齐,使荷载传递直接。因为上下洞口错开时,上层传下的荷载要通过下层洞口的过梁传给墙体,从而加大了过梁支承的支座反力,使得该处墙体或过梁可能因荷载集中而出现裂缝。有些管道要穿过墙体,也应把管道洞口布置在门(窗)洞口的上方,以保证门(窗)间的墙体承载能力。

7)合理布置房间,使房间刚度均匀

要注意房间的平面布置,应使楼层平面质量与刚度较为均匀。在抗震设防地区,更要尽量避免房屋竖向刚度的突变。

(2)圈梁

在砌体结构房屋中,沿外墙及内墙水平方向设置连续、封闭的钢筋混凝土梁,称之为圈梁。

1)圈梁的作用

在房屋的墙体中设置圈梁,可加强房屋纵横墙之间的连接从而增强房屋的整体性和空间刚度,承受由于地基不均匀沉降在墙体中所引起的弯曲应力,消除或减轻较大振动荷载对房屋墙体产生的不利影响。有效阻止墙体的开裂,提高房屋的抗震性能。

跨过门窗洞口的圈梁,可兼作过梁(须满足过梁配筋)。圈梁还可在验算墙、柱高厚比时作为墙、柱的不动铰支承,提高墙、柱的稳定性。

2)圈梁的设置

圈梁的设置通常根据房屋类型、层数、所受的振动荷载、地基情况等条件来决定圈梁设置的位置和数量。

圈梁设置要求按规范规定如下:

①车间、仓库、食堂等空旷的单层房屋,应按下列要求设置圈梁:

a.砖砌体房屋,檐口标高为 5 ~ 8 m 时,应在檐口标高处设置圈梁一道,檐口标高大于 8 m 时,应增加设置数量。

b.砌块及石砌体房屋,檐口标高为 4 ~ 5 m 时,应在檐口标高处设圈梁一道,檐口标高大于 5 m 时,应增加设置数量。

对有电动桥式吊车或较大振动设备的单层工业房屋,除在檐口或窗顶标高处设置钢筋混凝土圈梁外,尚应增加设置数量。

②宿舍、办公楼等多层砖砌体民用房屋,且层数为 3 ~ 4 层时,应在檐口标高处设置圈梁一道。当层数超过 4 层时,应在所有纵横墙上隔层设置。屋盖处圈梁应现浇,预制圈梁安装时应座浆,并应保证接头可靠。对多层砌体工业房屋,应每层设置钢筋混凝土圈梁。

③设置墙梁的多层砌体房屋,应在托梁,墙梁顶面和檐口标高处设置现浇钢筋混凝土圈梁,其他楼层处应在所有纵横墙上每层设置。

④建筑在软弱地基或不均匀地基上的砌体房屋,除按上述规定设置圈梁外,还应符合国家

标准《建筑地基基础设计规范》GB 5007 的有关规定。

⑤采用现浇钢筋混凝土楼(屋)盖的多层砌体结构房屋,当层数超过 5 层时,除在檐口标高处设置一道圈梁外,可隔层设置圈梁,并与楼(屋)面板一起现浇。未设置圈梁的楼面板嵌入墙内的长度不应小于 120 mm,并沿墙长配置不少于 2φ10 的纵向钢筋。

3)圈梁的构造要求:

按规范规定圈梁应符合下列构造要求。

a. 圈梁宜连续地设在同一水平面上,并形成封闭状;当圈梁被门窗洞,口截断时,应在洞口上部增设相同截面的附加圈梁。附加圈梁与圈梁的搭接长度不应小于其中到中垂直间距的两倍,且不应小于 1 m。(图 13.61)

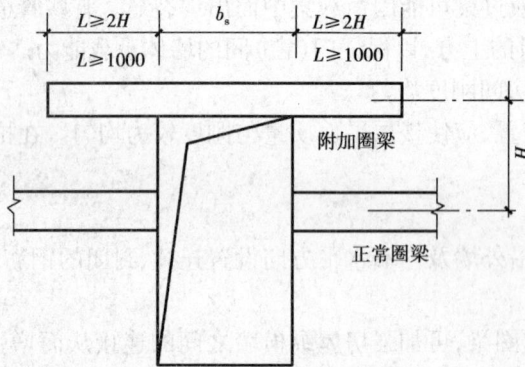

图 13.61　附加圈梁

b. 为保证建筑结构的水平整体性,圈梁宜布置在靠近楼道、屋盖平面的标高处,内外纵墙、横墙,山墙中的圈梁在水平面内相互拉结,形成牢靠的网络。

c. 钢筋混凝土圈梁的宽度宜与墙厚相同,当墙厚 $h \geqslant 240$ mm 时,其宽度不宜小于 $2h/3$。圈梁高度不应小于 120 mm。纵向钢筋不应少于 4φ10,绑扎接头的搭接长度按受拉钢筋考虑,箍筋间距不应大于 300 mm。

d. 圈梁房屋转角、丁字接头处,应设置附加钢筋予以加强。其连接构造如图 13.62 所示。

e. 为防止钢筋混凝土圈梁受温度影响而产生裂缝等现象,其最大长度可按《混凝土结构设计规范》中有关伸缩缝最大间距考虑。

13.5.3　墙体的质量及裂缝分析

(1)影响砖墙体质量的因素

1)材料质量的影响

①块材

块材的强度是影响砌体承载能力的主要因素。砖的强度愈高,其抗折强度也愈大,它在砖砌体中愈不容易开裂,砖砌体的强度就愈大。另外块材的尺寸、几何形状、表面平整度对墙体质量也有较大影响。如砖的表面越平整,灰缝将越均匀,墙体质量就越好。砖的耐久性也是评价墙体质量的重要指标。

②砂浆

砂浆的和易性是保证砌筑质量的重要条件。砂浆的和易性包括流动性和保水性两个方

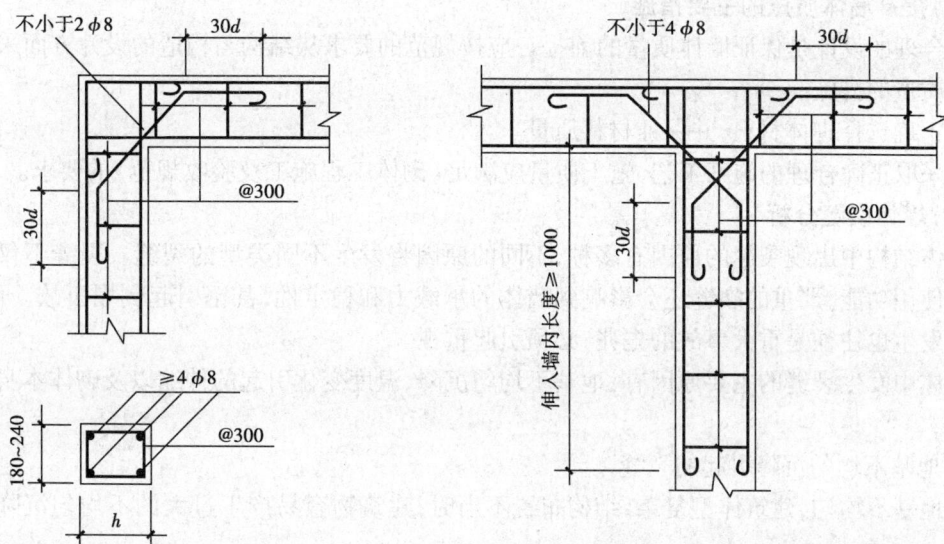

图 13.62 圈梁的连接构造

面。流动性适宜的砂浆,砌筑时容易均匀铺设,且便于挤浆,砌筑后块体间能紧密粘结,使上下层块体间能均匀传力,改善单块体在砌体中的受力状态。保水性好的砂浆在施工过程中不易泌水、分层和离析,砌筑后能保持水分,使砂浆中的胶凝材料能正常硬化,有利于砂浆与块体的粘结使砌体质量提高。

2)砌筑质量的影响

①砂浆灰缝

砂浆层厚度应适中,过厚会增加砂浆层的变形,过薄则不易铺砌均匀,都会使砌体的受力状态处于不利,从而影响砌体质量。施工验收规范要求水平灰缝的砂浆饱满程度不得低于80%;砖柱与宽度小于 1 m 的窗间墙;竖向灰缝砂浆饱满程度不得低于60%。

②错缝

砌体不应出现通缝,通缝在砖砌体受压时愈容易形成纵向通缝和小柱,对砖砌体的强度、整体性等的不利影响就越大。错缝使上下两匹砖的搭接长度增加,使砖砌体的整体性增强。从而使砌体质量提高。一般规定,如错缝的上下两匹砖搭接长度小于 25 mm,则可视为通缝,如上下 4 匹砖连续通缝,则为不合格砌体。

③接搓

接搓是确保墙体整体性的重要措施。一般要求墙体转角和纵横交接处的墙体应同时砌筑。对不能同时砌筑而必须留置的临时间断处,斜搓的长度不应小于高度的 2/3,如留斜搓确有困难而做成直搓时,应加设拉结钢筋,但在墙的转角处不得留直搓。

3)设计因素的影响

a.结构的体系及墙体的布置;

b.高厚比;

c.墙体的截面尺寸及材料的选择;

d.房屋所处的环境;

e.构造和连接处理。

（2）提高墙体质量的主要措施

a. 合理的设计是保证墙体质量的前提。应按规范的要求从结构与构造的设计方面采取确保墙体质量的措施。

b. 正确选择砌体材料,并保证材料质量。

c. 采取正确合理的施工工艺,施工质量应满足《砌体工程施工及验收规范》的要求。

（3）墙体裂缝分析

砌体结构中出现裂缝的原因有多种,不同的原因将发生不同类型的裂缝。裂缝不仅影响外观和使用功能,严重的裂缝还会影响到墙体的承载力和稳定性,甚至引起倒塌事故。而且,裂缝的发生也往往是重大事故的先兆,必须引起重视。

砌体中发生裂缝的主要原因有:地基不均匀沉降、温度变化引起的伸缩以及砌体本身质量问题。

1）地基不均匀沉降引起的裂缝

当地基不均匀,建筑体型复杂,结构布置不当时,建筑物容易产生过大的不均匀沉降而引起裂缝。

地基发生不均匀沉降后,建筑物发生相应的整体变形,墙体中附加产生弯曲应力和剪应力,当墙体内的主拉应力超过砌体的强度时,墙体中便出现斜裂缝。地基不均匀沉降引起的斜裂缝大多发生在房屋纵墙的两端,裂缝一般由主拉应力引起,发生于墙体较薄弱的截面,所以多数裂缝通过窗口的两个对角,裂缝向沉降较大的方向倾斜。裂缝多发生在墙体下部,向上逐渐减少,裂缝的宽度下大上小裂缝的数量及宽度随时间而逐渐发展。一般说来,当地基沉降曲线为凹形时,墙体裂缝呈正八字形,当地基沉降曲线为凸形时,墙体裂缝呈倒八字形。

防止不均匀沉降引起墙体开裂的重要措施之一是在房屋中设置沉降缝。沉降缝把墙和基础全部断开。分成若干个整体刚度较好的独立结构单元。使各单元能独立沉降,避免墙体开裂。一般宜在建筑物下列部位设置沉降缝:

①建筑平面的转折部位;

②建筑物高度或荷载有较大差异处;

③过长的砌体承重结构的适当部位;

④地基土的压缩性有显著差异处;

⑤建筑物上部结构或基础类型不同处;

⑥分期建造房屋的交界处。

合理布置墙体和圈梁,正确选择地基也是防止不均匀沉降避免墙体开裂的重要手段。

2）温度变化引起的墙体裂缝

由于温度变化不均匀使砌体产生不均匀伸缩,或者砌体的伸缩受到不均匀的约束,引起砌体开裂。温度变化引起的墙体裂缝的形式主要有八字形裂缝和水平裂缝。

八字形裂缝一般出现在顶层纵墙的两端 1~2 开间的范围内,严重时可发展至房屋长度范围内,有时在横墙上也可能发生。裂缝多沿窗口对角线方向产生。

八字形裂缝一般发生在平屋顶房屋顶层纵墙面的两端。这是由于砖砌体的线胀系数与混凝土的线胀系数差异较大,在较大温差情况下,墙体与屋盖形成较大的变形差异而在墙两端产生八字形斜裂缝。

水平裂缝一般发生在平屋顶屋檐下或顶屋圈梁下 2~3 匹砖的灰缝位置,裂缝一般沿外墙顶部断断续续地分布,裂缝深度有时会贯通墙厚,两端较中间严重。在转角处,因纵、横墙水平裂缝相交而形成包角裂缝。

当房屋有错层时,错层处的墙体容易发生局部垂直裂缝。其主要原因是由于收缩和降温,使钢筋混凝土楼盖变形大于墙体变形,使墙体上产生较大的拉应力造成砌体开裂。

此外,由于房屋温度区段过长,因温度及墙体干缩的原因也会引起墙体竖向裂缝。

防止顶层墙体因温差及收缩变形而开裂的主要措施有:

a. 采用混凝土屋盖时,应在屋盖结构层上设置保温层或隔热层,并合理安排屋面保温层施工。现浇的屋面挑檐可采取留置伸缩缝的办法。此外,屋面施工应尽量避开高温季节。

b. 加强顶层墙体的抗拉能力。例如,在墙体四角檐口下一定高度范围的砌体内配置适量的转角水平钢筋,在屋盖下设置沿外墙闭合的钢筋混凝土圈梁。

c. 避免楼盖的错层布置,否则宜在错层处设伸缩缝,或在错层处墙体内局部配筋予以加固。

d. 在结构构件的构造上保持结构的连续性,避免形成薄弱环节。如钢筋混凝土圈梁沿外墙应形成闭合,不得在外墙中部作内转处理。

本 章 小 结

1. 砌体结构指用块材通过砂浆铺缝砌成的结构。块材、砂浆和砌体结构可分为不同的种类,每一种类有着各自不同的特点,应根据具体情况合理选用。

2. 砖砌体轴心受压破坏过程可分为三个阶段。砖砌体的抗压强度低于它所用砖的抗压强度,高于其抗拉强度和抗剪强度。砌体的强度设计值可通过查表得到。

3. 砌体结构采用以概率理论为基础的极限状态设计方法进行设计。公式 $N \leqslant \varphi f A$ 适用于偏心距较小的受压构件,偏心距 e 不应超过 $0.6y$。φ 值可通过查表得到。

4. 砌体的局部受压有三种情况。砌体的局部受压面的横向变形由于受到约束,使得砌体的局部抗压强度得以提高,其提高值用提高系数 γ 来体现。

5. 网状配筋砖砌体的破坏过程也可分为三个阶段,但受力性能与无筋砌体有着本质上的区别。由于钢筋对砌体横向变形的约束,间接提高了砌体承担竖向荷载的能力。

6. 根据房屋的空间工作性能,砌体结构房屋的静力计算分为三种方案。《规范》根据横墙的间距、屋盖和楼盖的类别以及横墙本身的刚度来确定房屋的静力计算方案。

7. 房屋的结构布置,是保证房屋结构安全可靠和正常使用的关键。

8. 高厚比的验算是砌体结构的一项重要的构造措施。墙(柱)的允许高厚比主要受墙(柱)的刚度条件、稳定性等的影响。

9. 多层刚性方案房屋的计算是本章的重点内容。其承重纵墙的计算要点是:取门窗洞口间墙体为计算单元;在竖向荷载作用下,墙体可视为竖向的、以楼盖为铰支承的梁;在水平荷载作用下,墙体可视为竖向的连续梁。刚性方案房屋符合《规范》有关规定条件的外墙,可不考虑风荷载的影响。

10. 砖砌平拱、钢筋砖过梁承载力按一般简支梁进行计算。对于砖砌平拱过梁,还应对墙体端部窗间墙水平灰缝进行受剪承载力计算。钢筋混凝土过梁计算同一般钢筋混凝土受弯构件。挑梁应进行抗倾覆验算、自身承载力验算和挑梁下砌体局部受压验算。

11. 墙梁的计算有:墙梁使用阶段正截面承载力计算、墙体斜截面受剪承载力计算,以及托梁与墙体尚未形成良好的组合工作性能时,还应对托梁按一般钢筋混凝土受弯构件进行承载力验算。

12. 砌体结构设计除需进行相关的计算外还应满足《规范》所规定的构造要求,以保证房屋满足空间刚度整体性和耐久性的要求。

13. 圈梁设置应合理,并符合有关构造要求,才能充分发挥圈梁的作用。

14. 合理的设计,砌体材料的正确选择,砌筑质量的保证,是提高墙体质量的主要措施。

15. 地基不均匀沉降、温度变化和收缩变形是产生墙体裂缝的一般原因。

思 考 题

13.1 砌体结构有哪些优缺点? 其发展方向怎样?

13.2 块材、砌体和砂浆是如何分类的? 各有什么特点?

13.3 选择砌体种类应从哪几方面考虑?

13.4 砖和砂浆的强度等级是如何确定的? 常用的砂浆有哪几种?

13.5 影响砌体抗压强度的主要因素有哪些?

13.6 为什么砌体的抗压强度低于砖的抗压强度?

13.7 如果砂浆强度为零,此时砌体有无抗压强度? 为什么?

13.8 垂直压应力对砌体抗剪强度有何影响?

13.9 用水泥砂浆砌筑的砌体抗压强度与用相同强度等级的混合砂浆砌筑的砌体抗压强度哪个高? 为什么?

13.10 砌体在局部压力作用下承载力为什么能提高? 砌体局部受压有哪几种破坏形态?

13.11 无筋砌体受压构件偏心距为何要加以限制? 限值是多少?

13.12 配筋砖砌体有何优点? 其适用范围如何?

13.13 在局部受压计算中,梁端有效支承长度如何确定?

13.14 在什么情况下需设置梁垫? 如何选择梁垫?

13.15 砌体轴心受拉、受弯和受剪构件承载力与哪些因素有关?

13.16 混合结构房屋有哪几种承重体系? 它们的特点是什么?

13.17 砌体结构房屋的静力计算有哪几种方案? 根据什么条件确定房屋属于哪种方案?

13.18 为什么要验算墙、柱高厚比? 怎样验算?

13.19 单层刚性方案房屋墙、柱的静力计算简图是怎样确定的?

13.20 简述多层刚性方案房屋的计算单元、计算简图、内力计算和控制截面。

13.21 常用的过梁类型有哪几种? 各适用于什么情况下采用?

13.22 过梁计算时,荷载如何确定?

13.23 过梁、墙梁、挑梁、圈梁有何区别? 并简述各自的特点、应用范围及破坏形态。

13.24 挑梁的倾覆点和抗倾覆分别如何确定?

13.25　混合结构房屋墙、柱的一般构造要求对房屋起什么作用?

13.26　试述混合结构房屋墙体开裂的种类、原因和主要预防措施有哪些?

13.27　试述提高砌体质量的手段和方法。

习　题

13.1　已知一轴心受压柱,承受纵向力 $N = 118$ kN,柱截面尺寸为 490 mm × 370 mm,计算高度 $H_0 = 3.6$ m,采用 MU10 烧结普通砖,M2.5 混合砂浆,试验算该柱承载力。

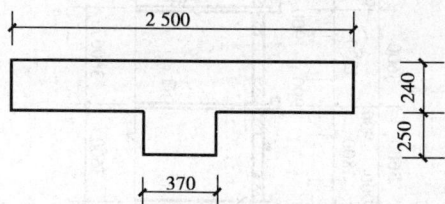

习题图 13.2

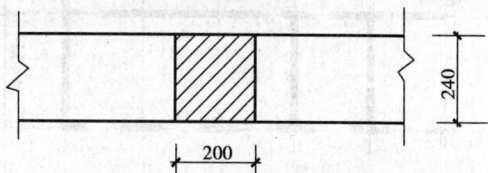

习题图 13.3

13.2　验算某混合结构房屋的窗间墙,截面如图所示,轴向力设计值 $N = 500$ kN,弯矩设计值 $M = 4.35$ kN·m(荷载偏向翼缘一侧),由荷载设计值产生的偏心距 $e = 10$ mm,教学楼层高 3.6 m,计算高度 $H_0 = 3.6$ m,采用 MU10 砖及 M5 混合砂浆砌筑。

13.3　钢筋混凝土柱,截面尺寸为 200 mm × 240 mm,支承在砖墙上,墙厚 240 mm,采用 MU10 烧结普通砖及 M2.5 混合砂浆砌筑,柱传给墙的轴向力设计值 N = 100 kN,试进行砌体局部受压验算。

13.4　已知某窗间墙截面尺寸为 1100 mm × 370 mm,采用 MU10 烧结普通砖和 M5 混合砂浆砌筑。墙上支承截面尺寸为 200 mm × 600 mm 的钢筋混凝土梁,梁端伸入墙内的支承长度为 370 mm,由梁上荷载引起的梁端压力设计值为 125 kN,梁底窗间墙截面上由上部荷载引起的轴向力设计值为 145 kN。试验算梁端支承处砌体的局部受压承载力是否满足要求(若不满足可设置梁垫再进行验算)。

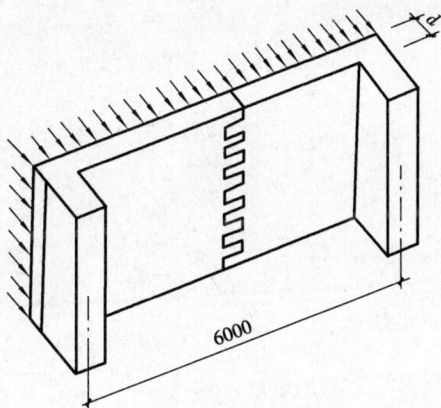

习题图 13.5

13.5　有一挡土墙厚度 d 为 370 mm,支承跨度为 5 m,该墙承受均布水平荷载 q 为 60 kN/m,砌体采用 MU10 烧结普通砖和 M5 混合砂浆砌筑。试验算是否安全。

13.6　某单层厂房层高为 6.0 m,房屋静力计算方案为刚性方案。独立承重砖柱截面尺寸为 490 mm × 620 mm,采用 MU7.5 烧结普通砖和 M5 混合砂浆砌筑,试验算该柱的高厚比是否满足要求。

13.7　已知钢筋砖过梁净跨度为 1.2 m,采用 MU7.5 砖,M5 混合砂浆,在距离窗口

600 mm高度处作用梁板荷载 8 kN/m(其中活荷载 4 kN/m),试设计该过梁。

13.8　某三层混合结构(见下图)。该房屋为纵、横墙混合承重。开间 3.6 m。层高 3.6 m,进深 5.4 m,走道 2.4 m。楼盖及屋盖均采用预制钢筋混凝土空心板、梁结构。梁截面尺寸为 200 mm×500 mm。其外墙厚 370 mm。外饰面采用水刷石。内面抹灰。其余墙厚 240 mm,内墙采用双面抹灰。墙体采用 MU10 烧结普通砖和 M2.5 混合砂浆砌筑。门窗为钢门窗。试对墙体进行高厚比和承载力验算。

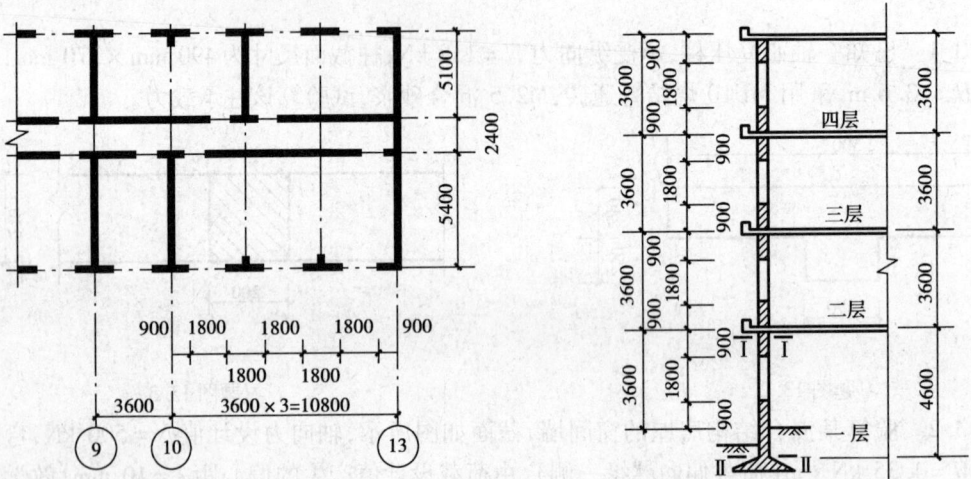

习题图 13.8

主要参考文献

1　混凝土结构设计规范. GB 50010—2002
2　建筑结构荷载规范. GB 50009—2001
3　砌体结构设计规范. GB 50003—2001
4　程文穰,康谷贻主编. 混凝土结构. 北京:中国建筑工业出版社,2002
5　黄双华,宋健夏主编. 混凝土结构及砌体结构. 重庆:重庆大学出版社,2002
6　曹双寅主编. 工程结构设计原理. 南京:东南大学出版社,2002
7　侯志国主编. 混凝土结构(第二版). 武汉:武汉理工大学出版社,2002
8　罗向荣主编. 钢筋混凝土结构. 北京:高等教育出版社,2003

主要参考文献

1. 混凝土结构设计规范. GB 50010—2002
2. 建筑结构荷载规范. GB 50009—2001
3. 砌体结构设计规范. GB 50003—2001
4.
5.
6.
7.
8.